A Series of Food Science & Technology Textbooks

食品科技系列

普通高等教育"十三五"规划教材

粮油加工实验技术

周裔彬　王乃富　主编

化学工业出版社
·北京·

《粮油加工实验技术》共计 8 章，包括：粮油基本成分分析；小麦粉加工品质分析；稻米加工品质分析；米面食品制作；植物蛋白与淀粉制备；植物油脂提取及其品质分析；粮食中酶活性的测定；粮油产品中有害成分与添加剂检测试验。在编写过程中，力求采用最新的标准方法或国际通用标准，有些实验是我们在长期实验过程中总结设计的，配方和检测方法均比较稳定。

　　《粮油加工实验技术》适合作为各高等院校食品类专业的教材，还可供科研人员和粮油行业技术人员作参考学习资料。

图书在版编目(CIP)数据

粮油加工实验技术/周裔彬，王乃富主编. —北京：
化学工业出版社，2017.2
普通高等教育"十三五"规划教材
ISBN 978-7-122-28796-0

Ⅰ.①粮…　Ⅱ.①周…②王…　Ⅲ.①粮食加工-高等学校-教材②油料加工-高等学校-教材　Ⅳ.①TS210.4②TS224

中国版本图书馆 CIP 数据核字（2016）第 321388 号

| 责任编辑：魏　巍 | 文字编辑：周　倜 |
| 责任校对：宋　玮 | 装帧设计：关　飞 |

出版发行：化学工业出版社（北京市东城区青年湖南街 13 号　邮政编码 100011）
印　　刷：北京云浩印刷有限责任公司
装　　订：三河市瞰发装订厂
787mm×1092mm　1/16　印张 12¼　字数 305 千字　2017 年 3 月北京第 1 版第 1 次印刷

购书咨询：010-64518888（传真：010-64519686）　售后服务：010-64518899
网　　址：http://www.cip.com.cn
凡购买本书，如有缺损质量问题，本社销售中心负责调换。

定　　价：28.00 元

本书编写人员名单

主　　编　周裔彬　王乃富

副 主 编　李梦琴　吴卫国

参编人员　（按姓名笔画排序）

王乃富（安徽农业大学）

李梦琴（河南农业大学）

吴卫国（湖南农业大学）

周裔彬（安徽农业大学）

董士远（中国海洋大学）

前 言

粮油加工是食品工业重要的组成部分，主要针对粮食和油料大宗食物原料及其副产品进行加工或再加工，是食品科学与工程类专业重要的教学和研究内容，与人们日常生活主食密切关联，而粮油加工实验指导，是对粮食和油料在加工过程中基本成分、产品品质、营养与安全等方面进行检测和分析，了解和掌握米、面、油及其深加工产品品质的变化情况，为加工工艺技术的控制和改进提供指导。为此，我们收集和参考了目前国内外有关粮油加工技术方面的资料和品质新标准，结合已出版的《粮油加工工艺学》，配套编写这本实验指导教材，目的是满足拥有粮油加工的科研院所、从业粮油的技术人员对粮油类产品检测分析的需求，希望能以此丰富食品科学与工程、农产品加工与贮藏类专业的实验教学内容。

本书编写的思路是：先从粮食、油料及其制品基本成分的检测分析着手，再介绍面粉、米、油等加工制品品质分析方法，以及加工过程中危害成分分析检测方法，在关键的实验方法中介绍了典型设备的原理和使用方法及注意事项。

本书共计 8 章。第一章主要介绍了粮油基本成分分析，这一部分介绍了粮油原料及其制品的取样以及水分、蛋白质、淀粉、油脂、灰分、纤维素和膳食纤维等的分析方法，也是粮油营养成分分析的基本手段。第二章主要介绍了小麦粉加工品质分析，包括加工精度、粉色和麸星、粗细度、面筋含量、破损淀粉值、沉淀指数、降落数值、面团流变特性、面团吸水量、糊化特性、面包烘焙品质、蛋糕烘焙品质等。第三章主要介绍了稻米加工品质分析，包括大米的加工精度、蒸煮食用品质的感官评价、米粒糊化温度和糊化时间、胶稠度、直链淀粉含量、新陈度等测定方法。第四章主要介绍了米面食品制作，包括面条、馒头、面包、起酥面包、方便面、蛋糕、韧性饼干、发酵饼干、曲奇饼干、大米发糕、米松糕、汤团等制作方法与评价。第五章主要介绍了植物蛋白与淀粉制备，包括淀粉、变性淀粉、大豆浓缩蛋白和分离蛋白、传统豆腐和内酯豆腐、植物蛋白饮料、腐竹、粉丝等制备方法。第六章主要介绍了植物油脂提取及其品质分析，包括低温压榨花生油、植物油碱炼脱酸、水酶法提取植物油与蛋白质、植物油脂鉴定、水分及挥发物含量、油脂酸值和酸度、油脂碘值、皂化值、过氧化值、动植物油脂氧化稳定性、油脂定性等测定试验。第七章主要介绍了粮食中酶活性的测定，包括谷物及其制品中 α-淀粉酶活性、粮食和油料中过氧化氢酶与脂肪酶活性、大豆制品中尿素酶活性等测定方法。第八章主要介绍了粮油产品中有害成分与添加剂检测试验，包括黄曲霉毒素 B_1、食品中丙烯酰胺、动植物油脂苯并 [a] 芘、小麦粉中溴酸盐、小麦粉中过氧化苯甲酰、米面制品中甲醛次硫酸氢钠含量、面制食品中铝、涂渍油脂或石蜡大米检验、食用植物油中叔丁基对苯二酚（TBHQ）等的测定方法。在编写过程中，力求采用最新的标准方法或国际通用标准，有些实验是我们在长期实验过程中设计的，配方和检测方法均比较稳定。

本书适合作为高等院校食品类专业的教材，还可供科研人员和粮油行业技术人员作参考学习资料。

本书由安徽农业大学周裔彬教授、王乃富副教授共同主编。河南农业大学李梦琴教授和湖南农业大学吴卫国教授参加了第一章、第二章和第三章部分章节的编写；中国海洋大学董士远副教授提供了第八章的指导和参与部分章节的编写。在此，感谢安徽农业大学教务处领导的关怀和支持，并对编写过程中所引用的参考资料的作者致以谢忱。

　　由于编者水平有限，加之粮油加工检测技术的发展速度较快，教材中难免会出现不妥和疏漏之处，衷心期待专家、学者及读者批评指正。

编者

2016 年 9 月

目 录

参考文献 / 185

第一章　粮油基本成分分析

实验一　水分含量的测定

粮食、油料的水分含量是指粮食、油料中试样中水分的质量占试样质量的百分比。在评价粮食、油料品质中含水量是最基本的测定项目。含水量的测定对于粮食的安全储藏和加工等具有重要意义。

测定粮食、油料水分含量的方法很多，归纳起来大致分为：①加热干燥法；②蒸馏法；③微波法；④电测法；⑤近红外吸收光谱法；⑥核磁共振法等。其中，应用最为广泛的是加热干燥法，也是我国粮食、油料质量标准中测定水分含量的标准方法。近红外吸收光谱法随着其测定装置的开发，作为水分、脂肪、蛋白质和其他成分的非破坏性测定方法，已用于粮食、油料的品质分析中，美国、加拿大已将此方法作为检测谷物的标准方法。

我国检验方法国家标准（GB）中规定105℃恒重法、定温定时烘干法、隧道式烘箱法和两次烘干法四种方法，其中以105℃恒重法为仲裁方法。

第一法　105℃恒重法

用比水沸点略高的温度使定量试样中的水分全部汽化蒸发，而不破坏粮食和油料中试样本身组织成分，根据所失水分的质量来计算水分含量。

一、仪器和用具

电热恒温箱：在80～150℃的温度范围内±1℃；分析天平（感量0.001g）；实验室用电动粉碎机或手摇粉碎机；粮食选筛（筛孔选择按表1-1要求）；备有变色硅胶的干燥器（变色硅胶呈现红色就不能继续使用，应在130～140℃温度下烘至全部呈蓝色后再用）；铝盒：内径4.5cm，高2.0cm。

二、试样制备

从平均样品中分取一定样品，按表1-1规定的方法制备试样。

表1-1　试样制备方法

粮种	分样质量/g	制备方法
粒状原粮和成品粮	30～50	除去大样杂质和矿物质,破碎细度通过1.5mm圆孔筛的不少于90%
大豆	30～50	除去大样杂质和矿物质,粉碎细度通过2.0mm圆孔筛的不少于90%
花生仁,桐仁等	约50	取净仁用手摇切片机或小刀切成0.5mm以下的薄片或剪碎

粮种	分样质量/g	制备方法
花生果、茶籽、桐籽、蓖麻籽、文冠果等	约100	取净果（籽）剥壳，分别称重，计算壳、仁百分比；将壳磨碎或研碎；将仁切成薄片
棉子、葵花子等	约30	取净籽剪碎或用研钵敲碎
油菜籽、芝麻等	约30	除去大样杂质的整粒试样
甘薯片	约100	取净片粉碎，细度同粒状粮
甘薯丝、甘薯条	约100	取净丝或条粉碎，细度同粒状粮

三、操作步骤

1. 定温

使烘箱中温度计的水银球离烘网 2.5cm 左右，调节烘箱温度，定在 (105±2)℃。

2. 烘干铝盒

取干净的空铝盒，放在烘箱内温度计水银球下方烘网上，烘 30min 至 1h 取出，置于干燥器内冷却至室温，取出称重，再烘 30min，烘至前后两次重量差不超过 0.005g，即为恒重。

3. 称取试样

用烘至恒重的铝盒（W_0）称取试样约 3g，对带壳油料可按仁、壳比例称样或将仁、壳分别称样（W_1 准确至 0.001g）。

4. 烘干试样

将铝盒盖套在盒底上，放入烘箱内温度计周围的烘网上，在 105℃ 温度下烘 3h（油料粉 90min）后取出铝盒。加盖，置于干燥器内冷却至室温，取出称重后，再按以上方法进行复烘，每隔 30min 取出冷却称重一次，烘至前后两次质量差不超过 0.005g 为止。如后一次质量高于前一次质量，以前一次质量计算（W_2）。

四、结果计算

按公式(1-1) 计算含水量：

$$水分(\%) = \frac{W_1 - W_2}{W_1 - W_0} \tag{1-1}$$

式中　W_0——铝盒质量，g；

　　　W_1——烘前试样和铝盒质量，g；

　　　W_2——烘后试样和铝盒质量，g。

对带壳油料按仁、壳分别测水分时，含水量计算公式如下：

$$水分(\%) = M_1 \times \frac{A}{100} + M_2 \times \frac{100 - A}{100} \tag{1-2}$$

式中　M_1——仁水分百分率，%；

　　　M_2——壳水分百分率，%；

　　　A——出仁总量百分率，%。

双试验结果允许差不超过 0.2%，求其平均数，即为测定结果。测定结果取小数点后一位。采取其他方法测定含水量时，其结果与此方法比较不超过0.5%。

第二法　定温定时烘干法

本法所用仪器和用具同105℃恒重法，试样制备和结果计算也与105℃恒重法相同。

一、试样用量计算

本法用定量试样，先计算铝盒底面积，再按每1cm²为0.126g计算试样用量（底面积×0.126）。如用直径4.5cm的铝盒，试样用量为2g；用直径5.5cm的铝盒，试样用量为3g。

二、操作方法

用已烘至恒重的铝盒称取定量试样（准确至0.001g），待烘箱温度升至135～145℃时，将盛有试样的铝盒送入烘箱内温度计周围的烘网上，在5min内，将烘箱温度调到（130±2)℃，开始计时，烘40min后取出放干燥器内冷却，称重。

第三法　两次烘干法

谷类水分在18%以上，大豆、甘薯片水分在14%以上，油料水分在13%以上，采取两次烘干法。

一、第一次烘干

称取整粒试样20g（W_1准确至0.001g）放入直径10cm或15cm、高2cm的烘盒中摊平。谷类在105℃温度下，大豆和油料在70℃温度下烘干30～40min，取出，自然冷却至恒重（两次称量差不超过0.005g），此为第一次烘后试样质量（W_1）。

二、第二次烘干

试样制备及操作步骤与105℃恒重法相同。

三、结果计算

含水量计算公式如下：

$$水分(\%) = \frac{WW_2 - W_1W_3}{WW_2} \times 100 \tag{1-3}$$

式中　W——第一次烘前试样质量，g；

W_1——第一次烘后试样质量，g；

W_2——第二次烘前试样质量，g；

W_3——第二次烘后试样质量，g。

双试验结果允许差不超过0.2%，求其平均数，即为测定结果。测定结果取小数点后一位。

实验二　蛋白质含量的测定

测定蛋白质含量的方法大致可以分为两类：一类是利用蛋白质共性，即含氮量、肽键和折射率等测定蛋白质含量；另一类是利用蛋白质中特定氨基酸残基的方法，如酚试剂法、紫外光谱吸收法、色素结合法等。在粮油品质分析中最常用的是凯氏定氮法，其基本原理是将含有蛋白质的样品与浓硫酸共热使其分解，其中的氮变成铵盐状态后再与浓碱作用，放出的氨被硼酸吸收，然后用盐酸标准溶液滴定硼酸溶液所吸收的氨，测得试样含氮量，再乘以相关的蛋白质换算系数，即为粮食中蛋白质的含量。但粮食中的含氮化合物不全是蛋白质，其中还含有氨基酸类、酰胺类、嘌呤碱及肌醇等含氮化合物，因此，以总氮量测得的粮食蛋白质含量称为"粗蛋白"。本实验主要介绍凯氏定氮法。

一、实验试剂和设备

1. 试剂

硫酸钾（K_2SO_4），五水硫酸铜（$CuSO_4 \cdot 5H_2O$），二氧化钛（TiO_2），硫酸（H_2SO_4）[$c(H_2SO_4)=18mol/L$，$\rho_{20}(H_2SO_4)=1.84g/mL$]，石蜡油，$N$-乙酰苯胺（$C_8H_9NO$）（熔点114℃，氮含量10.36g/100g），色氨酸（$C_{11}H_{12}N_2O_2$）（熔点282℃，氮含量13.72g/100g），五氧化二磷（P_2O_5），硼酸[水溶液，$\rho_{20}(H_3BO_3)=40g/L$，或所使用仪器推荐的浓度]，氢氧化钠水溶液（NaOH）（质量分数为33％或40％，含氮量少于或等于0.001％，也可以使用含氮量少于或等于0.001％的工业级氢氧化钠），硫酸[标准滴定溶液，$c(H_2SO_4)=0.05mol/L$]，硫酸铵[标准滴定溶液，$c(NH_4)_2SO_4=0.05mol/L$]，浮石（颗粒状，盐酸酸洗并灼烧），蔗糖（可选择不含氮）。

指示剂：按照所使用仪器的推荐，加入一定体积的溶液A和溶液B（例如5体积溶液A和1体积溶液B）。也可以使用pH电极进行电位滴定，pH电极需每天校准。溶液A：200mg溴甲酚绿（$C_{22}H_{14}Br_4O_5S$）溶于体积分数为95％的乙醇中，配制成100mL溶液；溶液B：200mg甲基红溶于体积分数95％的乙醇中，配制成100mL溶液。

除参考物质外，只使用经确认无氮的分析纯试剂，试验用水为蒸馏水或去离子水。

2. 实验设备

机械研磨机；筛子（孔径0.8mm）；分析天平（分度值为0.001g）；消化、蒸馏和滴定仪器；消化单元应确保温度的均匀性。通过使用两种参考物N-乙酰苯胺和色氨酸中的任意一种通过全程测定来评估温度的均匀性，同时测定回收率。蒸馏仪器也应通过已知量铵盐[如10mL硫酸铵（0.05mol/L）]的蒸馏来检测回收率，回收率应大于或等于99.8％。

二、操作步骤

1. 试样制备

如果需要，样品要进行研磨，使其完全通过0.8mm孔径的筛子。对于粮食，至少要研磨200g样品，研磨后的样品要充分混匀。

2. 称样

依据预估含氮量称量试样，精确到0.001g，使试样的含氮量在0.005～0.2g之间，最好大于0.02g。

3. 消化

特别注意，下列操作应在通风良好、具有硫酸防护罩的条件下进行。

转移试样0.2g到消解烧瓶，然后加入0.1g硫酸钾、0.30g五水硫酸铜、0.30g二氧化钛（也可以使用符合规定成分的粒状催化剂）、20mL硫酸。可根据仪器情况调整硫酸的加入量，但应确认此改进可以满足对N-乙酰苯胺的回收率达到99.5%和对色氨酸的回收率达到99.0%。

小心混合以确保试样的完全浸润。将烧瓶置于预热到（420±10)℃的消化单元。从消化单元温度再次达到（420±10)℃时开始计时，至少消化2h，然后取下自然冷却。建议加入浮石作为沸腾调节器和加入消泡剂（如石蜡油）。

最短消化时间应使用参考物质进行检验，因为参考物质很难达到回收率的要求。遵循设备制造商关于蒸汽排空的建议，因为过强的吸力可能导致氮的损失。

4. 蒸馏

小心地向冷却后的消解烧瓶中加入50mL水，放冷至室温。量取50mL硼酸到接收瓶中，无论是使用目测比色或光学探头，均要向其中加至少10滴指示剂。

连接好蒸馏装置，向消解烧瓶中加入5mL过量的氢氧化钠溶液完全中和所使用的硫酸，然后开始蒸馏。根据仪器，所用的试剂量可以变化。

5. 滴定

使用硫酸溶液进行滴定，滴定既可以在蒸馏过程中进行，也可以在蒸馏结束后对所有蒸馏液进行滴定。滴定终点的确定可以使用目测比色、光学探头或用pH计的电位分析判定。

6. 空白试验

使用上述步骤3消化到步骤4滴定的试剂，不加试样进行空白试验。可以用1g蔗糖代替试验样品。

7. 参考物质测试（检查试验）

在五氧化二磷的存在下，60~80℃真空干燥参考物质N-乙酰苯胺或色氨酸。进行检查试验，试样的最小量根据N-乙酰苯胺或色氨酸的含氮量决定，至少0.15g。可以在参考物质中加入1g蔗糖。N-乙酰苯胺的氮回收率至少为99.5%，色氨酸的氮回收率至少为99.0%。

三、结果计算

1. 氮含量

氮含量（W_N），以干基质量分数表示，按下式计算：

$$W_N = \frac{(V_1 - V_0) \times c \times 0.014 \times 100}{m} \times \frac{100}{100 - W_H} = \frac{140c(V_1 - V_0)}{m(100 - W_H)} \quad (1\text{-}4)$$

式中　V_0——空白试验滴定的硫酸溶液的量，mL；

　　　V_1——试样滴定的硫酸溶液，mL；

　　0.014——滴定1mL 0.5mol/L的硫酸所需氮的量，g；

　　　c——滴定所使用的硫酸的浓度，mol/L；

　　　m——试样的质量，g；

W_H——试样的水分。

2. 粗蛋白质含量

根据谷物或豆类品种的不同采用相应的换算系数（见表1-2，其他通常用6.25），乘以获得的氮含量，计算得到干物质粗蛋白质含量。

表 1-2　氮含量换算蛋白质含量的换算系数

农产品	换算系数
普通小麦	5.7
杜伦麦	5.7
小麦研磨制品	5.7 或 6.25
饲料小麦	6.25
大麦	6.25
燕麦	5.7 或 6.25
黑麦	5.7
黑小麦	6.25
玉米	6.25
豆类	6.25

实验三　灰分的测定

粮食、油料经高温灼烧后剩下的不能燃烧氧化的无机物质称为灰分。灰分主要为粮油食品中的矿物盐或无机盐类。测定粮食、油料的灰分是评价粮油食品的指标之一。各种粮食、油料所含灰分因品种、土壤、气候、肥料及灌溉条件的不同而有差异。粮食、油料中灰分的含量在 1.5%～3.0%，构成灰分的主要元素有钾、钠、钙、镁、磷、硫、硅等，其中钾、磷、镁最多。

食品灰分的测定原理是在空气自由流通下，以高温灼烧试样，使有机物质氧化成二氧化碳和水蒸气而蒸发，其中含有的矿物质元素产生氧化物残留下来，此残留物即为灰分。测定粮食、油料的灰分有 550℃灼烧法和乙酸镁法。

第一法　550℃灼烧法

试样经 (550 ± 10)℃高温灰化至有机物完全灼烧挥发后，称量其残留物。

一、实验设备和试剂

1. 试剂

三氯化铁溶液 （5g/L）：称取 0.5g 三氯化铁溶于 100mL 蓝黑墨水中。

2. 仪器

马弗炉 （能产生 550℃以上的高温，并可控制温度）；分析天平 （感量 0.0001g）；瓷坩埚（容量为 18～20mL）；干燥器（内装有效的变色硅胶）；坩埚钳（长柄和短柄）。

二、操作步骤

1. 试样制备

按本章"实验一 水分含量的测定"中的要求制备试样。

2. 坩埚处理

取洁净干燥的瓷坩埚，用蘸有三氯化铁蓝黑墨水溶液的毛笔在坩埚上编号，然后将编号坩埚放入（550±10）℃马弗炉内灼烧 30～60min。移动坩埚至炉门口处，待坩埚红热消失后，转移至干燥器内冷却至室温，取出并称量坩埚的质量，再重复灼烧、冷却、称量，直至前后两次质量差不超过 0.0002g，记录坩埚质量（m_0）。

3. 样品测定

称取混匀试样（m）2～3g 于处理好的坩埚中，准确至 0.0002g，将坩埚放在电炉上，错开坩埚盖（45°），加热试样至完全炭化为止。然后，把坩埚放在（550±10）℃的马弗炉内，先放在炉口片刻，再移入炉膛内，错开坩埚盖（45°），关闭炉门，在（550±10）℃下灼烧 2～3h。在灼烧过程中，应将坩埚位置调换 1～2 次，样品灼烧至黑色炭粒全部消失变成灰白色为止。移动坩埚至炉门口处，待坩埚红热消失后，转移至干燥器内冷却至室温，称量。再灼烧 30min，冷却、称量，直至恒质（m_1）。最后一次灼烧的质量如果增加，取前一次质量计算。

三、结果计算

灰分（干基）含量按下式计算：

$$X = \frac{m_1 - m_0}{m \times (100 - W)} \times 10000 \tag{1-5}$$

式中　X——样品灰分（干基）含量，以质量分数计，％；

　　m_0——坩埚质量，g；

　　m_1——坩埚和灰分质量，g；

　　m——试样质量，g；

　　W——试样的水分，％。

第二法　乙 酸 镁 法

试样中加入助灰化试剂乙酸镁后，经（850±25）℃高温灰化至有机物完全灼烧挥发后，称量残留物质量，并计算灰分含量。

一、实验设备和试剂

1. 试剂

乙酸镁：分析纯 95％；乙醇：分析纯；乙酸镁-乙醇溶液（15g/L）：1.5g 乙酸镁溶于 100mL 95％的乙醇中。

2. 仪器

同 550℃灼烧法规定的仪器和 5.0mL 移液管。

二、操作步骤

1. 试样制备

按本章"实验一 水分含量的测定"中的要求制备试样。

2. 坩埚处理

除马弗炉的灼烧温度为（850±25）℃外，其他操作步骤同550℃灼烧法。

3. 样品测定

称取试样（m）2~3g于处理好的坩埚中，加入乙酸镁-乙醇溶液3mL，静置2~3min。将坩埚放在电炉上，用点燃的酒精棉引燃样品，错开坩埚盖（45°），加热试样至完全炭化为止。将坩埚放到马弗炉内，先放在炉膛口预热片刻，再移入炉膛内，错开坩埚盖，关闭炉门，在（850±25）℃温度下灼烧1h。待剩余物变成浅灰白色或白色时，停止灼烧，移动坩埚至炉门口处，待红热消失后，转移至干燥器内冷却至室温，称量（m_1）。

注：3mL乙酸镁-乙醇溶液的氧化镁质量0.0085~0.0090g，应以空白实验所得的氧化镁质量为依据。

4. 空白实验

在已恒质（m_2）的坩埚中加入乙酸镁-乙醇溶液3mL，用点燃的酒精棉引燃并炭化后，采用样品测定步骤进行灼烧、冷却、称量（m_3）。

三、结果计算

灰分（干基）含量按下式计算：

$$X = \frac{(m_1 - m_0) - (m_3 - m_2)}{m \times (100 - W)} \times 10000 \qquad (1\text{-}6)$$

式中　X——样品灰分（干基）含量，以质量分数计，%；

　　　m_0——坩埚质量，g；

　　　m_1——坩埚和灰分质量，g；

　　　m_2——空白实验坩埚质量，g；

　　　m_3——氧化镁和坩埚质量，g；

　　　m——试样质量，g；

　　　W——试样水分含量，%。

实验四　粗脂肪含量的测定

脂肪是粮食和油料籽粒中重要的化学成分，也是人体重要的营养物质之一，还是工业的重要原料。所以测定粮食、油料中的脂肪含量，对评定粮食、油料的品质和营养价值具有重要的意义。油料的主要用途是制油，因此，含油量的高低直接决定油料的经济效益。在油脂加工中，油料含油量的测定，可以作为预计加工出油率和考虑加工工艺条件的依据。

测定粮食、油料中粗脂肪含量，普遍采用的是乙醚为溶剂的索氏抽提法。其原理是将粉碎、分散且干燥的试样用有机溶剂回流提取，使试样中的脂肪被溶剂抽提出来，回收溶剂后所得到的残留物，残留物中除脂肪外，尚含有游离脂肪酸、磷脂、固醇、蜡质以及色素等脂溶性物质,所以称为粗脂肪。这种方法为粮食、油料质量检验中测定粗脂肪含量的标准方法。但此法操作繁杂、费时,难以满足收购和加工企业快速测定的要求。近年来,随着实验方法和仪器分析方法的发展,如 Tecator 索氏抽提系统、核磁共振法、近红外吸收光谱法等相继应用,改变了一个试样需 10h 以上测定粗脂肪操作过程。

第一法　索氏抽提法

一、实验试剂和设备

1. 试剂

无水乙醚(分析纯),要求溶剂应储存于合乎安全规定的溶剂室或溶剂柜中的金属容器中。乙醚和乙烷极度易燃,进行分析操作的实验室不能有明火。操作者应避免吸入溶剂蒸气。应在装备有防爆的照明、配线和风扇并适合操作的通风罩中使用溶剂。乙醚有随储藏时间延长产生对撞击敏感、有爆炸性的过氧化物的趋势。打开新的乙醚储存容器时要逐个检查过氧化物。几个月未用过的乙醚再次使用时也要进行过氧化物检查。不要使用含有过氧化物的乙醚。含有过氧化物的乙醚应被作为危险物质进行处理。也可以使用进行过稳定处理的乙醚。将电气设备放在地上,保持在适合的工作位置。遵守制造商关于所有抽提仪器安装、操作和安全的建议。确认将萃取杯放入干燥炉前所有溶剂全部蒸发完,以避免起火或爆炸。

2. 仪器和用具

分析天平(分度值 0.1mg);电热恒温箱;电热恒温水浴锅;粉碎机;研钵;备有变色硅胶的干燥器;索氏提取器(各部件应洗净,在 105℃温度下烘干,其中抽提瓶烘至恒质);圆孔筛(孔径为 1.0mm);广口瓶;脱脂线;脱脂细沙;脱脂棉(将医用级棉花浸泡在乙醚或己烷中 24h,其间搅拌数次,取出在空气中晾干);滤纸筒。

注:如无备好的滤纸筒,可取长 28cm、宽 17cm 的滤纸,用直径 2cm 的试管,沿滤纸长边卷成筒形,抽出试管至纸筒高的一半处,压平抽空部分,折过来,使之紧靠试管外层,用脱脂线系住,下部的折角向上折,压成圆形底部,抽出试管,即成直径 2cm、高约 7.5cm 的滤纸筒。

二、测定步骤

1. 样品制备

取除去杂质的干净试样 30～50g,磨碎,通过孔径为 1.0mm 的圆孔筛,然后装入广口瓶中备用。试样应研磨至适当的粒度,保证连续测定 10 次,测定的相对标准偏差(RSD)在 2.0% 以内。

2. 试样包扎

从备用的样品中,用烘盒称取 2～5g 试样,在 105℃温度下烘 30min,趁热倒入研钵中,加入约 2g 脱脂细沙一同研磨。将试样和细沙研磨到出油状,完全转入滤纸筒内(筒底塞一层脱脂棉),并在 105℃温度下烘 30min,用脱脂棉蘸少量乙醚揩净研钵上的试样和脂肪,并入滤纸筒,最后再用脱脂棉塞入上部,压住试样。

3. 抽提与烘干

将抽提器安装妥当,然后将装有试样的滤纸筒置于抽提筒内,同时注入乙醚至虹吸管高度以上,待乙醚流净后,再加入乙醚至虹吸管高度的三分之二处。用一小块脱脂棉轻轻地塞入冷凝管上口，打开冷凝管进水管，开始加热抽提。控制加热的温度，使冷凝的乙醚为每分钟 120～150 滴，抽提的乙醚每小时回流 7 次以上。抽提时间须视试样含油量而定，一般在 8h 以上，抽提至抽提管内的乙醚用玻璃片检查（点滴试验）无油迹为止。

抽净脂肪后，用长柄镊子取出滤纸筒，再加热使乙醚回流 2 次，然后回收乙醚，取下冷凝管和抽提筒，加热除尽抽提瓶中残余的乙醚，用脱脂棉蘸乙醚揩净抽提瓶外部，然后将抽提瓶在 105℃ 温度下烘 90min，再烘 20min，烘至恒质为止（前后两次质量差在 0.2mg 以内即视为恒质），抽提瓶增加的质量即为粗脂肪的质量。

三、结果计算

粗脂肪湿基含量按下述公式计算。

$$X_s = \frac{m_1}{m} \times 100 \tag{1-7}$$

$$X_g = \frac{m_1}{m \times (100 - M)} \times 10000 \tag{1-8}$$

式中　X_s——湿基粗脂肪含量（以质量分数计），%；

X_g——干基粗脂肪含量（以质量分数计），%；

m_1——粗脂肪质量，g；

m——试样质量，g；

M——试样水分含量（以质量分数计），%。

第二法　粗脂肪萃取仪法

一、实验试剂和设备

1. 试剂

硅藻土；无水乙醚（分析纯）。

2. 仪器

分析天平（分度值 0.1mg）；粉碎机；研钵；干燥器（装有变色硅胶）；圆孔筛（孔径为 1.0mm）；粗脂肪萃取仪（多位萃取单元，控制两阶段包括溶剂回收循环的兰德尔萃取过程，配置有耐乙醚的氟化橡胶或特富龙密封）；套筒和支架（纤维质套筒和放置套筒的支架）；萃取杯（铝制或玻璃制，不同质地萃取杯萃取时间可能不同，要查阅制造商的操作手册）。

二、操作步骤

1. 样品制备

取除去杂质的干净试样 30～50g，磨碎，通过孔径为 1.0mm 的圆孔筛，然后装入广口瓶中备用。试样应研磨至适当的粒度，保证连续测定 10 次，测定的相对标准偏差（RSD）在 2.0% 以内。

2. 称量与装样

根据表 1-3 称量 1～5g 试样，精确到 0.001g，直接放入经称量去皮的纤维质套筒，使试样含脂肪 100～200mg。记录质量（S）和萃取套筒序号。

表 1-3　试样加入量参考表

粗脂肪/%	试样质量/g
<2	5
5	2～4
10	1～2
>20	1

要求：如果试样含有大量尿素盐（>5%）或可溶性碳水化合物（>15%）、甘油、乳酸、氨基酸盐（>10%）或其他水溶性物质，用水萃取除去。称量试样到滤纸上，每次用水 20mL 萃取 5 次，试样排干水分。将装有洗涤过试样的滤纸放入套筒并于（102±2）℃干燥 2h。为方便过滤，在用水萃取前在滤器底部加入或与试样混合 1～2g 经灰化、酸洗的砂子，或硅藻土。

3. 抽提与烘干

装有试样的套筒（102±2）℃下干燥 2h。如果干燥过的试样未马上进行萃取，须在干燥器中保存。溶剂和试样都应无水，以避免水溶性物质如碳水化合物、尿素、乳酸、甘油等在萃取中导致错误高值。

如存在预干燥时会融化浸透套筒的高脂肪含量试样，可以向试样中加入吸附剂如硅藻土。也可以在预干燥时加入脱脂棉吸附融出的脂肪。如果试样在（102±2）℃时融化，可以在套筒下放置一个预先称重的萃取杯，用以接收任何未被吸收而融出套筒的融化脂肪。

在试样顶部放置脱脂棉（用和萃取溶剂同样的溶剂进行脱脂），保证在萃取步骤中试样完全浸没，阻止试样从套筒顶部产生损失。准备棉塞的大小要足够保持试样的适当位置，同时要尽可能小，以使对溶剂的吸收降到最低。

在每个萃取杯中放置 3～5 粒直径为 5mm 的玻璃珠。在（102±2）℃下干燥萃取杯 30min，然后转移到干燥器中静置冷却至室温。称量萃取杯，记录质量（T），精确至 0.1mg。

萃取，遵守制造商关于萃取仪器的操作说明。预热萃取仪，打开冷凝器冷凝水。将装有干试样的套筒连接到萃取柱。当套筒处于萃取位置时，向每个萃取杯中加入足够的溶剂以浸没试样。在萃取柱下放置萃取杯，并保证位置适当。确保萃取杯与它们相应的套筒匹配。套筒位置降低进入溶剂中，沸腾 20min 调整适当的回流速率，回流速率是脂肪完全萃取的关键。很多萃取仪器适用大约每秒 3～5 滴的回流速率。

提升套筒至溶剂液面上，在此位置淋洗萃取 40min。然后使溶剂尽可能从萃取杯中蒸发出来以回收溶剂，得到表观上的干燥。

从萃取器上取出萃取杯，放入通风罩中，在低温下完成溶剂的蒸发（注：小心操作，防止通风罩顶部的碎屑掉入。放置萃取杯在通风罩中直到溶剂完全赶净）。

在（102±2）℃下干燥萃取杯 30min 除去水汽。过度干燥会造成脂肪氧化导致高测定结果。干燥后，萃取杯在干燥器中静置冷却至室温。称量萃取杯，精确到 0.1mg（F）。

三、结果计算

粗脂肪湿基含量按下述公式计算：

$$X_e = \frac{F-T}{S} \times 100 \tag{1-9}$$

式中　X_e——乙醚萃取的粗脂肪含量（以质量分数计），％；

　　　F——萃取杯的质量与脂肪的质量，g；

　　　T——空萃取杯的质量，g；

　　　S——试样质量，g。

实验五　还原糖和非还原糖的测定

糖的种类较多，按其理化性质可分为还原糖和非还原糖。糖类分子中含有游离醛基或酮基的单糖和含有游离醛基的双糖都具有还原性，葡萄糖、果糖、乳糖和麦芽糖等都是还原糖。其他双糖（如蔗糖）、低聚糖乃至多糖（如糊精、淀粉等），其本身不具有还原性，属于非还原性糖，但非还原性糖都可以通过水解而生成还原性的单糖，测定水解液的还原糖就可以求得相应糖类的含量。

糖类的分析方法很多。对糖的一般定量方法的原理，可以归纳为：用铜试剂对还原糖定量，用铁试剂对还原糖定量，以高碘酸氧化为主的糖的定量，以酸处理（硫酸、盐酸、醋酸）为主的方法，以及利用特种酶的方法等。

第一法　铁氰化钾法

还原糖在碱性溶液中将铁氰化钾还原为亚铁氰化钾，本身被氧化为相应的糖酸。过量的铁氰化钾在乙酸的存在下，与碘化钾作用析出碘，析出的碘以硫代硫酸钠标准溶液滴定。通过计算氧化还原糖时所用去的铁氰化钾的量，查经验表得试样中还原糖的百分含量。

一、试剂和设备

1. 试剂

95％乙醇；乙酸缓冲液：将 3.0mL 冰乙酸、6.8g 无水乙酸钠和 4.5mL 密度为 1.84g/mL 的浓硫酸混合溶解，然后稀释至 1000mL；12.0％钨酸钠溶液：12.0g 钨酸钠（$Na_2WO_4 \cdot 2H_2O$）溶于 100mL 水中；0.1mol/L 碱性铁氰化钾溶液：将 32.9g 纯净干燥的铁氰化钾 $[K_3Fe(CN)_6]$ 与 44.0g 碳酸钠（Na_2CO_3）溶于 1000mL 水中；乙酸盐溶液：70g 纯氯化钾（KCl）和 40g 硫酸锌（$ZnSO_4 \cdot 7H_2O$）溶于 750mL 水中，然后缓慢加入 200mL 冰乙酸，再用水稀释至 1000mL，混匀；10％碘化钾溶液：称取 10g 碘化钾溶于 100mL 水中，再加一滴饱和氢氧化钠溶液；1％淀粉溶液：称取 1g 可溶性淀粉，用少量水润湿调和后，缓慢倒入 100mL 沸水中，继续煮沸直至溶液透明。0.1mol/L 硫代硫酸钠溶液的配制与标定：称取 26g 硫代硫酸钠（$Na_2S_2O_3 \cdot 5H_2O$）或 16g 无水硫代硫酸钠，加 0.2g 无水碳酸钠，溶于 1000mL 水中，缓缓煮沸 10min，冷却。放置两周后过滤。称取 0.18g 于（120±2）℃干燥至恒重的工作基准试剂重铬酸钾，置于碘量瓶中，溶于 25mL 水，加 2g 碘化钾及 20mL 硫酸溶液（20％），摇匀，于暗处放置 10min。加 150mL 水（15～20℃），用配制好的硫代硫酸钠溶液滴定，近终点时加 2mL 淀粉指示液（10g/L），继续滴定至溶液由蓝色变为亮绿色。同时做空白试验。硫代硫酸钠标准滴定溶液的浓度 c 由公式(1-10)计算：

$$c(\mathrm{Na_2S_2O_3}) = \frac{m \times 1000}{(V_1 - V_2)M}$$

(1-10)

式中　m——重铬酸钾的质量，g；

　　　V_1——硫代硫酸钠溶液的体积，mL；

　　　V_2——空白试验硫代硫酸钠溶液的体积，mL；

　　　M——重铬酸钾的摩尔质量，$M(1/6\mathrm{K_2CrO_7}) = 49.031$，g/mol。

2. 仪器和用具

分析天平（分度值 0.0001g）；振荡器；磨口具塞锥形瓶：100mL；量筒：50mL、25mL；移液管：5mL；玻璃漏斗；试管：直径 1.8cm、2.0cm，高约 18cm；铝锅：作沸水浴用；电炉：2000W；锥形瓶：100mL；微量滴定管：5mL 或 10mL。

二、操作步骤

1. 样品液制备

精确称取试样 5.675g 于 100mL 磨口具塞锥形瓶中。倾斜锥形瓶以便所有试样粉末集中于一侧，用 5mL 95%乙醇浸湿全部试样，再加入 50mL 乙酸缓冲液，振荡摇匀后立即加入 2mL 12.0%钨酸钠溶液，在振荡器上混合振摇 5min。将混合液过滤，弃去最初几滴滤液，收集滤液于干净锥形瓶中，此滤液即为样品测定液。另取一锥形瓶不加试样，同上操作，滤液即为空白液。

2. 还原糖的测定

① 氧化：用移液管精确吸取样品液 5mL 于试管中，再精确加入 5mL 0.1mol/L 碱性铁氰化钾溶液，混合后立即将试管浸入剧烈沸腾的水浴中，并确保试管内液面低于沸水液面下 3～4cm，加热 20min 后取出，立即用冷水迅速冷却。

② 滴定：将试管内容物倾入 100mL 锥形瓶中，用 25mL 乙酸盐溶液荡洗试管一并倾入锥形瓶中，加 5mL 10%碘化钾溶液，混匀后，立即用 0.1mol/L 硫代硫酸钠溶液滴定至淡黄色，再加 1mL 淀粉溶液，继续滴定直至溶液蓝色消失，记下用去硫代硫酸钠溶液体积（V_1）。

③ 空白试验：吸取空白液 5mL，代替样品液按上述步骤①和②进行操作，记下消耗的硫代硫酸钠溶液体积（V_0）。

3. 非还原糖的测定

分别吸取样品液及空白液各 5mL 于试管中，先在剧烈沸腾的水浴中加热 15min（样品液中非还原糖转化为还原糖），取出迅速冷却后，加入 0.1mol/L 碱性铁氰化钾溶液 5mL，混匀后，再放入沸腾水浴中继续加热 20min，取出迅速冷却后，立即按上述还原糖方法进行滴定，分别记下滴定样品液及空白液消耗硫代硫酸钠的体积（V_1'，V_0'）。

三、结果计算

1. 还原糖含量的计算

根据氧化样品液中还原糖所需 0.1mol/L 铁氰化钾溶液的体积查表 1-4，即可查得试样中还原糖（以麦芽糖计算）的质量分数。铁氰化钾溶液体积（V_3）按式(1-11)计算：

$$V_3 = \frac{(V_0 - V_1) \times c}{0.1}$$

(1-11)

式中　V_3——氧化样品液中还原糖所需 0.1mol/L 铁氰化钾溶液体积，mL；

　　　V_0——滴定空白液消耗 0.1mol/L 硫代硫酸钠溶液体积，mL；

　　　V_1——滴定样品液消耗 0.1mol/L 硫代硫酸钠溶液体积，mL；

　　　c——硫代硫酸钠溶液实际浓度，mol/L。

0.1mol/L 铁氰化钾体积与还原糖含量对照可查表 1-4。

表 1-4　0.1mol/L 铁氰化钾体积与还原糖含量对照表

$K_3Fe(CN)_6$ /mL	还原糖 /%	$K_3Fe(CN)_6$ /mL	还原糖 /%	$K_3Fe(CN)_6$ /mL	还原糖 /%	$K_3Fe(CN)_6$ /mL	还原糖 /%
0.10	0.05	2.30	1.16	4.50	2.37	6.70	3.79
0.20	0.10	2.40	1.21	4.60	2.44	6.80	3.85
0.30	0.15	2.50	1.26	4.70	2.51	6.90	3.92
0.40	0.20	2.60	1.30	4.80	2.57	7.00	3.98
0.50	0.25	2.70	1.35	4.90	2.64	7.10	4.06
0.60	0.31	2.80	1.40	5.00	2.70	7.20	4.12
0.70	0.36	2.90	1.45	5.10	2.76	7.30	4.18
0.80	0.41	3.00	1.51	5.20	2.82	7.40	4.25
0.90	0.46	3.10	1.56	5.30	2.88	7.50	4.31
1.00	0.51	3.20	1.61	5.40	2.95	7.60	4.38
1.10	0.56	3.30	1.66	5.50	3.02	7.70	4.45
1.20	0.60	3.40	1.71	5.60	3.08	7.80	4.51
1.30	0.65	3.50	1.76	5.70	3.15	7.90	4.58
1.40	0.71	3.60	1.82	5.80	3.22	8.00	4.65
1.50	0.76	3.70	1.88	5.90	3.28	8.10	4.72
1.60	0.81	3.80	1.95	6.00	3.34	8.20	4.78
1.70	0.85	3.90	2.01	6.10	3.41	8.30	4.85
1.80	0.90	4.00	2.07	6.20	3.47	8.40	4.92
1.90	0.96	4.10	2.13	6.30	3.53	8.50	4.99
2.00	1.01	4.20	2.18	6.40	3.60	8.60	5.05
2.10	1.06	4.30	2.25	6.50	3.67	8.70	5.12
2.20	1.11	4.40	2.31	6.60	3.73	8.80	5.19

2. 非还原糖含量的计算

非还原糖含量根据氧化样品液中总还原糖所需的 0.1mol/L 铁氰化钾溶液的体积（V_4），减去氧化样品液中还原糖所需的铁氰化钾溶液体积（V_3），最后再根据 V_4-V_3 的结果查表 1-5，即可查得试样中非还原糖（以蔗糖计）的质量分数。

铁氰化钾溶液的体积 V_4 按式(1-12)计算：

$$V_4 = \frac{(V'_0 - V'_1) \times c}{0.1} \tag{1-12}$$

式中　V_4——氧化样品液中总还原糖所需 0.1mol/L 铁氰化钾溶液体积，mL；

V_0'——滴定空白液消耗硫代硫酸钠溶液体积，mL；

V_1'——滴定样品液消耗硫代硫酸钠溶液体积，mL；

c——硫代硫酸钠溶液实际浓度，mol/L。

0.1mol/L 铁氰化钾体积与非还原糖含量对照可查表 1-5。

表 1-5　0.1mol/L 铁氰化钾体积与非还原糖含量对照表

$K_3Fe(CN)_6$ /mL	非还原糖 /%	$K_3Fe(CN)_6$ /mL	非还原糖 /%	$K_3Fe(CN)_6$ /mL	非还原糖 /%	$K_3Fe(CN)_6$ /mL	非还原糖 /%
0.10	0.05	2.30	1.09	4.50	2.14	6.70	3.18
0.20	0.10	2.40	1.14	4.60	2.18	6.80	3.23
0.30	0.15	2.50	1.19	4.70	2.23	6.90	3.28
0.40	0.19	2.60	1.23	4.80	2.28	7.00	3.33
0.50	0.24	2.70	1.28	4.90	2.33	7.10	3.37
0.60	0.29	2.80	1.33	5.00	2.38	7.20	3.42
0.70	0.34	2.90	1.38	5.10	2.42	7.30	3.47
0.80	0.38	3.00	1.43	5.20	2.47	7.40	3.52
0.90	0.43	3.10	1.48	5.30	2.51	7.50	3.57
1.00	0.48	3.20	1.52	5.40	2.56	7.60	3.62
1.10	0.52	3.30	1.57	5.50	2.61	7.70	3.67
1.20	0.57	3.40	1.61	5.60	2.66	7.90	3.72
1.30	0.62	3.50	1.66	5.70	2.70	7.90	3.77
1.40	0.67	3.60	1.71	5.80	2.75	8.00	3.82
1.50	0.71	3.70	1.76	5.90	2.80	8.10	3.87
1.60	0.76	3.80	1.81	6.00	2.85	8.20	3.92
1.70	0.81	3.90	1.85	6.10	2.90	8.30	3.97
1.80	0.86	4.00	1.90	6.20	2.94	8.40	4.02
1.90	0.91	4.10	1.95	6.30	2.99	8.50	4.07
2.00	0.95	4.20	2.00	6.40	3.04		
2.10	1.00	4.30	2.04	6.50	3.09		
2.20	1.04	4.40	2.09	6.60	3.13		

注：非还原糖含量以蔗糖计算。

第二法　费林试剂法

还原糖将费林试剂中的铜盐还原为氧化亚铜，加入过量的酸性硫酸铁溶液后，氧化亚铜被氧化为铜盐而溶解，而硫酸铁被还原为硫酸亚铁。高锰酸钾标准溶液滴定氧化作用后生成的亚铁盐。根据高锰酸钾标准溶液消耗量，计算氧化亚铜含量，再查表得到还原糖的量。

一、试剂和设备

1. 试剂和材料

费林试剂 A 液：取硫酸铜（$CuSO_4 \cdot 5H_2O$）34.639g，加适量水溶解，加硫酸 0.5mL，再加水至 500mL，用精制石棉过滤。

费林试剂 B 液：取酒石酸钾钠 173g 与氢氧化钠 50g，加适量水溶解，稀释至 500mL，用精制石棉过滤，贮存于具橡皮塞的玻璃瓶内。

3mol/L 盐酸：取浓盐酸 25mL，加水至 100mL；1.0mol/L 氢氧化钠溶液：取氢氧化钠 4.0g，加水溶解至 100mL；硫酸铁溶液：取硫酸铁 50g，加水 200mL 溶解，然后慢慢加入浓硫酸 100mL，冷却后加水至 1000mL；6mol/L 盐酸：取浓盐酸 100mL，加水至 200mL；甲基红指示液：0.1% 甲基红乙醇溶液；20% 氢氧化钠溶液：取氢氧化钠 20g，加水溶解至 100mL。

0.1mol/L 高锰酸钾标准溶液配制和标定：称取 3.3g 高锰酸钾，溶于 1050mL 水中，缓缓煮沸 15min，冷却，于暗处放置两周，用已处理过的 4 号玻璃滤锅过滤。贮存于棕色瓶中。玻璃滤锅的处理是指玻璃滤锅在同样浓度的高锰酸钾溶液中缓缓煮沸 5min。称取 0.25g 于 105～110℃ 烘箱中干燥至恒重的工作基准试剂草酸钠，溶于 100mL 硫酸溶液（8+92）中，用配制好的高锰酸钾溶液滴定，近终点时加热至约 65℃，继续滴定至溶液呈粉红色，并保持 30s，同时做空白试验。

高锰酸钾标准滴定溶液的浓度 $c(1/5KMnO_4)$（mol/L）按式（1-13）计算：

$$c\left(\frac{1}{5}KMnO_4\right) = \frac{m \times 1000}{(V_1 - V_2)M} \tag{1-13}$$

式中　m——草酸钠的质量，g；

　　　V_1——高锰酸钾溶液的体积，mL；

　　　V_2——空白试验高锰酸钾溶液的体积，mL；

　　　M——草酸钠的摩尔质量，$M(1/2Na_2C_2O_4) = 66.999$，g/mol。

精制石棉：先用 3mol/L 盐酸将石棉浸泡 2～3 天后，用水洗净。再加 10% 氢氧化钠溶液浸泡 2～3 天，倾去溶液，用热费林试剂 B 液浸泡数小时，用水洗净。再用 3mol/L 盐酸浸泡数小时，用水洗至不呈酸性，使之成为微细的软纤维，用水浸泡贮存于玻璃瓶内，作填充古氏坩埚用。

2. 仪器和用具

天平（分度值 0.01g）；粉碎磨；古氏坩埚：25mL；抽滤瓶：500mL；真空泵或水泵；烧杯：400mL；移液管：50mL；滴定管；容量瓶：250mL、100mL。

二、操作步骤

1. 试样制备

取混合均匀的试样，用粉碎磨粉碎，使 90% 通过孔径 0.27mm（60 目）筛，合并筛上、筛下物，充分混合，保存备用。

2. 试样处理

称量试样 10～20g，精确至 0.01g，置于 250mL 容量瓶中，加水 200mL，在 45℃ 水浴中加热 1h，并不断振荡，待冷却后加水定容。静置后，吸取澄清液 200mL 置于另一 250mL 容量瓶中，加费林试剂 A 液 10mL 和 1mol/L 氢氧化钠溶液 4mL，摇匀后定容，然后静置

30min。用干燥滤纸过滤，弃去初滤液，其余滤液供测定还原糖和非还原糖用。

3. 还原糖测定

移取试样溶液 50mL 于 400mL 烧杯中，加入费林试剂 A、B 液各 25mL，加盖表面皿，置电炉上加热，并在 4min 内沸腾，再煮沸 2min，趁热用铺有石棉的古氏坩埚抽滤，并用 60℃ 热水洗涤烧杯和沉淀，至洗液不呈碱性为止。向古氏坩埚中加入硫酸铁溶液和水各 25mL，用玻璃棒搅拌，使氧化亚铜完全溶解，用前面使用过的烧杯收集溶液，以 0.1mol/L 高锰酸钾标准溶液滴定至微红色。同时取水 50mL，加费林试剂 A、B 液各 25mL，做试剂空白试验。

4. 非还原糖测定

吸取已制备的样品液 50mL，转移至 100mL 容量瓶中，加 6mol/L 盐酸 5mL，在 68～70℃ 水浴中加热 15min，冷却后加甲基红指示液 2 滴，用 20% 氢氧化钠溶液中和，加水至刻度，混匀，然后按步骤 3 进行样品液中非还原糖测定。

三、结果计算

1. 还原糖的计算

相当于试样中还原糖质量的氧化亚铜质量按式(1-14) 计算：

$$X = (V - V_0) \times c \times 71.54 \qquad (1-14)$$

式中　X——相当于试样中还原糖质量的氧化亚铜的质量，mg；

　　　　V——试样消耗高锰酸钾标准溶液的体积，mL；

　　　　V_0——试样空白消耗高锰酸钾标准溶液的体积，mL；

　　　　c——高锰酸钾标准溶液的浓度，mol/L；

　　71.54——1mol/L 高锰酸钾标准溶液 1mL 相当于氧化亚铜的质量，mg。

由所得的氧化亚铜质量，按表 1-6 查出相当的还原糖（以葡萄糖计）的质量。还原糖干基含量（Y）以质量分数（%）表示，按式(1-15) 计算：

$$Y = \frac{62.5 \times m_1}{m \times (100 - W)} \qquad (1-15)$$

式中　m_1——由表 1-6 中查得的还原糖（以葡萄糖计）的质量，mg；

　　　　m——试样质量，g；

　　　　W——试样水分含量，%。

注1：煮沸时间应控制在 4min 内。可先取水 50mL 加碱性酒石酸铜 A、B 液各 25mL。调节好适当的火力后，再测样品液。

注2：煮沸后的溶液如不呈蓝色，表示糖量过高，可减少试样量，重新测定。

2. 非还原糖的计算

非还原糖干基含量（以蔗糖计）以质量分数（%）表示，按式(1-16) 计算：

$$Z = \frac{6250 \times 0.95 \times m_2}{m \times V \times (100 - W)} \qquad (1-16)$$

式中　0.95——还原糖（以葡萄糖计）换算为蔗糖的因数；

　　　　m_2——转化后测得的还原糖（以葡萄糖计）质量，mg；

　　　　m——测定还原糖时试样质量，g；

　　　　V——转化后用于测定还原糖的样品液的体积，mL；

　　　　W——试样水分含量，%。

表 1-6　相当于氧化亚铜质量的葡萄糖、果糖、转化糖质量表　　　mg

氧化亚铜	葡萄糖	果糖	转化糖	氧化亚铜	葡萄糖	果糖	转化糖	氧化亚铜	葡萄糖	果糖	转化糖
11.3	4.6	5.1	5.2	52.9	22.6	24.9	24	77.7	33.5	36.8	35.3
12.4	5.1	5.6	5.7	54	23.1	25.4	24.5	61.9	26.5	29.2	28.1
13.5	5.6	6.1	6.2	55.2	23.6	26	25	63	27	29.8	28.6
14.6	6	6.7	6.7	56.3	24.1	26.5	25.5	64.2	27.5	30.3	29.1
15.8	6.5	7.2	7.2	57.4	24.6	27.1	26	65.3	28	30.9	29.6
16.9	7	7.7	7.7	58.5	25.1	27.6	26.5	66.4	28.5	31.4	30.1
18	7.5	8.3	8.2	59.7	25.6	28.2	27	67.6	29	31.9	30.6
19.1	8	8.8	8.7	60.8	26.1	28.7	27.6	68.7	29.5	32.5	31.2
20.3	8.5	9.3	9.2	45	19.2	21.1	20.4	69.8	30	33	31.7
21.4	8.9	9.9	9.7	46.2	19.7	21.7	20.9	70.9	30.5	33.6	32.2
22.5	9.4	10.4	10.2	47.3	20.1	22.2	21.4	72.1	31	34.1	32.7
23.6	9.9	10.9	10.7	48.4	20.6	22.8	21.9	73.2	31.5	34.7	33.2
24.8	10.4	11.5	11.2	49.5	21.1	23.3	22.4	74.3	32	35.2	33.7
25.9	10.9	12	11.7	50.7	21.6	23.8	22.9	75.4	32.5	35.8	34.3
27	11.4	12.5	12.3	51.8	22.1	24.4	23.5	76.6	33	36.3	34.8
28.1	11.9	13.1	12.8	52.9	22.6	24.9	24	77.7	33.5	36.8	35.3
29.3	12.3	13.6	13.3	54	23.1	25.4	24.5	78.8	34	37.4	35.8
30.4	12.8	14.2	13.8	55.2	23.6	26	25	79.9	34.5	37.9	36.3
31.5	13.3	14.7	14.3	56.3	24.1	26.5	25.5	81.1	35	38.5	36.8
32.6	13.8	15.2	14.8	57.4	24.6	27.1	26	82.2	35.5	39	37.4
33.8	14.3	15.8	15.3	58.5	25.1	27.6	26.5	83.3	36	39.6	37.9
34.9	14.8	16.3	15.8	59.7	25.6	28.2	27	84.4	36.5	40.1	38.4
36	15.3	16.8	16.3	60.8	26.1	28.7	27.6	85.6	37	40.7	38.9
37.2	15.7	17.4	16.8	61.9	26.5	29.2	28.1	86.7	37.5	41.2	39.4
38.3	16.2	17.9	17.3	63	27	29.8	28.6	87.8	38	41.7	40
39.4	16.7	18.4	17.8	64.2	27.5	30.3	29.1	88.9	38.5	42.3	40.5
40.5	17.2	19	18.3	65.3	28	30.9	29.6	90.1	39	42.8	41
41.7	17.7	19.5	18.9	66.4	28.5	31.4	30.1	91.2	39.5	43.4	41.5
42.8	18.2	20.1	19.4	67.6	29	31.9	30.6	92.3	40	43.9	42
43.9	18.7	20.6	19.9	68.7	29.5	32.5	31.2	93.4	40.5	44.5	42.6
45	19.2	21.1	20.4	69.8	30	33	31.7	94.6	41	45	43.1
46.2	19.7	21.7	20.9	70.9	30.5	33.6	32.2	95.7	41.5	45.6	43.6
47.3	20.1	22.2	21.4	72.1	31	34.1	32.7	96.8	42	46.1	44.1
48.4	20.6	22.8	21.9	73.2	31.5	34.7	33.2	97.9	42.5	46.7	44.7
49.5	21.1	23.3	22.4	74.3	32	35.2	33.7	99.1	43	47.2	45.2
50.7	21.6	23.8	22.9	75.4	32.5	35.8	34.3	100.2	43.5	47.3	45.7
51.8	22.1	24.4	23.5	76.6	33	36.3	34.8	101.3	44	48.3	46.2

氧化亚铜	葡萄糖	果糖	转化糖	氧化亚铜	葡萄糖	果糖	转化糖	氧化亚铜	葡萄糖	果糖	转化糖
102.5	44.5	48.9	46.7	144.1	63.3	69.3	66.3	185.8	82.5	90.1	86.2
103.6	45	49.4	47.3	145.2	63.8	69.9	66.8	186.9	83.1	90.6	86.8
104.7	45.5	50	47.8	146.4	64.3	70.4	67.4	188	83.6	91.2	87.3
105.8	46	50.5	48.3	147.5	64.9	71	67.9	189.1	84.1	91.8	87.8
107	46.5	51.1	48.8	148.6	65.4	71.6	68.4	190.3	84.6	92.3	88.4
108.1	47	51.6	49.4	149.7	65.9	72.1	69	191.4	85.2	92.9	88.9
109.2	47.5	52.2	49.9	150.9	66.4	72.7	69.5	192.5	85.7	93.5	89.5
110.3	48	52.7	50.4	152	66.9	73.2	70	193.6	86.2	94	90
111.5	48.5	53.3	50.9	153.1	67.4	73.8	70.6	194.8	86.7	94.6	90.6
112.6	49	53.8	51.5	154.2	68	74.3	71.1	195.9	87.3	95.2	91.1
113.7	49.5	54.4	52	155.4	68.5	74.9	71.6	197	87.8	95.7	91.7
114.8	50	54.9	52.5	156.5	69	75.5	72.2	198.1	88.3	96.3	92.2
116	50.6	55.5	53	157.6	69.5	76	72.7	199.3	88.9	96.9	92.8
117.1	51.1	56	53.6	158.7	70	76.6	73.2	200.4	89.4	97.4	93.3
118.2	51.6	56.6	54.1	159.9	70.5	77.1	73.8	201.5	89.9	98	93.8
119.3	52.1	57.1	54.6	161	71.1	77.7	74.3	202.7	90.4	98.6	94.4
120.5	52.6	57.7	55.2	162	71.6	78.3	74.9	203.8	91	99.2	94.9
121.6	53.1	58.2	55.7	163.2	72.1	78.8	75.4	204.9	91.5	99.7	95.5
122.7	53.6	58.8	56.2	164.4	72.6	79.4	75.9	206	92	100.3	96
123.8	54.1	59.3	56.7	165.5	73.1	80	76.5	207.2	92.6	100.9	96.6
125	54.6	59.9	57.3	166.6	73.7	80.5	77	208.3	93.1	101.4	97.1
126.1	55.1	60.4	57.8	167.8	74.2	81.1	77.06	209.4	93.6	102	97.7
127.2	55.6	61	58.3	168.9	74.7	81.6	78.1	210.5	94.2	102.6	98.2
128.3	56.1	61.6	58.9	170	75.2	82.2	78.6	211.7	94.7	103.1	98.8
129.5	56.7	62.1	59.4	171.1	75.7	82.8	79.2	212.8	95.2	103.7	99.3
130.6	57.2	62.7	59.9	172.3	76.3	83.3	79.7	213.9	95.7	104.3	99.9
131.7	57.7	63.2	60.4	173.4	76.8	83.9	80.3	215	96.3	104.8	100.4
132.8	58.2	63.8	61	174.5	77.3	84.4	80.8	216.2	96.8	105.4	101
134	58.7	64.3	61.5	175.6	77.8	85	81.3	217.3	97.3	106	101.5
135.1	59.2	64.9	62	176.8	78.3	85.6	81.9	218.4	97.9	106.6	102.1
136.2	59.7	65.4	62.6	177.9	78.9	86.1	82.4	219.5	98.4	107.1	102.6
137.4	60.2	66	63.1	179	79.4	86.7	83	220.7	98.9	107.1	103.2
138.5	60.7	66.5	63.6	180.1	79.9	87.3	83.5	221.8	99.5	108.3	103.7
139.6	61.3	67.1	64.2	181.3	80.4	87.8	84	222.9	100	108.8	104.3
140.7	61.8	67.7	64.7	182.4	81	88.4	84.6	224	100.5	109.4	104.8
141.9	62.3	68.2	65.2	183.5	81.5	89	85.1	225.2	101.1	110	105.4
143	62.8	68.8	65.8	184.5	82	89.5	85.7	226.3	101.6	110.6	106

氧化亚铜	葡萄糖	果糖	转化糖	氧化亚铜	葡萄糖	果糖	转化糖	氧化亚铜	葡萄糖	果糖	转化糖
227.4	102.2	111.1	106.5	269.1	122.2	132.5	127.2	310.7	142.7	154.2	148.3
228.5	102.7	111.7	107.1	270.2	122.7	133.1	127.8	311.9	142.2	154.8	148.9
229.7	103.2	112.3	107.6	271.3	123.3	133.7	128.3	313	142.8	155.4	149.4
230.8	103.8	112.9	108.2	272.5	123.8	134.2	128.9	314.1	144.4	156	150
231.9	104.3	113.4	108.7	273.6	124.4	134.8	129.5	315.2	144.9	156.5	150.6
233.1	104.8	114	109.3	274.7	124.9	135.4	130	316.4	145.5	157.1	151.2
234.2	105.4	114.6	109.8	275.8	125.5	136	130.6	317.5	146	157.7	151.8
235.3	105.9	115.2	110.4	277	126	136.6	131.2	318.6	146.6	158.3	152.3
236.4	106.5	115.7	110.9	278.1	126.6	137.2	131.7	319.7	147.2	158.9	152.9
237.6	107	116.3	111.5	279.2	127.1	137.7	132.3	320.9	147.7	159.5	153.5
238.7	107.5	116.9	112.1	280.3	127.7	138.3	132.9	322	148.3	160.1	154.1
239.8	108.1	117.5	112.6	281.5	128.2	138.9	133.4	323.1	148.8	160.7	154.6
240.9	108.6	118	113.2	282.6	128.8	139.5	134	234.2	149.4	161.3	155.2
242.1	109.2	118.6	113.7	283.7	129.3	140.1	134.6	325.4	150	161.9	155.8
243.1	109.7	119.2	114.3	284.8	129.9	140.7	135.1	326.5	150.5	162.5	156.4
244.3	110.2	119.8	114.9	286	130.4	141.3	135.7	327.6	151.1	163.1	157
245.4	110.8	120.3	115.4	287.1	131	141.8	136.3	328.7	151.7	163.7	157.5
246.6	111.3	120.9	116	288.2	131.6	142.4	136.8	329.9	152.2	164.3	158.1
247.7	111.9	121.5	116.5	289.3	132.1	143	137.4	331	152.8	164.9	158.7
248.8	112.4	122.1	117.1	290.5	132.7	143.6	138	328.7	151.7	163.7	157.5
249.9	112.9	122.6	117.6	291.6	133.2	144.2	138.6	332.1	153.4	165.4	159.3
251.1	113.5	123.2	118.2	292.7	133.8	144.8	139.1	333.3	153.9	166	159.9
252.2	114	123.8	118.8	293.8	134.3	145.4	139.7	334.4	154.5	166.6	160.5
253.3	114.6	124.4	119.3	295	134.9	145.9	140.3	335.5	155.1	167.2	161
254.4	115.1	125	119.9	296.1	135.4	146.5	140.8	336.6	155.6	167.8	161.6
255.6	115.7	125.5	120.4	297.2	136	147.1	141.4	337.8	156.2	168.4	162.2
256.7	116.2	126.1	121	298.3	136.5	147.7	142	338.9	156.8	169	162.8
257.8	116.7	126.7	121.6	299.5	137.1	148.3	142.6	340	157.3	169.6	163.4
258.9	117.3	127.3	122.1	300.6	137.7	148.9	143.1	341.1	157.9	170.2	164
260.1	117.8	127.9	122.7	301.7	138.2	149.5	143.7	342.3	158.5	170.8	164.5
261.2	128.4	118.4	123.3	302.9	138.8	150.1	144.3	343.4	159	171.4	165.1
262.3	128.9	119	123.8	304	139.3	150.6	144.8	344.5	159.6	172	165.7
263.4	129.5	119.6	124.4	305.1	139.9	151.2	145.4	345.6	160.2	172.6	166.3
264.6	120	130.2	124.9	306.2	140.4	151.8	146	346.7	160.7	173.2	166.9
265.7	120.6	130.8	125.5	307.4	141	152.4	146.6	347.9	161.3	173.8	167.5
266.8	121.1	131.3	126.1	308.5	141.6	153	147.1	349	161.9	174.4	168
268	121.7	131.9	126.6	309.6	142.1	153.6	147.7	350.1	162.5	175	168.6

氧化亚铜	葡萄糖	果糖	转化糖	氧化亚铜	葡萄糖	果糖	转化糖	氧化亚铜	葡萄糖	果糖	转化糖
351.3	163	175.6	169.2	392.9	184.4	197.9	191.2	434.6	206.3	220.7	213.6
352.4	163.6	176.2	169.8	394	185	198.5	191.8	435.7	206.9	221.3	214.2
353.5	164.2	176.8	170.4	395.2	185.6	199.2	192.4	436.8	207.5	221.9	214.8
354.6	164.7	177.4	171	396.3	186.2	199.8	193	438	208.1	222.6	215.4
355.8	165.3	178	171.6	397.4	186.8	200.4	193.6	439.1	208.7	223.2	216
356.9	156.9	178.6	172.2	398.5	187.3	201	194.2	440.2	209.3	223.8	216.7
358	166.5	179.2	172.8	399.7	187.9	201.6	194.8	441.3	209.9	224.4	217.3
359.1	167	179.8	173.3	400.8	188.5	202.2	195.4	442.5	210.5	225.1	217.9
360.3	167.6	180.4	173.9	401.9	189.1	202.8	196	443.6	211.1	225.7	218.5
361.4	168.2	181	174.5	403.1	189.7	203.4	196.6	444.7	211.7	226.3	219.1
362.5	168.8	181.6	175.1	404	190.3	204	197.2	445.8	212.3	221.9	219.8
363.6	169.3	182.2	175.7	405.3	190.9	204.7	197.8	447	212.9	220.6	220.4
364.8	169.9	182.8	176.3	406.4	191.5	205.3	198.4	448.1	213.5	228.2	221
365.9	170.5	183.4	176.9	407.6	192	205.9	199	449.2	214.1	228.8	221.6
367	171.1	184	177.5	408.7	192.6	206.5	199.6	450.3	214.7	229.4	222.2
368.2	171.6	184.6	178.1	409.8	193.2	207.1	200.2	451.5	215.3	230.1	222.9
369.3	172.2	185.2	178.7	410.9	193.8	207.7	200.8	452.6	215.9	230.7	223.5
370.4	172.8	185.8	179.2	412.1	194.4	208.3	201.4	453.7	216.5	231.3	224.1
371.5	173.4	186.4	179.8	413.2	195	209	202	454.8	217.1	232	224.7
372.7	173.9	187	180.4	414.3	195.6	209.6	202.6	456	217.8	232.6	225.4
373.8	174.5	187.6	181	415.4	196.2	210.2	203.2	457.1	218.4	233.2	226
374.9	175.1	188.2	181.6	416.6	196.8	210.8	203.8	458.2	219	233.9	226.6
376	175.7	188.3	182.2	417.7	197.4	211.4	204.4	459.3	219.6	234.5	227.2
377.2	176.3	189.4	182.8	418.8	198	212	205	460.5	220.2	235.1	227.9
378.3	176.8	190.1	183.4	419.9	198.5	212.6	205.7	461.6	220.8	235.8	228.5
379.4	177.4	190.7	184	421.1	199.1	213.3	206.3	462.7	221.4	236.4	229.1
380.5	178	191.3	184.6	422.2	199.7	213.9	206.9	463.8	222	237.1	229.7
381.7	178.6	191.9	185.2	423.3	200.3	214.5	207.5	465	222.6	237.7	230.4
382.8	179.2	192.5	185.8	424.4	200.9	215.1	208.1	466.1	223.3	238.4	231
383.9	179.7	193.1	186.4	425.6	201.5	215.7	208.7	467.2	223.9	239	231.7
385	180.3	193.7	187	426.7	202.1	216.3	209.3	468.4	224.5	239.7	232.3
386.2	180.9	194.3	187.6	427.8	202.7	217	209.9	469.5	225.1	240.3	232.9
387.3	181.5	194.9	188.2	428.9	203.3	217.6	210.5	470.6	225.7	241	233.6
388.4	182.1	195.5	188.8	430.1	203.9	218.2	211.1	471.7	226.3	241.6	234.2
389.5	182.7	196.1	189.4	431.2	204.5	218.8	211.8	472.9	227	242.2	234.8
390.7	183.2	196.7	190	432.4	205.1	219.5	212.4	474	227.6	242.9	235.5
391.8	183.8	197.3	190.6	433.5	205.7	220.1	213	475.1	228.2	243.6	236.1

氧化亚铜	葡萄糖	果糖	转化糖	氧化亚铜	葡萄糖	果糖	转化糖	氧化亚铜	葡萄糖	果糖	转化糖
476.2	228.8	244.3	236.8	481.9	232	247.8	240.2	487.5	235.3	251.6	243.8
477.4	229.5	244.9	237.5	483	232.7	248.5	240.8	488.6	236.1	252.7	244.7
478.5	230.1	245.6	238.1	484.1	233.3	249.2	241.5	489.7	236.9	253.7	245.8
479.6	230.7	246.3	238.8	485.2	234	250	242.3				
480.7	231.4	247	239.5	486.4	234.7	250.8	243				

实验六 淀粉含量的测定

淀粉是由葡萄糖分子以 α-1,4-糖苷键、α-1,3-糖苷键、α-1,6-糖苷键连接而成的天然物质。淀粉在禾谷类粮食籽粒中含量特别多，常占籽粒干重的 $65\%\sim80\%$。油料种子中，也含有 $10\%\sim25\%$ 的淀粉。淀粉含量随品种、土壤、气候、成熟度及栽培条件而有差异。储藏条件不善或长期储藏，也会使淀粉含量发生变化。

淀粉是多糖类物质，可逐步水解为糊精、麦芽糖、葡萄糖，通过测定葡萄糖的含量，可计算淀粉含量。淀粉的酶水解法测定就是试样经除去脂肪及可溶性糖类后，其中淀粉经 α-淀粉酶水解成双糖，双糖再用盐酸水解成具有还原性的单糖，最后测定还原糖含量，并折算成淀粉。

一、试剂和设备

1. 试剂

淀粉酶溶液：称取 α-淀粉酶 0.5g，加 100mL 水溶解，加入数滴甲苯或三氯甲烷，防止长霉；碘溶液：称取 3.6g 碘化钾溶于 20mL 水中，加入 1.3g 碘，加水稀释至 100mL；85%乙醇；6mol/L 盐酸：取浓盐酸 100mL，加水至 200mL；200g/L 氢氧化钠溶液；甲基红指示液：称取 0.1g 甲基红，用 95%乙醇溶液定容至 100mL；乙醚。

2. 设备

粉碎磨：粉碎样品，使其完全通过孔径 0.45mm（40 目）筛；天平（分度值 0.01g）；锥形瓶：250mL；回流冷凝装置：能与 250mL 锥形瓶瓶口相匹配；容量瓶：250mL；抽滤装置：由玻璃砂芯漏斗和吸滤瓶组成，用水泵或真空泵抽滤；恒温水浴锅。

二、测定步骤

1. 试样的制备

样品粉碎至全部通过 0.45mm 孔筛，充分混合，保存备用。

2. 试样处理

称取试样 $2\sim5$g（m_0，精确至 0.01g），置于放有折叠滤纸的漏斗内，先用 50mL 乙醚分 5 次洗涤去除脂肪，再用约 100mL 85%乙醇洗涤除去可溶性糖类，将残留物移入 250mL 烧杯内，并用 50mL 水洗滤纸及漏斗，洗液并入烧杯内。但是，试样中含脂肪量很少时，可不用乙醚洗涤。

3. 糊化与酶解

将烧杯置沸水浴上加热 15min，使淀粉糊化。将糊化的试样，放置冷却至 60℃ 以下，加 20mL α-淀粉酶溶液，在恒温水浴锅中 55～60℃ 保温水解 1h，并经常搅拌。

取酶解液 1 滴，加 1 滴碘溶液，应不显蓝色，若显蓝色，再加热糊化并加 20mL α-淀粉酶溶液，继续保温，直至加碘不显蓝色为止。将酶解完全的试样加热至沸，冷后移入 250mL 容量瓶中并加水定容至刻度，混匀，过滤，弃去初滤液。

注：在使用 α-淀粉酶之前，可用已知含量的淀粉糊溶液少许，加定量的 α-淀粉酶溶液，置 55～60℃ 水浴上加热 1h，用碘溶液观察，经水解后蓝色是否减退或消失，以确定酶的活力及水解时所需用量。

4. 转化

取 50mL 滤液，置于 250mL 锥形瓶中，加 5mL 6mol/L 盐酸，装上回流冷凝管，在沸水浴中回流 1h，冷却后加 2 滴甲基红指示液，用 200g/L 氢氧化钠溶液中和至中性，溶液转入 100mL 容量瓶中，洗涤锥形瓶，洗液并入 100mL 容量瓶中，加水定容至刻度，混匀备用。

5. 测定

用处理好的试样按照本章"实验五　还原糖和非还原糖的测定"测定还原糖含量。同时量取 50mL 水及与试样处理时相同量的 α-淀粉酶溶液，按同一方法做试剂空白试验。

三、结果计算

试样中淀粉的干基含量（X）以质量分数表示，按式(1-17) 计算。

$$X = \frac{500 \times 0.9 \times (m_1 - m_2)}{m_0 \times V \times (1-W) \times 1000} \times 100 \tag{1-17}$$

式中　X——试样中淀粉的干基含量，%；

　　　m_1——转化后测得的还原糖（以葡萄糖计）质量，mg；

　　　m_2——试剂空白相当于还原糖（以葡萄糖计）质量，mg；

　　　m_0——试样质量，g；

　　　V——转化后稀释为 100mL，测定还原糖的体积，mL；

　　　W——试样水分，%；

　　　0.9——还原糖（以葡萄糖计）换算成淀粉的换算系数。

实验七　粗纤维素含量测定

食品中的粗纤维在化学上不是单一组分的物质，而是包括纤维素、半纤维素、木质素等多种组分的混合物。粗纤维是植物性食品的主要成分之一，广泛存在于各种植物体内，其含量因食品种类的不同而异，尤其在谷类、豆类、水果、蔬菜中含量较高。纤维素和淀粉一样，也是葡萄糖的聚合物，但它是 300～2000 个葡萄糖残基以 β-1,4-糖苷键连接而成的。它不溶于任何有机溶剂，对稀酸、稀碱相当稳定，人类和大多数动物由于没有 β-1,4-糖苷键酶，故不能消化利用纤维素。纤维虽然不能被人体消化吸收利用，但它能吸收和保留水分，使粪便柔软，有利于大便通畅，也能刺激消化液的分泌和肠道蠕动，在维持人体健康、预防疾病方面有着独特的生理作用。人类每天要从食品中摄入 8～12g 粗纤维才能维持人体正常的生理机能。

粗纤维的测定原理是试样用沸腾的稀硫酸处理，残渣经过滤分离、洗涤，用沸腾的氢氧化钠溶液处理。处理后的残渣经过滤分离、洗涤、干燥并称量，然后灰化。灰化中损失的质量相当于试样中粗纤维的质量。

一、试剂和设备

1. 试剂

水（蒸馏或离子交换水）；盐酸溶液：$c(HCl) = 0.5mol/L$；硫酸溶液：$c(H_2SO_4) = (0.13 \pm 0.005)mol/L$；氢氧化钾溶液：$c(KOH) = (0.23 \pm 0.005)mol/L$；丙酮；消泡剂：如正辛醇；石油醚：沸程 30～60℃；过滤辅料：海砂或硅藻土 545，或质量相当的其他材料。

注：使用前，海砂用沸腾的盐酸溶液 $[c(HCl) = 4mol/L]$ 处理，用水洗涤至中性，然后在（500±25）℃下至少加热 1h。其他滤器辅料在（500±25）℃下至少加热 4h。

2. 仪器

粉碎设备：能将样品粉碎，使其能全部通过筛孔孔径为 1mm 的筛；分析天平（分度值 0.1mg）；滤埚：石英、陶瓷或者硬质玻璃材质，带有烧结的滤板，孔径 40～100μm（按照 ISO 4793：1980，孔隙度为 P100），在初次使用前，将新滤埚小心地逐步加温，温度不超过 525℃，并在（500±25）℃下保持数分钟，也可以使用具有同样性能特性的不锈钢坩埚，其不锈钢滤板的孔径为 90μm；陶瓷筛板；灰化皿；烧杯或锥形瓶：容量 500mL，带有配套的冷却装置；干燥箱：电加热，可通风，能保持温度在（130±2）℃；干燥器：盛有蓝色硅胶干燥剂，内有厚度为 2～3mm 的多孔板，最好为铝制或不锈钢材质；马弗炉：电加热，可通风，在 475～525℃条件下能保持滤埚周围温度至±25℃。

马弗炉的温度读数可能发生误差，因此对马弗炉中的温度要定期校正。因马弗炉的大小及类型不同，炉内不同位置的温度可能不同。当炉门关闭时，必须有充足的空气供应。空气体积流速不宜过大，以免带走滤埚中的物质。

冷提取装置：需带有滤埚支架，以及连接真空、液体排出孔的有旋塞排放管和连接滤埚的连接环等部件。

加热装置（适用于手工操作方法）：带有冷却装置，以保证溶液沸腾时体积不发生变化。

加热装置（适用于半自动操作方法）：用于酸碱消解。需包括：滤埚支架；连接真空和液体排出孔的有旋塞排放管；容积至少 270mL 的消解圆筒，供消解用，并带有回流冷凝器；连接加热装置、滤埚和消解圆筒的连接环。压缩空气可以选配，使用前装置用沸水预热 5min。

二、测定步骤

（一）试样制备

用粉碎装置将实验室风干的样品粉碎，使其能完全通过筛孔为 1.0mm 的筛，然后将样品充分混合均匀。

（二）手工操作方法

1. 试料

称取 1g 制备好的试样，准确至 0.1mg（m_1）。如果试样脂肪含量超过 100g/kg，或试样中的脂肪不能用石油醚直接提取，则将试样转移至滤埚中，按步骤2预脱脂处理；如果试样脂肪含量不超过100g/kg，则将试样转移至烧杯中。如果其碳酸盐（以碳酸钙计）超过50g/kg，按步骤3除去碳酸盐处理；如果其碳酸盐（以碳酸钙计）不超过50g/kg，直接按步骤4酸消解进行操作。

2. 预脱脂

在冷提取装置中，在真空条件下，试样用30mL石油醚脱脂后，抽吸干燥残渣，重复3次。将残渣转移至烧杯中。

3. 除去碳酸盐

样品中加入100mL 0.5mol/L盐酸，连续振摇5min，小心地将溶液倒入铺有过滤辅料的滤埚中，小心地用水洗涤两次，每次100mL，充分洗涤使尽可能少的物质留在过滤辅料上。把滤埚中的物质转移至原来的烧杯里，按步骤4酸消解进行操作。

4. 酸消解

向样品中加入150mL 0.13mol/L硫酸。尽快加热至沸腾，并且保持沸腾状态（30±1）min。开始沸腾时，缓慢转动烧杯。如果起泡，加入数滴消泡剂。开启冷却装置保持溶液处于微沸状态，以保持体积恒定。

5. 第一次过滤

在滤埚中铺一层过滤辅料，其厚度约为滤埚高度的五分之一，过滤辅料上可盖筛板以防溅起。当酸消解结束时，把液体通过搅拌棒倾入滤埚中，用弱真空抽滤，使150mL酸消解液几乎全部通过。若发生堵塞而无法抽滤时，用搅拌棒小心地拨开覆盖在过滤辅料上的粗纤维。残渣用热水洗涤5次，每次用水约10mL。注意使滤埚的筛板始终有过滤辅料覆盖，使粗纤维不接触筛板。停止抽气，加入一定体积的丙酮，使其刚好能覆盖残渣。静置数分钟后，慢慢抽滤除去丙酮，继续抽气，使空气通过残渣，使其干燥。

6. 脱脂

在冷凝装置中，在真空条件下试样用30mL石油醚脱脂并抽吸干燥，重复3次。

7. 碱消解

将残渣定量转移至酸消解用的同一烧杯中。加入150mL 0.23mol/L氢氧化钾溶液，尽快加热至沸腾，并且保持沸腾状态（30±1）min。开启冷却装置保持溶液处于微沸状态，以保持体积恒定。

8. 第二次过滤

在滤埚中铺一层过滤辅料，其厚度约为滤埚高度的五分之一，过滤辅料上可盖一筛板以防溅起。将烧杯中的物质过滤到滤埚里，残渣用热水洗涤至中性。残渣在真空条件下用丙酮洗涤3次，每次用丙酮30mL，每次洗涤后继续抽气以干燥残渣。

9. 干燥

将滤埚置于灰化皿中，在130℃干燥箱中至少干燥2h。在加热或冷却的过程中，滤埚的烧结滤板可能会部分松散，从而导致分析结果错误，因此应将滤埚置于灰化皿中。滤埚和灰化皿在干燥器中冷却，从干燥器中取出后，立即对滤埚和灰化皿进行称量（m_2），称量准确至0.1mg。

10. 灰化

把滤埚和灰化皿放到马弗炉中，在（500±25）℃下灰化。每次灰化后，让滤埚和灰化皿在马弗炉中初步冷却，待温热时取出，置于干燥器中，使其完全冷却，再进行称量，直至冷却后两次的称量差值不超过 2mg。最后一次称量结果记为 m_3，称量准确至 0.1mg。

11. 空白测定

用大约相同数量的滤器辅料按步骤 4～10 进行空白测定，但不加试样。灰化引起的质量损失不应超过 2mg。

（三）半自动操作方法

1. 试料

称取 1g 制备的试样，准确至 0.1mg（m_1），转移至带有约 2g 过滤辅料的滤埚中。如果试样脂肪含量超过 100g/kg，或者试样中的脂肪不能用石油醚直接提取，则按下文步骤 2 处理。如果试样脂肪含量不超过 100g/kg，其碳酸盐（以碳酸钙计）超过 50g/kg，按下文步骤 3 进行处理；反之，按步骤 4 进行处理。

2. 预脱脂

将滤埚和冷提取装置连接，在真空条件下试样用 30mL 石油醚脱脂后，抽吸干燥残渣，重复 3 次。如果其碳酸盐（以碳酸钙计）含量超过 50g/kg，按下文步骤 3 处理；反之，按下文步骤 4 处理。

3. 除去碳酸盐

将滤埚和加热装置连接，加入 30mL 0.5mol/L 盐酸，放置 1min。洗涤过滤样品，重复 3 次。用约 30mL 的水洗涤 1 次，然后按下文步骤 4 操作。

4. 酸消解

将消解圈筒和滤埚连接，将 150mL 沸腾的 0.13mol/L 硫酸加入带有滤埚的圆筒中，如果起泡，加入数滴消泡剂，尽快加热至沸腾，并保持剧烈沸腾（30±1）min。

5. 第一次过滤

停止加热，打开排放管旋塞，在真空条件下，通过滤埚将硫酸滤出，残渣每次用 30mL 热水洗涤至少 3 次，洗涤至中性，每次洗涤后继续抽气以干燥残渣。如果过滤器堵塞，可小心吹气以排除堵塞。如果试样中的脂肪不能直接用石油醚提取，按照下文步骤 6 操作，反之按照下文步骤 7 操作。

6. 脱脂

连接滤埚和冷却装置，残渣在真空条件下用丙酮洗涤 3 次，每次用丙酮 30mL。然后残渣在真空条件下用石油醚洗涤 3 次，每次用 30mL 石油醚。每一次洗涤后继续抽气以干燥残渣。

7. 碱消解

关闭排出孔旋塞，将 150mL 沸腾的 0.23mol/L 氢氧化钾溶液转移至带有滤埚的圆筒，加入数滴消泡剂，尽快加热至沸腾，并保持剧烈沸腾（30±1）min。

8. 第二次过滤

停止加热，打开排放管旋塞，在真空条件下通过滤埚将氢氧化钾溶液滤去，每次用30mL热水至少清洗残渣3次，直至中性，每次洗涤后都要继续抽气以干燥残渣。如果过滤器堵塞，可小心吹气以排除堵塞。将滤埚连接到冷提取装置上，残渣在真空条件下每次用30mL丙酮洗涤，洗涤残渣3次，每次洗涤后都要继续抽气以干燥残渣。

9. 干燥

将滤埚置于灰化皿中，在130℃干燥箱中至少干燥2h。在灰化皿冷却的过程中，滤埚的烧结滤板可能会部分松动，从而导致分析结果错误，因此应将滤埚置于灰化皿中。滤埚和灰化皿在干燥器中冷却，从干燥器中取出后，立即对滤埚和灰化皿进行称量（m_2），称量准确至0.1mg。

10. 灰化

把滤埚和灰化皿放到马弗炉中，在（500±25）℃下灰化。每次灰化后，让滤埚和灰化皿在马弗炉中初步冷却，待温热后取出置于干燥器中，使其完全冷却，再进行称量，直到冷却后两次的称量差值不超过2mg。最后一次称量结果记为m_3，称量准确至0.1mg。

11. 空白测定

用大约相同数量的过滤辅料按步骤4～10进行空白测定，但不加试样。灰化引起的质量损失不应超过2mg。

三、结果计算

试样中粗纤维的含量按式(1-18)计算：

$$W_f = \frac{m_2 - m_3}{m_1} \tag{1-18}$$

式中　W_f——试样中粗纤维的含量，g/kg；

m_1——试样质量，g；

m_2——灰化皿、滤埚以及在130℃干燥后获得的残渣的质量，mg；

m_3——灰化皿、滤埚以及在（500±25）℃下灰化后获得的残渣的质量，mg。

实验八　膳食纤维的测定

膳食纤维是指不能被人体小肠消化吸收但具有健康意义的、动植物中天然存在或通过提取/合成的、聚合度DP≥3的碳水化合物聚合物。包括纤维素、半纤维素、果胶及其他单体成分等。膳食纤维是健康饮食不可缺少的，在保持人体健康方面起着重要作用。根据膳食纤维在水中溶解性不同，将其分为2个基本类型，即：水溶性膳食纤维（soluble dietary fiber，SDF）与不溶性膳食纤维（insoluble dietary fiber，IDF）。

水溶性膳食纤维（SDF）是可溶于温水或热水，且其水溶液能被4倍95％的乙醇再沉淀的那部分纤维，主要是细胞壁内的储存物质及分泌物，另外还包括微生物多糖和合成多糖，其组成主要是一些胶类物质，如果胶、树胶和黏液等，还有半乳甘露糖、葡聚糖、海藻酸钠、羧甲基纤维素和真菌多糖等，以及部分半纤维素。

不溶性膳食纤维（IDF）是不溶于温水或热水的那部分纤维，主要是细胞壁的组成部分，包括纤维素、部分半纤维素、木质素、原果胶、角质、壳聚糖、植物蜡和二氧化硅及不溶性灰分等。此外，功能性低聚糖和抗性淀粉也普遍认为属于膳食纤维。

膳食纤维的测定原理是干燥试样经热稳定 α-淀粉酶、蛋白酶和葡萄糖苷酶酶解消化去除蛋白质和淀粉后，经乙醇沉淀、抽滤，残渣用乙醇和丙酮洗涤，干燥称量，即为总膳食纤维残渣。另取试样同样酶解，直接抽滤并用热水洗涤，残渣干燥称量，即得不溶性膳食纤维残渣；滤液用 4 倍体积的乙醇沉淀、抽滤、干燥称量，得可溶性膳食纤维残渣。扣除各类膳食纤维残渣中相应的蛋白质、灰分和试剂空白含量，即可计算出试样中总的不溶性和可溶性膳食纤维含量。

本方法测定的总膳食纤维为不能被 α-淀粉酶、蛋白酶和葡萄糖苷酶酶解的碳水化合物聚合物，包括不溶性膳食纤维和能被乙醇沉淀的高分子量可溶性膳食纤维，如纤维素、半纤维素、木质素、果胶、部分回生淀粉，以及其他非淀粉多糖和美拉德反应产物等；不包括低分子量（聚合度 3～12）的可溶性膳食纤维，如低聚果糖、低聚半乳糖、聚葡萄糖、抗性麦芽糊精，以及抗性淀粉等。

一、试剂和材料

1. 试剂

95％乙醇；丙酮；石油醚：沸程 30～60℃；氢氧化钠（NaOH）；重铬酸钾（$K_2Cr_2O_7$）；三羟甲基氨基甲烷（Tris）；2-(N-吗啉代）乙烷磺酸（MES）；冰乙酸；盐酸（HCl）；硫酸（H_2SO_4）；硅藻土：CAS68855-54-9。

热稳定 α-淀粉酶液：CAS9000-85-5，IUB3.2.1.1，（10000±1000）U/mL，不得含丙三醇稳定剂，于 0～5℃冰箱储存，酶的活性测定及判定标准应符合附录 A 的要求。

蛋白酶液：CAS9014-01-1，300～400U/mL，不得含丙三醇稳定剂，于 0～5℃冰箱储存，酶的活性测定及判定标准应符合附录 A 的要求。

淀粉葡萄糖苷酶液：CAS9032-08-0，2000～3300U/mL，于 0～5℃储存，酶的活性测定及判定标准应符合附录 A 的要求。

乙醇溶液（85％，体积分数）：取 895mL 95％的乙醇，用水稀释并定容至 1L，混匀。

乙醇溶液（78％，体积分数）：取 821mL 95％乙醇，用水稀释并定容至 1L，混匀。

氢氧化钠溶液（6mol/L）：称取 24g 氢氧化钠，用水溶解至 100mL，混匀。

氢氧化钠溶液（1mol/L）：称取 4g 氢氧化钠，用水溶解至 100mL，混匀。

盐酸溶液（1mol/L）：取 8.33mL 盐酸，用水稀释至 100mL，混匀。

盐酸溶液（2mol/L）：取 167mL 盐酸，用水稀释至 1L，混匀。

MES-Tris 缓冲液（0.05mol/L）：称取 19.52g 2-(N-吗啉代）乙烷磺酸和 12.2g 三羟甲基氨基甲烷，用 1.7L 水溶解，根据室温用 6mol/L 氢氧化钠溶液调 pH，20℃时调 pH 为 8.3，24℃时调 pH 为 8.2，28℃时调 pH 为 8.1；20～28℃之间用插入法校正 pH，加水稀释至 2L。

蛋白酶溶液：用 0.05mol/L MES-Tris 缓冲液配成浓度为 50mg/mL 的蛋白酶溶液，使用前现配并于 0～5℃暂存。

酸洗硅藻土：取 200g 硅藻土于 600mL 的 2mol/L 盐酸溶液中，浸泡过夜，过滤，用水洗至滤液为中性，置于（525±5）℃马弗炉中灼烧灰分后备用。

重铬酸钾液：称取 100g 重铬酸钾，用 200mL 水溶解，加入 1800mL 浓硫酸混合。

乙酸溶液（3mol/L）：取 172mL 乙酸，加入 700mL 水，混匀后用水定容至 1L。

2. 仪器和设备

高型无导流口烧杯：400mL 或 600mL。

坩埚：具粗面烧结玻璃板，孔径 40～60μm。清洗后的坩埚在马弗炉中（525±5）℃灰化 6h，炉温降至 130℃ 以下取出，于重铬酸钾洗液中室温浸泡 2h，用水冲洗干净，再用 15mL 丙酮冲洗后风干。用前，加入约 1.0g 硅藻土，130℃ 烘干，在干燥器中冷却约 1h，称量，记录处理后坩埚质量（m_G），精确到 0.1mg。

真空抽滤装置：真空泵或有调节装置的抽吸器。备 1L 抽滤瓶，侧壁有抽滤口，带与抽滤瓶配套的橡胶塞，用于酶解液抽滤。

恒温振荡水浴箱：带自动计时器，控温范围 5～100℃，温度波动±1℃；分析天平：感量 0.1mg 和 1mg；马弗炉：（525±5）℃；烘箱：（130±3）℃；干燥器：二氧化硅或等同的干燥剂，干燥剂每两周（30±3）℃烘干过夜 1 次；pH 计：具有温度补偿功能，精度±0.1；真空干燥箱：（70±1）℃；筛：筛板孔径 0.3～0.5mm。

二、分析步骤

1. 试样制备

试样处理根据水分含量、脂肪含量和糖含量进行适当的处理及干燥，并粉碎、混匀、过筛。

① 脂肪含量<10％的试样 若试样水分含量较低（<10％），取试样直接反复粉碎，至完全过筛，混匀，待用。若试样水分含量较高（≥10％），试样混匀后，称取适量试样（m_C，不少于 50g），置于（70±1）℃真空干燥箱内干燥至恒重，将干燥后试样转至干燥器中，待试样温度降到室温后称量（m_D）。根据干燥前后试样质量，计算试样质量损失因子（f）。干燥后试样反复粉碎至完全过筛，置于干燥器中待用。

注：若试样不宜加热，也可采取冷冻干燥法。

② 脂肪含量≥10％的试样 试样需经脱脂处理。称取适量试样（m_C，不少于 50g），置于漏斗中，按每克试样 25mL 的比例加入石油醚进行冲洗，连续 3 次。脱脂后将试样混匀，再按步骤①进行干燥、称量（m_D），记录脱脂、干燥后试样质量损失因子（f）。试样反复粉碎至完全过筛，置于干燥器中待用。

注：若试样脂肪含量未知，按先脱脂再干燥粉碎方法处理。

③ 糖含量（≥5％）的试样 试样需经脱糖处理。称取适量试样（m_C，不少于 50g），置于漏斗中，按每克试样 10mL 的比例用 85％乙醇溶液冲洗，弃乙醇溶液，连续 3 次。脱糖后将试样置于 40℃烘箱内干燥过夜，称量（m_D），记录脱糖、干燥后试样质量损失因子（f）。试样反复粉碎至完全过筛，置于干燥器中待用。

2. 酶解

① 准确称取双份试样（m），约 1g（精确至 0.1mg），双份试样质量差≤0.005g。将试样转置于 400～600mL 高脚烧杯中，加入 0.05mol/L MES-Tris 缓冲液 40mL，用磁力搅拌直至试样完全分散在缓冲液中。同时制备两个空白样液与试样液进行同步操作，用于校正试剂对测定的影响。

注：搅拌均匀，避免试样结成团块，以防止试样酶解过程中不能与酶充分接触。

② 热稳定 α-淀粉酶酶解：向试样液中分别加入 50μL 热稳定 α-淀粉酶液缓慢搅拌，加盖

铝箔，置于95～100℃恒温振荡水浴中持续振摇，当温度升至95℃开始计时，通常反应35min。将烧杯取出，冷却至60℃，打开铝箔盖，用刮勺轻轻将附着于烧杯内壁的环状物以及烧杯底部的胶状物刮下，用10mL水冲洗烧杯壁和刮勺。

注：如试样中抗性淀粉含量较高（>40%），可延长热稳定α-淀粉酶酶解时间至90min，如必要也可另加入10mL二甲基亚砜帮助淀粉分散。

③ 蛋白酶酶解：将试样液置于（60±1）℃水浴中，向每个烧杯加入100μL蛋白酶溶液，盖上铝箔，开始计时，持续振摇，反应30min。打开铝箔盖，边搅拌边加入5mL 3mol/L乙酸溶液，控制试样温度保持在（60±1）℃。用1mol/L氢氧化钠溶液或1mol/L盐酸溶液调节试样液pH至4.5±0.2。

注：应在（60±1）℃时调pH，因为温度降低会使pH升高。同时注意进行空白样液的pH测定，保证空白样和试样液的pH一致。

④ 淀粉葡萄糖苷酶酶解：边搅拌边加入100μL淀粉葡萄糖苷酶液，盖上铝箔，继续于（60±1）℃水浴中持续振摇，反应30min。

3. 测定

① 总膳食纤维（TDF）测定　沉淀：向每份试样酶解液中，按乙醇与试样液体积比4∶1的比例加入预热至（60±1）℃的95%乙醇（预热后体积约为225mL），取出烧杯，盖上铝箔，于室温条件下沉淀1h。

抽滤：取已加入硅藻土并干燥称量的坩埚，用15mL 78%乙醇润湿硅藻土并展平，接上真空抽滤装置，抽去乙醇使坩埚中硅藻土平铺于滤板上。将试样乙醇沉淀液转移入坩埚中抽滤，用刮勺和78%乙醇将高脚烧杯中所有残渣转至坩埚中。

洗涤：分别用78%乙醇15mL洗涤残渣2次，用95%乙醇15mL洗涤残渣2次，丙酮15mL洗涤残渣2次，抽滤去除洗涤液后，将坩埚连同残渣在105℃烘干过夜。将坩埚置干燥器中冷却1h，称量（m_{GR}，包括处理后坩埚质量及残渣质量），精确至0.1mg。减去处理后坩埚质量，计算试样残渣质量（m_R）。

蛋白质和灰分的测定：取2份试样残渣中的1份测定氮（N）含量，以6.25为换算系数，计算蛋白质质量（m_P）；另1份试样测定灰分，即在525℃灰化5h，于干燥器中冷却，精确称量坩埚总质量（精确至0.1mg），减去处理后坩埚质量，计算灰分质量（m_A）。

② 不溶性膳食纤维（IDF）测定　按步骤"1.试样制备"称取试样；按步骤"2.酶解"进行酶解。

抽滤洗涤：取已处理的坩埚，用3mL水润湿硅藻土并展平，抽去水分使坩埚中的硅藻土平铺于滤板上。将试样酶解液全部转移至坩埚中抽滤，残渣用70℃热水10mL洗涤2次，收集并合并滤液，转移至另一600mL高脚烧杯中，用于测可溶性膳食纤维。分别用78%乙醇15mL洗涤残渣2次，用95%乙醇15mL洗涤残渣2次，丙酮15mL洗涤残渣2次，抽滤去除洗涤液后，将坩埚连同残渣在105℃烘干过夜。将坩埚置干燥器中冷却1h，称量（m_{GR}，包括处理后坩埚质量及残渣质量），精确至0.1mg。减去处理后坩埚质量，计算试样残渣质量（m_R）。

蛋白质和灰分的测定：取2份试样残渣中的1份，按本章"实验二　蛋白质含量的测定"测定氮（N）含量，以6.25为换算系数，计算蛋白质质量（m_P）；另1份试样测定灰分，即在525℃灰化5h，于干燥器中冷却，精确称量坩埚总质量（精确至0.1mg），减去处理后坩埚质量，计算灰分质量（m_A）。

③ 可溶性膳食纤维（SDF）测定　计算滤液体积：收集不溶性膳食纤维抽滤产生的滤液，至已预先称量的600mL高脚烧杯中，通过称量"烧杯＋滤液"总质量，扣除烧杯质量

的方法估算滤液体积。

沉淀：按滤液体积加入 4 倍量预热至 60℃ 的 95％ 乙醇，室温下沉淀 1h。以下测定按"① 总膳食纤维（TDF）测定"步骤"抽滤→洗涤→蛋白质和灰分的测定"进行。

三、结果计算

试剂空白质量按式(1-19)计算：

$$m_B = \overline{m}_{BR} - m_{BP} - m_{BA} \tag{1-19}$$

式中　m_B——试剂空白质量，g；

　　$\overline{m}_{BR}$——双份试剂空白残渣质量均值，g；

　　m_{BP}——试剂空白残渣中蛋白质质量，g；

　　m_{BA}——试剂空白残渣中灰分质量，g。

试样中膳食纤维（TDF、IDF、SDF）按下述公式计算。

$$\overline{m}_R = m_{GR} - m_G \tag{1-20}$$

$$X = \frac{\overline{m}_R - m_P - m_A - m_B}{\overline{m} \times f} \tag{1-21}$$

$$f = \frac{m_C}{m_D} \tag{1-22}$$

式中　m_R——试样残渣质量，g；

　　m_{GR}——处理后坩埚质量及残渣质量，g；

　　m_G——处理后坩埚质量，g；

　　X——试样中膳食纤维的含量，g/100g；

　　$\overline{m}_R$——双份试样残渣质量均值，g；

　　m_P——试样残渣中蛋白质质量，g；

　　m_A——试样残渣中灰分质量，g；

　　m_B——试剂空白质量，g；

　　$\overline{m}$——双份试样取样质量均值，g；

　　f——试样制备时因干燥、脱脂、脱糖导致质量变化的校正因子；

　　m_C——试样制备前质量，g；

　　m_D——试样制备后质量，g。

注 1：如果试样没有经过干燥、脱脂、脱糖等处理，$f=1$。

注 2：TDF 的测定可以独立检测，也可分别测定 IDF 和 SDF，根据公式计算，TDF＝IDF＋SDF。

注 3：当试样中添加了抗性淀粉、抗性麦芽糊精、低聚果糖、低聚半乳糖、聚葡萄糖等符合膳食纤维定义却无法通过酶重量法检出的成分时，宜采用适宜方法测定相应的单体成分，总膳食纤维可采用如下公式计算：

总膳食纤维＝TDF（酶重量法）＋单体成分

附录 A　热稳定淀粉酶、蛋白酶、淀粉葡萄糖苷酶的活性要求及判定标准

一、酶活性要求

1. 热稳定淀粉酶

① 以淀粉为底物用 Nelson/Somogyi 糖测试的淀粉酶活性：（10000±1000）U/mL。1U 表示在 40℃、pH 6.5 环境下，每分钟释放 1μmol 糖所需要的酶量。

② 以对硝基苯基麦芽糖为底物测试的淀粉酶活性：（3000±300）Ceralpha U/mL。1Ceralpha U 表示在 40℃、pH 6.5 环境下，每分钟释放 1μmol 对硝基苯基所需要的酶量。

2. 蛋白酶

① 以酪蛋白为底物测试的蛋白酶活性：300～400U/mL。1U 表示在 40℃、pH 8.0 环境下，每分钟从可溶性酪蛋白中水解出可溶于三氯乙酸的 1μmol 酪氨酸所需要的酶量。

② 以酪蛋白为底物采用 Folin Ciocalteau 显色法测试的蛋白酶活性：7～15U/mg。1U 表示在 37℃、pH 7.5 环境下，每分钟从酪蛋白中水解得到 1.0μmol 酪氨酸在显色反应中所引起的颜色变化所需要的酶量。

③ 以偶氮-酪蛋白测试的内肽酶活性：300～400U/mL。1U 表示在 40℃、pH 8.0 环境下，每分钟从可溶性酪蛋白中水解出 1μmol 酪氨酸所需要的酶量。

3. 淀粉葡萄糖苷酶

① 以淀粉/葡萄糖氧化酶-过氧化物酶法测试的淀粉葡萄糖苷酶活性：2000～3300U/mL。1U 表示在 40℃、pH 4.5 环境下，每分钟释放 1μmol 葡萄糖所需要的酶量。

② 以对硝基苯基-β-麦芽糖苷（PNPBM）法测试的淀粉葡萄糖苷酶活性：130～200PNPU/mL。1PNPU 表示在 40℃且有过量 β-葡萄糖苷酶存在的环境下，每分钟从对硝基苯基-β-麦芽糖苷释放 1μmol 对硝基苯基所需要的酶量。

二、酶干扰

市售热稳定 α-淀粉酶、蛋白酶一般不易受到其他酶的干扰，蛋白酶制备时可能会混入极低含量的 β-葡聚糖酶，但不会影响总膳食纤维测定。本方法中淀粉葡萄糖苷酶易受污染，是活性易受干扰的酶。淀粉葡萄糖苷酶的主要污染物为内纤维素酶，能够导致燕麦或大麦中 β-葡聚糖内部混合键解聚。淀粉葡萄糖苷酶是否受内纤维素酶的污染很容易检测。

三、判定标准

酶的生产批次改变或最长使用间隔超过 6 个月时，按表 1-7 所列标准物进行校准，以确保所使用的酶达到预期的活性，不受其他酶的干扰。

表 1-7　酶活性测定标准

底物	测试活性	标准质量/g	预期回收率/%
柑橘果胶	果胶酶	0.1～0.2	95～100
阿拉伯半乳聚糖	半纤维素酶	0.1～0.2	95～100
β-葡聚糖	β-葡聚糖酶	0.1～0.2	95～100
小麦淀粉	α-淀粉酶＋淀粉葡萄糖苷酶	1.0	＜1
玉米淀粉	α-淀粉酶＋淀粉葡萄糖苷酶	1.0	＜1
酪蛋白	蛋白酶	0.3	＜1

第二章　小麦粉加工品质分析

实验一　小麦粉加工精度检验

一、实验原理

小麦粉的加工精度是指粉中留存麸皮碎片的程度，以粉色和麸星的大小及分布的密集程度表示，它是小麦粉定等的基础项目。小麦粉加工精度的检测，其中特制一等、特制二等和标准粉的加工精度，以国家制定的标准样品为准。普通粉的加工精度标准样品，由省、自治区、直辖市制定。其测定原理是将小麦粉试样和标准样品置于同一条件下，以目测的方法比较两者的粉色和麸星大小及分布状态，确定试样的加工精度等级。

二、试剂和材料

小麦粉加工精度标准样品；酵母液：称取 5g 鲜酵母或 2g 干酵母，加入 100mL 约 35℃温水，搅拌均匀，备用。

三、仪器和设备

天平（感量 0.1g）；粉板：5cm×30cm 平整木板；粉刀；水浴锅；保温箱；电炉；蒸锅；小瓷碗；玻璃棒等。

四、操作步骤

1. 制备试样

将试样置于广口瓶中，用样品匙或玻璃棒充分搅拌，使试样混合均匀。

2. 检验

① 一般要求　在满足 GB/T 22505 的照明要求下，采用以下任何一种方法，测定样品加工精度等级。

② 干样法　用洁净的粉刀取少量小麦粉加工精度标准样品置于粉板上，用粉刀压平，将右边切齐，刮净粉刀右侧的粉末。再取少量试样置于标准样品右侧压平，将左边切齐，并刮净粉刀左侧的粉末。用粉刀将试样慢慢向左移动，使试样与标准样品相连接。再用粉刀把两个粉样紧紧压平（标准样品与试样不得互混），打成上厚下薄的坡度（上厚约 6mm，下与粉板拉平），切齐各边，刮去标准样品左上角，目测比较试样表面与标准样品表面的颜色与麸星大小及密集度。按上述方法，可同时在一粉板上检验多个试样。

③ 干烫样法　按步骤②的操作步骤，制备试样和标准样品粉板。将制备好的粉板倾斜插入加热的沸水浴中，约 1min 后取出，用粉刀轻轻刮去粉样表面受烫浮起部分，目测比较

试样表面与标准样品表面的颜色与麸星大小及密集度。如果干样法和干烫样法判定比较困难，可采用湿样法和湿烫样法进行比较。

④ 湿样法　按步骤②的操作步骤，制备试样和标准样品粉板。将制备好的粉板倾斜插入常温水中，直至不起气泡为止，取出粉板，待粉样表面微干时，目测比较试样表面与标准样品表面的颜色与麸星大小及密集度。

⑤ 湿烫样法　按步骤④的操作步骤，制备湿状试样和标准样品粉板。将制备好的粉板倾斜插入加热的沸水浴中，约 1min 后取出，用粉刀轻轻刮去粉样表面受烫浮起部分，目测比较试样表面与标准样品表面的颜色与麸星大小及密集度。

⑥ 蒸馒头法　分别称取 30g 试样和小麦粉加工精度标准样品于不同瓷碗中，各加入 15mL 酵母液，和成面团，并揉至无干面，表面光滑后为止，碗上盖一块干净的湿布，放在 38℃左右的保温箱内发酵至面团内部略呈蜂窝状（约 30min）。将已发酵的面团用少许干面揉和至软硬适度后，做成圆形馒头放入碗中，用干布盖上，置 38℃左右的保温箱内醒发约 20min，取出并放入沸水蒸锅内蒸 15min。从蒸锅中取出馒头后，目测比较试样和标准样品馒头表皮颜色和麸星大小及密集度。

五、结果表示

若试样粉色、麸星与标准样品相当，则试样加工精度与该等级标准样品加工精度相同。若试样粉色差于标准样品，或麸星大小或数量大于或多于标准样品，则试样加工精度低于该等级标准样品加工精度；反之，则试样加工精度高于该等级标准样品的加工精度。若需进一步确定该试样的加工精度等级，可选择不同的标准样品，按上述任何一种或几种方法进行检验，直到确定该试样的加工精度等级为止。

实验二　小麦粉粉色、麸星的测定

一、实验原理

粉色是指小麦粉的颜色，在 D_{50} 标准光源、d/0 方式、10°视场的条件下用色度仪测量试样的色度值，用色空间坐标 Y、x、y 或 L^*、a^*、b^* 表示。麸星含量为小麦粉中的麸皮碎片的量，用计算机图像处理与分析方法，用麸星仪测量试样表面麸星的面积和试样被测部分的表面积，计算麸星的面积和试样表面积的比值，数值以％表示。

二、实验仪器与用具

色度仪：光源照明体、测量条件和方法、颜色表示方法应符合 GB/T 3977、GB/T 3978 和 GB/T 3979 的规定；ΔY 测量误差≤1.5，ΔY 的重复测量误差≤0.2，稳定性（1h）ΔY≤0.15。小麦粉麸星测定仪：麸星含量测量精度≤0.01％，稳定性（30min）≤5％。

三、分析步骤

1. 试样制备

将试样置于广口瓶中，用样品匙或玻璃棒充分搅拌，使试样混合均匀。

2. 粉色测定

色度仪预热稳定后，用黑板和标准色板校正仪器。取一定量的试样于取样器中，将试样压紧并形成平整的表面，小心取出试样表面的玻璃片，将取样器置于色度仪的测量窗口下测定并记录色度值 Y、x、y 和 L^*、a^*、b^*（L、a、b）。仪器操作按照说明书进行，不同公司的仪器要求不同。

3. 麸星测定

按照小麦粉麸星测定仪说明书的操作要求，打开电源，预热仪器。取一定量的试样于取样器中，将试样压紧并形成平整的表面，置于小麦粉麸星测定仪的测量窗口下测定，经计算机采集、分析试样图像后给出试样表面麸星面积与试样表面积的比值，数值以％表示。

四、结果表示

1. 粉色

试样粉色测定结果以 Y、x、y 和 L^*、a^*、b^*（L、a、b）色空间值表示，每份试样的 Y 和 L^* 两次测定结果符合重复性要求时，以算术平均值作为试样的测定结果，保留小数点后两位。否则，增加重复测定次数，以多次测定结果的算术平均值作为试样的测定结果。

2. 麸星

试样麸星测定结果以采集试样图像面积中麸星所占面积的百分数（％）表示。每份试样两次测定结果符合重复性要求时，以算术平均值作为测定结果，保留小数点后一位。否则，增加重复测定次数，以多次测定结果的算术平均值作为测定结果。

两次独立测定粉色的绝对差值，不得超过算术平均值的 0.3％。两次独立测定麸星的绝对差值，不得超过算术平均值的 10％。

实验三　粉类粗细度的测定

一、实验原理

粗细度是指粉类粮食粉粒的大小程度。以留存在筛面上的部分占试样的质量分数表示。其测定原理是将样品在不同规格的筛子上筛理，不同颗粒的样品彼此分离，根据筛上物残留量占试样质量的百分率计算出粉类粮食的粗细度。

粉类的粗细度反映了粉类粮食的加工精度，例如小麦粉，由于麸皮在加工过程中难以磨碎，所以通常对高级粉的细度要求高，以减少麸皮的含量；反之，对低级粉的细度要求低，其中混入的麸皮就多。因此，粗细度的高低在评价粉类粮食加工品质时是一项重要的指标。

二、仪器和用具

电动粉筛，如图 2-1 所示，回转直径 50mm，回转速度 260r/min，形状为圆形，直径 300mm，高度 30mm；筛绢规格主要包括 CQ10、CQ16、CQ20、CQ27、CB30、CB36、CB42 等。

天平，分度值 0.1g；表面皿；取样铲；称样勺；毛刷；清理块等。

三、操作步骤

1. 安装

根据测定目的，选择符合要求规格的筛子，用毛刷把每个筛子的筛绢上面、下面分别刷

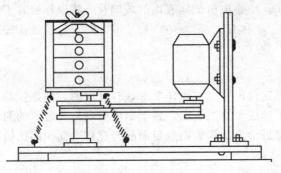

图 2-1 电动粉筛

理一遍，然后按大孔筛在上、小孔筛在下，最下层是筛底、最上层是筛盖的顺序安装。

2. 测定

从混匀的样品中称取试样 50.0g（m），放入上层筛，同时放入清理块，盖好筛盖，按要求固定好筛子，定时 10min，打开电源开关，粉筛自动筛理。

3. 称量

粉筛停止后，用双手轻拍筛框的不同方位 3 次，取下各筛层，将每一筛层倾斜，用毛刷把筛面上的残留物刷到表面皿中。称量上层筛残留物（m_1），低于 0.1g 时忽略不计；合并称量由测定目的所规定的筛层残留物（m_2）。

四、结果计算

粗细度以残留在规定筛层上的粉类占试样的质量分数表示，按公式（2-1）、式（2-2）计算。

$$X_1 = \frac{m_1}{m} \times 100 \tag{2-1}$$

$$X_2 = \frac{m_2}{m} \times 100 \tag{2-2}$$

式中　X_1、X_2——试样粗细度（以质量分数表示），%；

　　　m_1——上层筛残留物质量，g；

　　　m_2——规定筛层上残留物质量之和，g；

　　　m——试样质量，g。

在重复性条件下，获得的两次独立测试结果的绝对差值不大于 0.5%，求其平均数，即为测试结果，测试结果保留到小数点后一位。

实验四　小麦和小麦粉面筋含量的测定

第一法　手洗法测定湿面筋

一、实验原理

小麦粉中含有的蛋白质约有一半以上是面筋蛋白。面筋蛋白不溶于水，但吸水力很强。

吸水后即膨胀，从而形成紧密坚固与橡胶相似的弹性物质。小麦品种不同，面粉所含的面筋数量和质量亦不同。面筋的含量和质量是小麦品质好坏的决定因素。

小麦粉、颗粒粉或全麦粉加入氯化钠溶液制成面团，静置一段时间以形成面筋网络结构。用氯化钠溶液手洗面团，去除面团中淀粉等物质及多余的水，剩下具有弹性、可塑性和黏性的面筋。

二、试剂

20g/L 氯化钠溶液：将 200g 氯化钠（NaCl）溶解于水中配制成 10L 溶液。

碘化钾/碘溶液（Lugol 溶液）：将 2.54g 碘化钾（KI）溶解于水中，加入 1.27g 碘（I_2），完全溶解后定容至 100mL。

三、仪器设备

玻璃棒或牛角匙；移液管：容量为 25mL，最小刻度为 0.1mL；烧杯：250mL 和 100mL；挤压板：9cm×16cm，厚 3～5cm 的玻璃板或不锈钢板，周围贴 0.3～0.4mm 胶布（纸），共两块；带筛绢的筛具：30cm×40cm，底部绷紧 CQ20 号绢筛，筛框为木质或金属；带下口的玻璃瓶：5L；天平：分度值 0.01g；毛玻璃盘：约 40cm×40cm；表面光滑的薄橡胶手套；秒表；小型实验磨。

四、分析步骤

1. 一般要求

氯化钠溶液制备和洗涤面团工作准备。待测样品和氯化钠溶液应至少在测定实验室放置一夜，待测样品和氯化钠溶液的温度应调整到 20～25℃。

2. 样品制备

对于小麦粉样品，充分混匀并测定样品水分。面筋的形成和洗涤效果与碾磨样品的颗粒大小有关。对于小麦或颗粒粉样品，在测定面筋含量之前，用小型实验磨碾磨小麦或颗粒粉，使其颗粒大小符合表 2-1 规定的要求。为防止样品水分的变化，在碾磨和保存样品时应格外小心。

表 2-1　筛网与样品颗粒大小分布要求

筛孔尺寸/μm	过筛率/%
710（CQ）	100
500（CQ）	95～100
210～200（CQ）	≤80

3. 称样

称量待测样品 10g（换算成 14% 水分含量），准确至 0.01g，置于小搪瓷碗或 100mL 烧杯中，记录为 m_1。

4. 面团制备和静置

用玻璃棒或牛角匙不停搅动样品的同时，用移液管一滴一滴地加 4.6～5.2mL 氯化钠溶液。拌和混合物，使其形成球状面团，注意避免造成样品损失，同时黏附在器皿壁上或玻璃棒或牛角匙上的残余面团也应收到面团球上。面团样品制备时间不能超过 3min。

5. 洗涤

洗涤操作应该在带筛绢的筛具上进行，以防止面团损失。操作过程中，实验人员应该戴橡胶手套，防止面团吸收手的热量和手部排汗的污染。

将面团放在手掌中心，用容器中的氯化钠溶液以每分钟约 50mL 的流量洗涤 8min，同时用另一只手的拇指不停地揉搓面团。将已经形成的面筋球继续用自来水冲洗、揉捏，直至面筋中的淀粉洗净为止（洗涤需要 2min 以上，测定全麦粉面筋时应适当延长时间）。

当从面筋球上挤出的水无淀粉时表示洗涤完成。为了测试洗出液是否无淀粉，可以从面筋球上挤出几滴洗涤液到表面皿上，加入几滴碘化钾/碘溶液，若溶液颜色无变化，表明洗涤已经完成。若溶液颜色变蓝，说明仍有淀粉，应继续进行洗涤直至检测不出淀粉为止。

6. 排水

将面筋球用一只手的几个手指捏住并挤压 3 次，以去除在其上的大部分洗涤液。然后将面筋球放在洁净的挤压板上，用另一块挤压板压挤面筋，排出面筋中的游离水。每压一次后取下并擦干挤压板。反复压挤直到稍感面筋有粘手或粘板为止（挤压 15 次）。也可采用离心装置排水，离心机转速为 (6000 ± 5)r/min，加速度为 2000g，并有孔径为 $500\mu m$ 的筛盒。然后用手掌轻轻揉搓面筋团至稍感粘手为止。

7. 测定湿面筋的质量

排水后取出面筋，放在预先称重的表面皿或滤纸上称重，准确至 0.01g，湿面筋质量记录为 m_2。

五、结果计算

按公式(2-3) 计算试样的湿面筋含量。

$$G_{wet} = \frac{m_2}{m_1} \times 100\% \tag{2-3}$$

式中　G_{wet}——试样的湿面筋含量（以质量分数表示），%；

$\quad\quad m_1$——测试样品质量，g；

$\quad\quad m_2$——湿面筋的质量，g。

双试验允许差不超过 1.0%，求其平均数，即为测定结果。测定结果准确至 0.1%。

第二法　仪器法测定湿面筋

一、试剂

20g/L 氯化钠溶液：将 200g 氯化钠（NaCl）溶解于水中配制成 10L。溶液使用时的温度应为 $(22\pm2)℃$，建议该溶液当天配制当天使用。

碘化钾/碘溶液：将 2.54g 碘化钾（KI）溶解于水中，加入 1.27g 碘（I_2），完全溶解后用水定容至 100mL。

二、仪器设备

面筋仪：由一个或两个洗涤室、混合钩（见图 2-2）以及用于面筋分离的电动分离装置

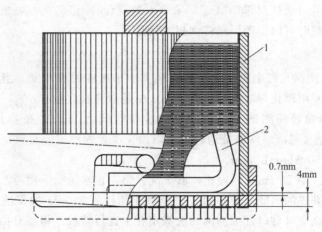

图 2-2　面筋分离装置
1—混合/洗涤室；2—混合钩

构成。洗涤室：配备有镀铬筛网架和筛孔孔径为 $88\mu m$ 的聚酯筛或筛孔孔径为 $80\mu m$ 的金属筛，以及筛孔孔径为 $840\mu m$ 的聚酰胺筛或筛孔孔径为 $800\mu m$ 的金属筛。混合钩：与镀铬筛网架之间的距离为 $(0.7\pm0.05)mm$，并用筛规进行校正。

塑料容器：容量为 10L，用于贮存氯化钠溶液，通过塑料管与仪器相连。进液装置：输送氯化钠溶液的蠕动泵，使其可以 $50\sim56mL/min$ 的恒定流量洗涤面筋。可调移液器：可向试样加氯化钠溶液 $3\sim10mL$，精度为 $\pm0.1mL$。离心机：能够保持转速为 $(6000\pm5)r/min$，加速度为 $2000g$，并有孔径为 $500\mu m$ 的筛盒。天平：分度值 0.01g。不锈钢挤压板。500mL 烧杯：用于收集洗涤液。金属镊子。小型实验磨。

三、分析步骤

1. 样品制备

对于小麦粉样品，充分混匀并测定样品水分。面筋的形成和洗涤效果与碾磨样品的颗粒大小有关。对于小麦或颗粒粉样品，在测定面筋含量之前，用小型实验磨碾磨小麦或颗粒粉，使其颗粒大小符合表 2-1 规定的要求。为防止样品水分的变化，在碾磨和保存样品时应格外小心。

2. 称样

称取 10g 待测样品，准确至 0.01g，选择正确的清洁筛网，并在实验前润湿。将称好的样品全部放入面筋仪的洗涤室中。轻轻晃动洗涤室使样品分布均匀。小麦粉和颗粒粉样品的测试应使用筛孔孔径为 $88\mu m$ 的聚酯筛或筛孔孔径为 $80\mu m$ 的金属筛；测试全麦粉样品时应选用底部有环圈标记的筛网架，以及筛孔孔径 $840\mu m$ 的聚酰胺筛或筛孔孔径为 $800\mu m$ 的金属筛。

3. 面团制备

用可调移液器向待测样品中加入 4.8mL 氯化钠溶液。移液器流出的水流应直接对着洗涤室壁，避免其直接穿过筛网。轻轻摇动洗涤室，使溶液均匀分布在样品的表面。氯化钠溶液的用量可以根据面筋含量的高低或者面筋强弱进行调整。如果混合时面团很黏（洗涤室的水溢出），应减少盐溶液的用量（最低 4.2mL）；若混合过程中形成了很强很坚实的面团，氯化钠溶液的加入最可增加到 5.2mL。厂家预设的混合时间为 20s，可根据使用者的需要进行调整。在需要调整时可向生产厂家咨询相关信息。

4. 面团洗涤

① 一般要求　洗涤过程中应注意观察洗涤室中排出液的清澈度。当排出液变得清澈时才可认为洗涤完成。用碘化钾溶液可检查排出液中是否含有淀粉。

② 小麦粉和颗粒粉的测试　仪器预设的洗涤时间为 5min，在操作过程中通常需要 250～280mL 氯化钠洗涤液。洗涤液通过仪器以预先设置的恒定流量自动传输，根据仪器的不同，流量设置为 50～56mL/min。

③ 全麦粉测试　洗涤 2min 后停止，取下洗涤室，在水龙头下用冷水流小心地把全部已经部分洗涤的含有麸皮的面筋，转移到另一个筛孔孔径为 840μm 的聚酰胺粗筛网的洗涤室中。建议把两个洗涤室口对口且细筛网的洗涤室在上进行转移。将盛有面筋的粗筛网洗涤室放在仪器的工作位置，继续洗涤面筋直至洗涤程序完成。

④ 特殊情况　如果自动洗涤程序无法完成面团的充分洗涤，可以在洗涤过程中，人工加入氯化钠洗涤液，或者调整仪器重复进行洗涤。

5. 离心

洗涤完成以后，用金属镊子将湿面筋从洗涤室中取出，确保洗涤室中不留有任何湿面筋。将面筋分成大约相等的两份，轻轻压在离心机的筛盒上。启动离心机，离心 60s，用金属镊子取下湿面筋，并立即称重（m），精确到 0.01g。

四、结果计算

样品湿面筋含量（G_{wet}）按照式(2-4)计算。

$$G_{wet} = m_1 \times 10\% \tag{2-4}$$

式中　m_1——湿面筋质量，g。

实验五　小麦粉破损淀粉值的测定

一、实验原理

在研磨过程中小麦的淀粉颗粒会受到损伤，破损淀粉含量会影响小麦粉的吸水性和面团揉混特性。小麦粉中破损淀粉对 α-淀粉酶的敏感性大大高于未破损淀粉，在常温下能被 α-淀粉酶降解生成糊精和一定量的还原糖。利用此特性，在规定的条件下，用 α-淀粉酶降解小麦粉中破损淀粉，再用铁氰化钾法测定其还原糖量，并根据还原糖的含量计算小麦粉中的破损淀粉值。

二、试剂

乙酸缓冲液：溶解 4.1g 无水乙酸钠（CH_3COONa），再加入 3.0mL 冰乙酸，用水定容至 1000mL，溶液 pH 为 4.6～4.8。硫酸溶液：将 100mL 浓硫酸（H_2SO_4）加入到大约 700mL 水中，用水定容至 1000mL，溶液的浓度（3.68±0.05)mol/L。钨酸钠溶液：称取 12.0g 钨酸钠（$Na_2WO_4 \cdot 2H_2O$）溶于水中，并定容至 100mL。α-淀粉酶制品：由米曲霉制得的真菌酶（活力大于或等于 10U/mg）。

三、仪器和用具

恒温水浴：水温控制在(30 ± 0.1)℃；耐热玻璃试管：$25mm \times 220mm$；量筒：$25mL$、$50mL$；玻璃漏斗及中速定量无灰滤纸；天平（感量为$0.01g$）；移液管或移液器：$1mL$、$5mL$、$10mL$；pH计或精密pH试纸：可测pH$4.6 \sim 4.8$；滴定管：$10mL$（精度为$0.1mL$）；锥形瓶：$150mL$；秒表；玻璃棒等。

四、分析步骤

1. 酶解

将乙酸缓冲液置于30℃水浴中。称取$1.00g$（14%湿基）面粉样品置于$150mL$锥形瓶中。称取$0.050g$ α-淀粉酶，加入到锥形瓶中，再加入$45mL$乙酸缓冲液。用玻璃棒混匀。从加入溶液起，在30℃恒温水浴中准确保温$15min$。

2. 终止反应

保温后，加入$3.0mL$硫酸配制溶液和$2.0mL$钨酸钠配制溶液。充分混合，静置$2min$，然后经滤纸过滤，弃去最初$8 \sim 10$滴滤液。

3. 测定

立即吸取$5.0mL$滤液于试管中，并以铁氰化钾还原法测定还原糖的含量。同时在不加面粉的条件下，测定试剂的空白。样品中消耗硫代硫酸钠溶液体积减去空白实验消耗的硫代硫酸钠溶液体积就是还原糖还原$0.1mol/L$铁氰化钾消耗的体积，从而得到消耗的铁氰化钾溶液体积换算成的麦芽糖的质量（mg）。

五、结果计算

按公式(2-5)计算试样的破损淀粉值（P），数值以%计。

$$P = \frac{1.64 \times 5 \times m}{100} = 0.082 \times m \tag{2-5}$$

式中　m——10g淀粉中麦芽糖质量，mg；

　　　5——样品稀释倍数；

1.64——61%的淀粉转化为麦芽糖，即100除以61获得1.64。

实验六　小麦粉沉淀指数测定

一、实验原理

在规定条件下，小麦粉与十二烷基硫酸钠（SDS）的悬浮液，经振摇和静置后，悬浮液中的小麦粉面筋与表面活性剂SDS发生水合作用而膨胀，并形成絮状沉淀物，用沉淀筒（专用的具塞刻度量筒）测量沉淀物的体积（mL）。

二、试剂

十二烷基硫酸钠（SDS）：纯度>99%。乳酸：体积分数为85%。乳酸储备液：量取

100mL 乳酸于烧瓶中，加入 800mL 水，装上冷凝管，在沸水浴中回流 6h；冷却至室温后，取 10mL，用水稀释至 100mL，以酚酞为指示剂，用 0.1mol/L NaOH 标准溶液标定；常态下，其浓度应为 (1.2±0.1)mol/L。

注：浓乳酸溶液通常含有缔合分子，稀释后会逐渐离解，达到某一平衡状态。煮沸可以加速缔合分子的离解过程，可使测定结果具有良好的重复性和再现性。

SDS-乳酸混合液：溶解 (20±0.2)g 十二烷基硫酸钠于 980mL 水中，再加入 (20±0.1)mL 乳酸储备液，混匀，即为 20g/L SDS-乳酸混合液。

三、仪器

粉碎机：带 1.0mm 圆孔筛片，进料速度恒定在 2g/s 或 3g/s。专用电动振摇器：振摇循环冲程 60°，水平面上下振摇幅度各 30°，振摇频率 40 次/min，可放 8 根沉淀筒。沉淀筒：100mL 刻度具塞量筒，0~100mL 刻度线间的距离为 180~185mm，总高度不低于 250mm，最小刻度值 0.5mL。移液管：50mL，排空时间 10~15s。回流装置：配有回流冷凝管的 1000mL 烧瓶及水浴锅。秒表、带凹槽的木架、电子天平等。

四、操作步骤

1. 试样制备

分取 20g 小麦净样，用粉碎机粉碎，收集粉碎样品，混匀，放入密闭容器中备用，并测定其水分含量。

2. 称样

试样水分含量为 14% 时，全麦粉称样量为 (6.00±0.01)g，小麦粉称样量为 (5.00±0.01)g。试样水分含量高于或低于 14% 时，称样量换算为相当于水分含量为 14% 时的试样质量，称量准确至 0.01g。

3. 温度平衡

SDS-乳酸混合溶液和试样应在室温下平衡至 20.0~25.0℃。

4. 机械操作法（同时进行 8 个测定）

① 用移液管吸取 50mL 水于沉淀筒中，将已称取好的试样快速加入沉淀筒，加塞。

② 迅速用两手拿住前 2 支沉淀筒及塞，用手上下剧烈摇动，使其中的小麦粉完全分散开，继续在横向水平方向摇动 5s，摇动幅度 18cm，两手交替来回摇动 12 次，摇动后立即将沉淀筒安放在专用电动振摇器的支架上，支架与水平方向呈 30°。

③ 重复步骤①、②继续进行另 6 支沉淀筒的操作。全部沉淀筒安放在专用电动振摇器的支架上，支架与水平方向呈 30°。

④ 启动振摇器并开始计时，振摇混合 10s，停止振摇，调整支架使沉淀筒呈水平状态，并将各沉淀筒沿长轴转动 180°，使壁上黏附着的小麦粉没入溶液中。

⑤ 于第 2min、4min、6min 时，重复步骤④操作。

⑥ 在第 2min、4min 各混合 15s 后将支架调整至沉淀筒呈水平状态，并将各沉淀筒沿长轴转动 180°，使壁上黏附着的小麦粉没入溶液中。

⑦ 在第 6min 混合 15s 后，取下沉淀筒，垂直放置。取下塞子，用移液管加入 50mL SDS-乳酸混合溶液，加塞后重新将沉淀筒安放在与水平方向呈 30°的振摇器支架上。

⑧ 启动振摇器并开始计时，振摇混合 15s，停止振摇，调整支架使沉淀筒呈水平状态。

⑨ 在第 2min、4min 时重复步骤⑧操作，各混合 6s。

⑩ 在第 2min 混合后将沉淀筒水平放置；在第 4min 混合结束后，取下全部沉淀筒，垂直放置。全麦粉试样静置 20min 后，小麦粉试样静置 40min 后，读出沉淀筒中沉淀物的体积（精确到 0.5mL）。

5. 手工操作法（同时进行 8 个测定）

① 用移液管吸取 50mL 水于沉淀筒中，将已称取好的试样快速加入到沉淀筒中，加塞。

② 按表 2-2 所安排的时间进行操作，开始计时，迅速用两手拿住前两支（1 号和 2 号）沉淀筒和塞上下剧烈摇动，使其中的小麦粉完全分散开，继续在横向水平方向摇动，摇动幅度约 18cm，两手交替来回摇动 12 次，5s 内完成。立即将沉淀筒斜放在实验台上的带槽木架上，使头部抬高离台面 9.5cm。

③ 重复步骤①和②，按规定时间继续进行 3 号和 4 号、5 号和 6 号、7 号和 8 号沉淀筒的操作（第 1 次混合）。

表 2-2　加水混合时间安排

沉淀筒编号	第 1 次混合时间	第 2 次混合时间	第 3 次混合时间	第 4 次混合时间
1 和 2	0'00"	2'00"	4'00"	6'00"
3 和 4	0'30"	2'30"	4'30"	6'30"
5 和 6	1'00"	3'00"	5'00"	7'00"
7 和 8	1'30"	3'30"	5'30"	7'30"

④ 在第 2 次、第 3 次、第 4 次混合时间各混合 15s，混合时先完全倒置沉淀筒，然后正立，共 10 次。在第 2 次、第 3 次混合后将沉淀筒横向水平放置。

⑤ 在第 4 次混合结束后，垂直放置沉淀筒，取下塞子，用移液管加入 50mL SDS-乳酸混合溶液，加塞。

⑥ 立即按表 2-3 所规定的时间混合 15s，混合时先将沉淀筒倒置，再正立，共 10 次，混合后将沉淀筒横向水平放置在实验台上。

表 2-3　加 SDS-乳酸溶液混合时间安排

沉淀筒编号	第 1 次混合时间	第 2 次混合时间	第 3 次混合时间	正立放置时间	读取体积时间
1 和 2	0'00"	2'00"	4'00"	4'15"	24'15"
3 和 4	0'30"	2'30"	4'30"	4'45"	24'45"
5 和 6	1'00"	3'00"	5'00"	5'15"	25'15"
7 和 8	1'30"	3'30"	5'30"	5'45"	25'45"

⑦ 在第 2 次、第 3 次混合时间再按步骤⑤各混合 15s。

⑧ 第 2 次混合后将沉淀筒横向水平放置。在第 3 次混合结束后，将沉淀筒垂直放置。全麦粉试样静置 20min 时，小麦粉试样静置 40min 时，读出沉淀筒中沉淀物的体积，精确到 0.5mL。

五、结果表示

读出试样沉淀物的体积数值,即为该试样的沉淀指数,单位为 mL。两次平行测定结果的绝对差不大于 2mL。

实验七　小麦粉降落数值的测定

一、实验原理

面粉、粗粒粉和全麦粉的悬浮液在沸水浴中被迅速糊化,因糊化物中 α-淀粉酶活性的不同而使其中的淀粉不同程度地被液化,黏度搅拌器在糊化物中降落特定距离所需要的时间即为降落数值(falling number,FN)。因此,降落数值的高低表明了相应的 α-淀粉酶活性的差异,降落数值高表明 α-淀粉酶的活性低,反之则表明 α-淀粉酶活性高。降落数值经简单计算转换的液化值(liquefaction number,LN),用于推算生产时降落数值有要求的产品所需的谷物面粉或粗粒粉的混合物组成。

二、仪器

1. 降落数值测定仪

包含以下部件。水浴装置:由整体加热单元、冷却系统和水位指示器组成。黏度搅拌器:金属制,能在硬橡胶塞孔上下自如转动。黏度管:内径(21±0.02)mm,外径(23.8±0.25)mm,内壁高(220±0.3)mm。橡胶塞:能与黏度管配合。检验筛:孔径为 800μm。电子计时装置等。

2. 其他仪器

自动加液器或移液管:(25.0±0.2)mL;分析天平(分度值为 0.01g);实验磨:锤式,配有孔径为 0.8mm 的筛片,粉碎的样品能满足规定的粒度要求。

建议:Perten 公司生产的有黏度搅拌器的降落数值测定仪是目前应用最为广泛的测定谷物降落数值的仪器。可使用 Perten 公司生产的 3100 磨和 120 磨。

三、分析步骤

1. 除杂

从实验室样品中分取 300g 有代表性的样品,清除样品中的杂质(如:砂石、尘土、皮壳或其他谷物等)。大约 200g 的小样量,可提供较少的重复性结果,一般用于常规检验。如果样品量少于 200g,则易增加错误结果的概率。

2. 样品粉碎

向实验磨中进料要小心,以防止过载或过热,可以利用自动加样装置。当全部样品进入到实验磨中后继续研磨 30~40s,研磨后若残留在磨膛中的带皮颗粒不超过总质量的 1%,则可舍弃这些麸皮。所有的粉碎样品在使用前要充分混合。在进行测试前将粉碎后的样品(特别是在连续粉碎的情况下)在室温下冷却 1h 以上。全麦粉粒度粉碎后的样品应符合表 2-4 的粒度大小分布要求。

表 2-4　全麦粉颗粒分布要求

筛孔尺寸/μm	筛下物/%
710(CQ10)	100
500(CQ14)	95～100
210～200(CQ30)	≤80

要定期对粉碎样品的粒度大小分布进行检验。粒度大小分布可按下述方法进行检验。按照表 2-4 的规定，选择合适的样品筛，依筛孔尺寸逐级减小的原则从上到下放置样品筛，最下层为筛底。称取具有代表性的样品 50g，放入最上层的筛子。水平方向筛动，手工筛理，筛理时间不少于 5min。若电动筛理，则筛理时间不少于 10min，筛理至无样品通过筛层。称量存留在每个筛层上的样品质量，计算通过每个筛层上样品的百分数。

对于面粉和粗粒粉样品，面粉中应不含有团块，如有团块，可用检验筛筛除面粉中的团块和其他杂质。对于市售的全麦粉或粗粒小麦粉，为制备符合表 2-4 中粒度大小分布要求的测试样品，应用实验磨研磨样品，样品测定前将研磨后的所有样品完全混合。

3. 水分测定

降落数值法的测定是基于小麦粉或其他粉碎样品中含有 15% 的水分含量，实验前要测定试验样品的水分含量。

4. 称样

为确保测定降落数值的样品具有相同的干物质，不同水分含量的样品所要称取的样品量见表 2-5 第（2）列。如要使不同试样测定的降落数值的差距增大，可将称样量改为相当于含水量为 15.0% 时试样量为 9.00g 的量，见表 2-5 第（3）列。称量精确到 0.05g。

5. 降落数值测定

① 向水浴装置内加水至标定的溢出线。开启冷却系统，确保冷水流过冷却盖。打开降落数值测定仪的电源开关，加热水浴，直至水沸腾。在测定前和整个测定过程中要保证水浴剧烈沸腾。

② 将称量好的试样移入干燥、洁净的黏度管内。用自动加液器加入（25±0.2）mL 温度为（22±2）℃的水。

③ 立即盖紧橡胶塞，上下振摇 20～30 次，得到均匀的悬浮液，确保黏度管靠近橡胶塞的地方没有干的面粉或粉碎的物料。如有干粉，稍微向上移动橡胶塞，重新摇动。

④ 拔出橡胶塞，将残留在橡胶塞底部的所有残留物都刮入黏度管中，使用黏度搅拌器将附着在试管壁上的所有残留物都刮进悬浮液中后，将黏度搅拌器放入黏度管。双试管的仪器，应于 30s 内完成上述操作，然后同时进行两个黏度管的测试。

⑤ 立即把带黏度搅拌器的黏度管通过冷却盖上的孔放入沸水浴中，按照仪器说明书的要求，开启搅拌头（单头或双头），仪器将自动进行操作并完成测试。当黏度搅拌器到达凝胶悬浮液的底部测定全部结束。记录电子计时器上显示的时间，此时间即为降落数值。

⑥ 转动搅拌头或按压"停止"键，缩回搅拌头，小心地将热黏度管连同黏度搅拌器从沸水浴中取出。彻底清洗黏度管和黏度搅拌器并使其干燥。

表 2-5　称样量与水分的关系

试样含水量 /%(1)	称样量		试样含水量 /%(1)	称样量	
	相当于含水量 15.0% 时 7.00g 的称样量 (2)	相当于含水量 15.0% 时 9.00g 的称样量 (3)		相当于含水量 15.0% 时 7.00g 的称样量 (2)	相当于含水量 15.0% 时 9.00g 的称样量 (3)
9.0	6.40	8.20	13.6	6.85	8.80
9.2	6.45	8.25	13.8	6.90	8.85
9.4	6.45	8.25	14.0	6.90	8.85
9.6	6.45	8.30	14.2	6.90	8.90
9.8	6.50	8.30	14.4	6.95	8.90
10.0	6.50	8.35	14.6	6.95	8.95
10.2	6.55	8.35	14.8	7.00	8.95
10.4	6.55	8.40	15.0	7.00	9.00
10.6	6.55	8.40	15.2	7.00	9.05
10.8	6.60	8.45	15.4	7.05	9.05
11.0	6.60	8.45	15.6	7.05	9.10
11.2	6.60	8.50	15.8	7.10	9.10
11.4	6.65	8.50	16.0	7.10	9.15
11.6	6.65	8.55	16.2	7.15	9.20
11.8	6.70	8.55	16.4	7.15	9.20
12.0	6.70	8.60	16.6	7.15	9.20
12.2	6.70	8.60	16.8	7.20	9.25
12.4	6.75	8.65	17.0	7.20	9.30
12.6	6.75	8.65	17.2	7.25	9.35
12.8	6.80	8.70	17.4	7.25	9.35
13.0	6.80	8.70	17.6	7.30	9.40
13.2	6.80	8.75	17.8	7.30	9.40
13.4	6.85	8.80	18.0	7.30	9.45

四、结果计算

1. 降落数值（F_n）

降落数值受水的沸点影响，而水的沸点和实验室的大气压有关，因此，未校准水的沸点会导致错误的结果。实验室位于海拔 600m 以下，全麦粉样品降落数值不需矫正；海拔 750m 以下，小麦粉或粗粒小麦的样品降落数值测定结果不需要校正。若实验室的海拔超过上述海拔时，应根据样品类型用下述方法进行校正。

① 麦粉样品　实验室海拔 600m（2000ft）以上时，此时水浴的沸点低于 98℃，可用公式（2-6）校正降落数值（F_n）。

$$F_n = 10^X \tag{2-6}$$

$$X = 1.0 \times \lg F_{alt} - 1.63093 \times 10^{-4} \times A + 2.63576 \times 10^{-8} \times A^2 +$$
$$5.75030 \times 10^{-5} \times \lg F_{alt} \times A - 1.069223 \times 10^{-8} \times \lg F_{alt} \times A^2$$

式中 F_n——根据海平面计算的降落数值；

F_{alt}——在给定的海拔高度测定的原始降落数值；

A——实验室的海拔高度，ft[❶]。

② 面粉和粗粒小麦粉 实验室海拔 700m（2500ft）时，此时水浴的沸点低于 98℃，可用公式(2-7)校正降落数值。

$$F_n = 10^X \qquad (2\text{-}7)$$

$$X = -849.41 + 0.4256 \times 10^{-5} \times A^2 + 454.19 \times \lg F_{alt} \times A - 0.2129 \times 10^{-5} \times \lg F_{alt} \times A^2$$

式中 F_n——根据海平面计算的降落数值；

F_{alt}——在给定的海拔高度测定的原始降落数值；

A——实验室的海拔高度，ft。

2. 液化值

降落数值和 α-淀粉酶活性之间不呈线性关系，因此降落数值不能用来计算谷物混合物的成分，用公式(2-8)将降落数值换算为液化值，非线性关系可以转变成线性关系，就可以计算谷物混合物的理论降落数值。

$$液化值 = \frac{6000}{F_n - 50} \qquad (2\text{-}8)$$

式中 F_n——降落数值；

6000——常数；

50——常数，是淀粉完全凝胶成易被酶分解的样品所需要的估计时间，s。

实验八 小麦粉面团流变特性的测定（吹泡仪法）

一、实验原理

在规定的条件下，把小麦粉和氯化钠溶液混合制备成一定含水量的面团。将面团压制成一定厚度的试样，用吹泡方式将它吹成面泡。记录下泡内随着时间变化的压力曲线图。根据曲线图的形状和面积评价面团的流变特性。

二、试剂

2.5%氯化钠溶液：取分析纯氯化钠（25±0.2）g，加蒸馏水溶解，稀释至 1L，该溶液存放时间不得超过 15 天，使用温度（20±2）℃。精炼植物油：含聚不饱和脂肪酸低，酸价（KOH）低于 0.4mg/g，如花生油或橄榄油，装在密闭的容器内，避光存放，每 3 个月定期更换；或使用液体石蜡（也称液体凡士林），在 20℃下黏度尽可能低（不大于 60mPa·s），酸价（KOH）等于或低于 0.05mg/g。

三、实验设备

吹泡测定仪（MA82 型、MA87 型、MA95 型、NG 型），由和面器、吹泡器、压力记

---

❶ 1ft＝0.3048m。

录器等组成。其技术规格如下：

和面刀：转动速度（60±2）r/min。和面器：制备面团，带有准确温度调节装置和滴定管，滴定管容量160mL，刻有面粉水分含量11.6%～17.8%的刻度，精度0.1%。压片槽：高度（12.0±0.1）mm。压片辊：大直径（40.0±0.1）mm，小直径（33.3±0.1）mm。圆形切刀：内径（46.0±0.5）mm。吹泡器：上盘内径（55.0±0.1）mm，拧紧后上盘与下盘的距离（2.67±0.01）mm，并带有准确温度调节装置和两个恒温室，每个恒温室有五个放置片。吹泡前试样脱黏体积：（18±2）mL。水压力记录器记录鼓：线速度（5.5±0.1）mm/s。空气流速：（96±2）L/h。压力记录器，有三种：①水压力记录器，记录吹泡过程面泡内部随时间变化的压力曲线，压力系数 $k=1.1$；②积分计算仪（RCV4），代替压力记录器，可与打印机相连，打印测定数据和曲线图形；③触摸屏记录仪（Alveolink），代替压力记录器，可与彩色打印机相连，打印测定数据和曲线图形。求积仪或求积模板：测量吹泡曲线面积，求积模板由制造商提供。

天平（感量0.5g）；秒表等。

四、操作步骤

1. 仪器准备

（1）确保仪器清洁，关好揉面钵的侧板和闸门，以防面粉和水漏出。打开仪器电源开关，调节仪器温度。揉面钵（24±0.2）℃，吹泡器（25±0.2）℃。使用前应有足够的时间（约30min）使温度稳定，如温度超过设定值，按说明书要求进行冷却。

（2）根据说明书要求，定期检查仪器气路系统的气密性（不漏气）。用 No.12C 压力校正气嘴来调节压力。①调节空气发生器旋钮，使压力记录器上显示92mm高度；②调节流量阀旋钮，使压力记录器上显示60mm高度；③用秒表检查水压力记录器记录鼓转动速度，在220V、50Hz条件下，从限位块到限位块是55s，相当于纸速302.5mm/55s。

2. 测定前准备

测试前应先测定小麦粉水分含量。面粉样品和氯化钠溶液的温度（20±5）℃，实验室温度18～22℃，实验室相对湿度65%±15%。

3. 面团制备

称取（250±0.50）g面粉置于揉面钵中。向滴定管中加入2.5%氯化钠溶液，调节至与被测面粉样品水分含量相同的刻度或根据表2-6查出被测面粉水分含量应加入的氯化钠溶液体积（mL）。这些氯化钠溶液用来制备一定含水量的面团，即相当于50mL氯化钠溶液和100g含水量15%的面粉制成的面团（表2-6）。

要求：启动和面刀，立即将滴定管中的全部氯化钠溶液加入和面钵（在20～30s内完成）。1min 0s时停止和面，用塑料刮刀把未混入面团的干面粉混入面团，混入干面粉用时1min。2min 0s时再次启动和面刀，继续和面6min，8min 0s时停止和面。

4. 试样制备

抬起揉面钵挤出口的闸门并拧紧，和面刀反转，滴几滴油于挤出口的接面板上。用金属刮刀靠近揉面钵挤出口，快速切去最初挤出的10mm面片。面片继续挤出，用刮刀随时轻挑面片端头，避免面片粘连在接面板上。达到接面板上标记时，用刮刀快速切下。面片继续挤出，将接面板上第一块面片滑到预先涂了油的压片槽上。放置面片时注意面片的方向，面

表 2-6　250g 面粉不同含水量应加入的氯化钠溶液体积（mL）

面粉含水量/%	氯化钠溶液添加量/mL	面粉含水量%	氯化钠溶液添加量/mL	面粉含水量/%	氯化钠溶液添加量/mL	面粉含水量/%	氯化钠溶液添加量/mL
8.0	155.9	11.0	142.6	14.0	129.4	17.0	116.2
8.1	155.4	11.1	142.2	14.1	129.0	17.1	115.7
8.2	155.0	11.2	141.8	14.2	128.5	17.2	115.3
8.3	154.6	11.3	141.3	14.3	128.1	17.3	114.9
8.4	154.1	11.4	140.9	14.4	127.6	17.4	114.4
8.5	153.7	11.5	140.4	14.5	127.2	17.5	114.0
8.6	153.2	11.6	140.0	14.6	126.8	17.6	113.5
8.7	152.8	11.7	139.6	14.7	126.3	17.7	131.1
8.8	152.4	11.8	139.1	14.8	125.9	17.8	112.6
8.9	151.9	11.9	138.7	14.9	125.4	17.9	112.2
9.0	151.5	12.0	138.2	15.0	125.0	18.0	111.8
9.1	151.0	12.1	137.8	15.1	124.6	18.1	111.3
9.2	150.6	12.2	137.4	15.2	124.1	18.2	110.9
9.3	150.1	12.3	136.9	15.3	123.7	18.3	110.4
9.4	149.7	12.4	136.5	15.4	123.2	18.4	110.0
9.5	149.3	12.5	136.0	15.5	122.8	18.5	109.6
9.6	148.8	12.6	135.6	15.6	122.4	18.6	109.1
9.7	148.4	12.7	135.1	15.7	121.9	18.7	108.7
9.8	147.9	12.8	134.7	15.8	121.5	18.8	108.2
9.9	147.4	12.9	134.3	15.9	121.0	18.9	107.8
10.0	147.1	13.0	133.8	16.0	120.6	19.0	107.4
10.1	146.6	13.1	133.4	16.1	120.1	19.1	106.9
10.2	146.2	13.2	132.9	16.2	119.7	19.2	106.5
10.3	145.7	13.3	132.5	16.3	119.3	19.3	106.0
10.4	145.3	13.4	132.1	16.4	118.8	19.4	105.6
10.5	144.9	13.5	131.6	16.5	118.4	19.5	105.1
10.6	144.4	13.6	131.2	16.6	117.9	19.6	104.7
10.7	144.0	13.7	130.7	16.7	117.5	19.7	104.3
10.8	143.5	13.8	130.3	16.8	117.1	19.8	103.8
10.9	143.1	13.9	129.9	16.9	116.6	19.9	103.4

注：根据公式计算加入的水量＝191.175－（4.41175×面粉的水分）。

片挤出方向要与压片槽长度方向一致。重复操作四次。将上述第 2 块、第 3 块、第 4 块面片依序放在压片槽上，而第 5 块面片留在接面板上。

用预先涂油的压面辊在压片槽的轨道上连续滚压 12 次（来回 6 次）。用预先涂油的圆切刀在面片中心切下，去除外围多余的部分，将带有小圆面片的圆切刀移到涂有油的放置片上，方法是手腕在桌上敲打使面片落下，不要用手指触摸试样。如果试样粘在压片槽上，用刮刀慢慢撬起，使其滑到放置片上。立即按挤出顺序放进 25℃恒温室中，第一块在最上部，其余顺序向下放置。取下面板上第五块面片放在压片槽上，在压片槽的轨道上连续滚压 12 次（来回 6 次），置于恒温室中。

5. 吹泡测试

① 放置试样　把一张记录纸装在水压力记录器记录鼓上，记录笔灌满墨水，笔与记录纸接触，转动记录鼓画好基准压力线，笔与记录纸离开，再转回到起始位置。从和面开始 28min 0s 开始吹泡测试。将吹泡器上盘逆时针向上转动两圈，使上盘上表面与三个圆柱导轨上端齐平，拧下滚花环，取出压盖，在吹泡器下盘和压盖上涂油。将圆面片试样从恒温室取出，滑到下盘中心位置，如不在中心，用塑料刀轻轻推动圆面片侧边，使其到达中心位置。放回盖片，拧紧滚花环，用 20s，匀速地将上盘顺时针向下转动，压平试样。等待 5s，

拧下滚花环，取出盖片，露出待测试样。

② 吹泡　NG 型吹泡仪按下启/停键开始测试；MA95 型吹泡仪将吹泡搬钮由位置 1 转到位置 2，保证试样与下盘脱粘分离，进行吹泡；MA82、MA87 型吹泡仪将吹泡器搬钮由位置 1 转到位置 2，转动橡皮球开关由 A 到 B，用左手拇指和食指将橡皮球压扁，使试样从下盘上鼓起，不松开手指，转动橡皮球开关由 B 回到 A，然后将吹泡器搬钮转到 3 位置，试样开始被吹成面泡，同时水压力记录器的转鼓旋转，直到面泡被吹破为止，得到一条吹泡曲线。

③ 结束吹泡　一旦面泡破裂，NG 型吹泡仪按下启/停键，其他型号吹泡仪将吹泡器搬钮转回初始位置。装有水压力记录器的仪器，要将记录鼓转回到其初始位置即曲线原点。对其余四份试样，重复试样放置到吹泡步骤，共得到五条吹泡曲线。擦净揉面钵及吹泡器。各操作步骤中需加的油量，按使用说明书要求滴加。

五、结果表示

1. 平均值

以五条曲线的平均值进行计算，如果其中一条曲线与其余曲线有明显差异，特别是面泡提前破裂，应将其删除，不进入平均值计算（图 2-3）。

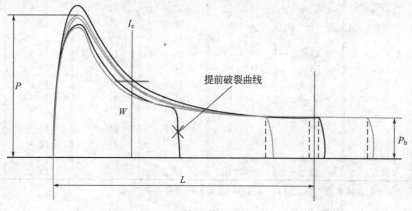

图 2-3　吹泡曲线

2. 最大压力 P

P 值与面泡内最大压力值成正比，与面团形变阻力有关，P 值等于曲线最大纵坐标值乘以压力记录器的系数 k（k 为 1.1；对于 K_2 型的压力记录器，系数 k 为 2.0）。

3. 破裂点横坐标 L

在基准压力线上测量出每根曲线 P 压力值骤然下降的横坐标值，以平均值表示 L 值。

4. 充气指数 G

G 值是由破裂点横坐标值 L 换算而得，该数值是充气体积的平方根（不包括试样脱粘所用的空气体积），G 值可根据公式(2-9)进行换算。

$$G = 2.226\sqrt{L} \tag{2-9}$$

5. 破裂压力 P_b

P_b 值与破裂点压力值成正比，等于破裂点平均纵坐标值乘以压力记录器的系数 k（k 为 1.1；对于 K_2 型的压力记录器，系数 k 为 2.0）。

6. 弹性指数 I_e

I_e 是 P_{200} 与 P 的百分比值（P_{200}/P），P_{200} 是当面泡内注入 200mL 空气时面泡内部压力，即横坐标 40.4mm 处（$G=14.1$）平均纵坐标值乘以压力记录器的系数为 k（k 为 1.1；对于 K_2 型的压力记录器，系数 k 为 2.0）。

7. 曲线形状比值 P/L

P 对 L 的比值是曲线形状比值。

8. 形变能量 W

1g 面团充气变形直至破裂所需的能量，以 $1/10$mJ（10^{-4}J）表示。

实验九　小麦粉面团吸水量和流变学特性的测定（粉质仪法）

一、实验原理

用粉质仪测量和记录小麦粉在加水后面团形成以及扩展过程中的稠度随时间变化的曲线，即通过调整加水量使面团的最大稠度达到固定值（500FU）。此时的加水量被称为小麦粉吸水量，由此获得一条完好的揉混曲线，该曲线的各特征值可表征小麦粉的流变学特性（面团强度）。

二、仪器

1. 粉质仪

带有水浴恒温控制装置。具有如下操作特性：①慢搅拌叶片转速（63 ± 2）r/min，快慢搅拌叶片的转速比为（1.50 ± 0.01）：1；②每粉质仪单位的扭力矩，300g 揉混器为（9.8 ± 0.2）mN·m/FU[（100 ± 2）gf·cm/FU]，50g 揉混器为（$1.96+0.04$）mN·m/FU[（20 ± 0.4）gf·cm/FU]。

2. 滴定管

①用于 300g 揉混器，起止刻度线从 135mL 到 225mL，刻度 0.2mL；②用于 50g 揉混器，起止刻度线从 22.5mL 到 37.5mL，刻度 0.1mL；③从 0 至 225mL 或从 0 至 37.5mL 的排水时间均不超过 20s。

3. 其他

天平（称量精度为 0.1g）；刮刀：由软塑料制成。

三、测定步骤

1. 小麦粉水分含量的测定

按第一章"实验一　水分含量的测定"中规定的方法测定小麦粉的水分含量。

2. 准备仪器

① 接通粉质仪恒温控制装置的电源并使水循环，揉面钵达到所需温度（30.0 ± 0.2）℃后方可使用仪器。在仪器使用前和使用过程中，应随时检查恒温水浴和揉面钵的温度。揉面钵上设有测温孔。

② 从驱动轴端卸下揉混器，调节平衡锤的位置，使电动机在规定转速下运转时指针的偏转为零。关闭电动机，重新装上揉混器。用一滴水润滑搅拌叶片与揉混器后面板间的缝隙处。在洁净的空揉面钵中，使搅拌叶片在规定的转速下转动，检查指针的偏转应在（0±5）FU 范围内。如果偏转大于 5FU，则应彻底清洁揉混器或消除其他引起摩擦阻力的因素。调节记录笔架，使记录笔与指针的读数一致。

在电动机运转时，调节泊阻尼器，使指针从 1000FU 到 100FU 所需时间为 （1.0±0.2）s，从而使得曲线带宽为 60～90FU。

③ 用温度为 （30±0.5）℃的水注满滴定管。

3. 试验样品

必要时，应将小麦粉的温度调节至 （25±5）℃。称取质量相当于 300g（300g 揉混器）或 50g（50g 揉混器）水分含量为 14%（质量分数）的小麦粉试验样品，精确至 0.1g。应称量试验样品质量与水分含量的关系见表 2-7。

表 2-7　称样校正表（相当于 50g 或 300g 含水量 14% 的小麦粉质量）

水分/%	应取小麦的质量/g		水分/%	应取小麦的质量/g		水分/%	应取小麦的质量/g	
	300g 钵	50g 钵		300g 钵	50g 钵		300g 钵	50g 钵
9.0	283.5	47.3	12.1	293.5	48.9	15.2	304.2	50.7
9.1	283.8	47.3	12.2	293.8	49.0	15.3	304.6	50.8
9.2	284.1	47.4	12.3	294.2	49.0	15.4	305.0	50.8
9.3	284.5	47.4	12.4	294.5	49.1	15.5	305.3	50.9
9.4	284.8	47.5	12.5	294.9	49.1	15.6	305.7	50.9
9.5	285.1	47.5	12.6	295.2	49.2	15.7	306.0	51.0
9.6	285.4	47.6	12.7	295.5	49.3	15.8	306.4	51.1
9.7	285.7	47.6	12.8	295.9	49.3	15.9	306.8	51.1
9.8	286.0	47.7	12.9	296.2	49.4	16.0	307.1	51.2
9.9	286.3	47.7	13.0	296.6	49.4	16.1	307.5	51.3
10.0	286.7	47.8	13.1	296.9	49.5	16.2	307.9	51.3
10.1	287.0	47.8	13.2	297.2	49.5	16.3	308.2	51.4
10.2	287.3	47.9	13.3	297.6	49.6	16.4	308.6	51.4
10.3	287.6	47.9	13.4	297.9	49.7	16.5	309.0	51.5
10.4	287.9	48.0	13.5	298.3	49.7	16.6	309.4	51.6
10.5	288.3	48.0	13.6	298.6	49.8	16.7	309.7	51.6
10.6	288.6	48.1	13.7	299.0	49.8	16.8	310.1	51.7
10.7	288.9	48.2	13.8	299.3	49.9	16.9	310.5	51.7
10.8	289.2	48.2	13.9	299.7	49.9	17.0	310.8	51.8
10.9	289.6	48.3	14.0	300.0	50.0	17.1	311.2	51.9
11.0	289.9	48.3	14.1	300.3	50.1	17.2	311.6	51.9
11.1	290.2	48.4	14.2	300.7	50.1	17.3	312.0	52.0
11.2	290.5	48.4	14.3	301.1	50.2	17.4	312.3	52.1
11.3	290.9	48.5	14.4	301.4	50.2	17.5	312.7	52.1.
11.4	291.2	48.5	14.5	301.8	50.3	17.6	313.1	52.2
11.5	291.5	48.6	14.6	302.1	50.4	17.7	313.5	52.2
11.6	291.9	48.6	14.7	302.5	50.4	17.8	313.9	52.3
11.7	292.2	48.7	14.8	302.8	50.5	17.9	314.3	52.4
11.8	292.5	48.8	14.9	303.2	50.5	18.0	314.6	52.4
11.9	292.8	48.8	15.0	303.5	50.6			
12.0	293.2	48.9	15.1	303.9	50.6			

将小麦粉全部倒入揉混器中，盖好盖，直至揉混结束，除在短时间内往揉混器里加注蒸馏水和用刮刀刮除黏附在内壁上的碎面块外，揉混器上盖在测定过程中不得移开。

4. 测定

① 启动揉混器，以规定的转速揉混小麦粉 1min 或略长时间。当笔尖正好处于记录纸上的整分钟刻度线时，立即用滴定管自揉混器盖的右前角加水，并于 25s 内完成。

要求：为了减少等待时间，在揉混小麦粉时可向前转动记录纸。切勿反向转动。

加入一定量的水以使面团的最大稠度接近于 500FU。当面团形成时，在不停机的状态下，用刮刀将黏附在揉面钵内壁的所有碎面块刮入面团中。如果稠度太大，可补加少量水使最大稠度约为 500FU。停止揉混，清洗揉混器。

② 根据需要进行重复测定，直至两次揉混符合：在 25s 内完成加水操作；最大稠度在 480～520FU 之间；如果需要报告弱化度，则在到达形成时间后继续记录至少 12min。

四、结果表示

小麦粉的粉质曲线见图 2-4。

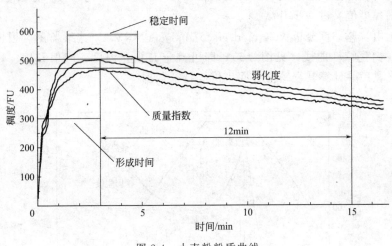

图 2-4　小麦粉粉质曲线

1. 吸水量

粉质仪吸水量以 14％ 的水分为基础，每 100g 小麦粉在粉质仪中揉和成最大稠度为 500FU 的面团时所需的加水量，以 mL 表示。

2. 面团形成时间

以从加水点起，至粉质曲线到达最大稠度后开始下降的时刻点的时间间隔表示面团形成时间（图 2-4），精确到 0.5min。在极少数情况下可以观测到两个最大值，用第二个最大值计算形成时间。

3. 稳定时间

以粉质曲线的上边缘首次与 500FU 标线相交至下降离开 500FU 标线两点之间的时间差值表示稳定性，精确到 0.5min（图 2-4）。通常，此数值可表示小麦粉的耐搅拌特性。

4. 弱化度

以面团到达形成时间点时曲线带宽的中间值和此点后 12min 处曲线带宽的中间值之间

高度的差值表示弱化度（图 2-4）。取两条曲线测定的弱化度的平均值作为试验结果，精确到 5FU。当弱化度不超过 100FU 时，双试验差值不超过 20FU，弱化度数值较大时，应不大于平均值的 20%。

5. 粉质质量值

沿着时间轴从加水点起，至比最大稠度中心线衰减 30FU 处所需的时间，单位为 min。

实验十　小麦、黑麦及其分类粉或淀粉糊化特性的测定（快速黏度仪法）

一、实验原理

将一定浓度的谷物粉或淀粉的水悬浮液，按一定升温速率加热，使淀粉糊化。开始糊化后，由于淀粉吸水膨胀使悬浮液逐渐变成糊状物，黏度不断增加，随着温度升高，淀粉充分糊化，产生最高黏度值。随后淀粉颗粒破裂，黏度下降。当糊化物按一定降温速率冷却时，糊化物胶凝，黏度值又进一步升高。

这种变化由快速黏度分析仪（rapid visco analyser，RVA）连续监测。根据所获得的黏度变化曲线（糊化特性曲线，见图 2-5），即可确定其糊化温度、峰值黏度、峰值温度、最低黏度、最终黏度并计算其衰减值和回生值等特征数据。

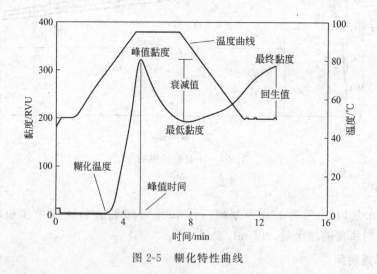

图 2-5　糊化特性曲线

二、仪器和试剂

快速黏度分析仪：配有专用样品筒、搅拌器和控制软件的计算机。天平（感量 0.01g）。25mL 量筒或定量加液器：量取精度为 0.1mL。小型实验磨：能够制备符合要求的粗细度的样品。

三、分析步骤

1. 试样制备

将样品充分混合均匀，测定样品水分。对于整粒谷物样品，经小型实验磨碾磨粉碎，要求粉碎后的样品90％以上通过CQ23号筛网。

2. 仪器的准备

开启快速黏度分析仪电源，预热30min。开启连接的计算机电源，运行控制软件并由计算机输入或根据仪器提示载入表2-8中列示的测试程序。根据仪器的提示，顺序输入试样名称、选择欲采用的分析程序和测试序号。

表2-8 测试程序①

阶段	温度或转速	时间(h:min:s)			
		标准程序1	标准程序2	标准程序3	标准程序4
1	50℃	00:00:00	00:00:00	00:00:00	00:00:00
2	960r/min	00:00:00	00:00:00	00:00:00	00:00:00
3	160r/min	00:00:10	00:00:10	00:00:10	00:00:10
4	50℃	00:01:00	00:01:00	00:01:00	00:01:00
5	95℃	00:04:42	00:08:30	00:16:00	00:31:00
6	95℃	00:07:12	00:13:30	00:26:00	01:01:00
7	50℃	00:11:00	00:21:00	00:41:00	01:31:00
结束		00:13:00	00:23:00	00:43:00	01:33:00
读数时间间隔		4s	4s	8s	8s

① 仪器的空载温度为：(50±1)℃。

3. 测定

量取 (25.0±0.1)mL 水（按14％湿基校正），移入干燥洁净的样品筒中。用称量皿准确称取 (3.00±0.01)g 淀粉，或 (3.50±0.01)g 小麦粉或黑麦粉，或 (4.00±0.01)g 全麦粉。按14％湿基校正，见附录A。

把试样转移到样品筒中，将搅拌器置于样品筒中并上下快速搅动10次，使试样分散。若仍有试样团块留存在水面上或黏附在搅拌器上，可重复此步骤直至试样完全分散。将搅拌器置于样品筒中并可靠地插接到搅拌器的连接器上，使搅拌器恰好居中。当仪器提示允许测试时，将仪器的搅拌器电动机塔帽压下，驱动测试程序。应注意，已悬浮试样的放置时间不得超过1min。

测试过程将由计算机控制，按规定的测试程序进行。测试结束时，仪器将自动弹出样品筒。弃去已使用过的样品筒。根据计算机屏幕显示的黏度变化曲线，记录糊化温度、峰值黏度、峰值时间、最低黏度、最终黏度、衰减值、回生值。

四、结果表示

所得数值应以如下方式表示：糊化温度单位为℃，精确至0.01；峰值时间单位为min，精确至0.01；峰值黏度、最低黏度、最终黏度、衰减值和回生值单位以厘泊（cP❶）或快速黏度分析仪单位（RVU）表示，其中1RVU＝12cP，测定结果保留整数。以双试样测试的峰值黏度平均值报告测试结果。若试样测定值与平均值的相对偏差大于5％，则应重新做双试样测试。

---

❶ 1cP＝10^{-3}Pa·s。

附录A 试样质量与加水量的校正

对于水分为M（以‰计）的试样，可使用下列公式计算应取试样的质量和加水量。也可通过查表2-9、表2-10和表2-11确定。

当试样为淀粉时，试样质量S和加水量W分别按照公式(2-10)和式(2-11)计算。

$$S = \frac{86 \times 3.00}{100 - M} \tag{2-10}$$

$$W = 25 + (3.00 - S) \tag{2-11}$$

当试样为小麦粉或黑麦粉时，试样质量S和加水量W分别按照式(2-12)和式(2-13)计算。

$$S = \frac{86 \times 3.50}{100 - M} \tag{2-12}$$

$$W = 25 + (3.50 - S) \tag{2-13}$$

当试样为全麦粉时，试样质量S和加水量W分别按照式(2-14)和式(2-15)计算。

$$S = \frac{86 \times 4.00}{100 - M} \tag{2-14}$$

$$W = 25 + (4.00 - S) \tag{2-15}$$

式中 S——经水分校正的试样质量，g；

M——试样的实际水分，%；

W——经水分校正的加水量，mL。

表2-9 淀粉按水分校正的试样质量和加水量

水分/%	试样质量/g	加水量/mL	水分/%	试样质量/g	加水量/mL
8.0	2.80	25.2	11.2	2.91	25.1
8.2	2.81	25.2	11.4	2.91	25.1
8.4	2.82	25.2	11.6	2.92	25.1
8.6	2.82	25.2	11.8	2.93	25.1
8.8	2.83	25.2	12.0	2.93	25.1
9.0	2.84	25.2	12.2	2.94	25.1
9.2	2.84	25.2	12.4	2.95	25.1
9.4	2.85	25.2	12.6	2.95	25.0
9.6	2.85	25.1	12.8	2.96	25.0
9.8	2.86	25.1	13.0	2.97	25.0
10.0	2.87	25.1	13.2	2.97	25.0
10.2	2.87	25.1	13.4	2.98	25.0
10.4	2.88	25.1	13.6	2.99	25.0
10.6	2.89	25.1	13.8	2.99	25.0
10.8	2.89	25.1	14.0	3.00	25.0
11.0	2.90	25.1	14.2	3.01	25.0
14.4	3.01	25.0	15.4	3.05	25.0
14.6	3.02	25.0	15.6	3.06	24.9
14.8	3.03	25.0	15.8	3.06	24.9
15.0	3.04	25.0	16.0	3.07	24.9
15.2	3.04	25.0			

表 2-10　小麦、黑麦粉按水分校正的试样质量和加水量

水分/%	试样质量/g	加水量/mL	水分/%	试样质量/g	加水量/mL
8.0	3.27	25.2	12.2	3.43	25.1
8.2	3.28	25.2	12.4	3.44	25.1
8.4	3.29	25.2	12.6	3.44	25.0
8.6	3.29	25.2	12.8	3.45	25.0
8.8	3.30	25.2	13.0	3.46	25.0
9.0	3.31	25.2	13.2	3.47	25.0
9.2	3.31	25.2	13.4	3.48	25.0
9.4	3.32	25.2	13.6	3.48	25.0
9.6	3.33	25.2	13.8	3.49	25.0
9.8	3.34	25.2	14.0	3.50	25.0
10.0	3.34	25.2	14.2	3.51	25.0
10.2	3.35	25.1	14.4	3.52	25.0
10.4	3.36	25.1	14.6	3.52	25.0
10.6	3.37	25.1	14.8	3.53	25.0
10.8	3.37	25.1	15.0	3.54	25.0
11.0	3.38	25.1	15.2	3.55	25.0
11.2	3.39	25.1	15.4	3.56	24.9
11.4	3.40	25.1	15.6	3.57	24.9
11.6	3.40	25.1	15.8	3.57	24.9
11.8	3.41	25.1	16.0	3.58	24.9
12.0	3.42	25.1			

表 2-11　全麦粉按水分校正的试样质量和加水量

水分/%	试样质量/g	加水量/mL	水分/%	试样质量/g	加水量/mL
8.0	3.74	25.3	9.0	3.78	25.2
8.2	3.75	25.3	9.2	3.79	25.2
8.4	3.76	25.2	9.4	3.80	25.2
8.6	3.76	25.2	9.6	3.81	25.2
8.8	3.77	25.2	9.8	3.81	25.2
10.0	3.82	25.2	13.2	3.96	25.0
10.2	3.83	25.2	13.4	3.97	25.0
10.4	3.84	25.2	13.6	3.98	25.0
10.6	3.85	25.2	13.8	3.99	25.0
10.8	3.86	25.1	14.0	4.00	25.0
11.0	3.87	25.1	14.2	4.01	25.0
11.2	3.87	25.1	14.4	4.02	25.0
11.4	3.88	25.1	14.6	4.03	25.0
11.6	3.89	25.1	14.8	4.04	25.0
11.8	3.90	25.1	15.0	4.05	25.0
12.0	3.91	25.1	15.2	4.06	24.9
12.2	3.92	25.1	15.4	4.07	24.9
12.4	3.93	25.1	15.6	4.08	24.9
12.6	3.94	25.1	15.8	4.09	24.9
12.8	3.94	25.1	16.0	4.10	24.9
13.0	3.95	25.0			

实验十一　小麦粉面包烘焙品质试验

第一法　直接发酵法

一、实验原理

将小麦粉和其他原料混合制成面团，经过 90min 发酵后成型，醒发 45min 后入炉烘烤，面包出炉后称量质量，测定体积，并对外部和内部特征指标进行感官评定，得到面包烘培品质评分。

二、实验材料

小麦粉；即发干酵母；食盐；糖（蔗糖或葡萄糖）；起酥油；抗坏血酸；脱脂奶粉：脂肪≤1.5%；麦芽粉（或 α-淀粉酶）：自制，具有适合的 α-淀粉酶活性，或商品 α-淀粉酶均可。

三、仪器和设备

搅拌机：针式搅拌机；恒温恒湿醒发箱：能够使温度保持在（30±1）℃，相对湿度保持在 80%～90%；压片机：面辊间距可以调节；发酵钵：容量为 0.5～1L 的有盖容器（100g 小麦粉）或 1～2L 的有盖容器（200g 小麦粉）；成型机：三辊成型机，辊径 75mm，转速 70r/min；烤炉：电热式烤炉，要求在正常烘烤温度下 210～230℃ 控温精度在 ±8℃ 范围内；面包听：马口铁或铝合金材料，上口内径 13.0cm×7.3cm，底部内径 11.5cm×5.7cm，听深 5.8cm；天平（分度值 0.1g 和 0.001g）；量筒；移液管；秒表；刮板等。

四、操作步骤

1. 溶液配制

① 盐-糖溶液配制　分别称取 1090.0g 糖和 272.7g 盐，放在 2L 的烧杯中，加蒸馏水并不断搅拌使糖和盐完全溶解，定容至 2L。100g 小麦粉中加入 11.0mL 此溶液，相当于加入 1.5g 盐、6.0g 糖和 6.7mL 水。此溶液在室温下可保存数周，只要无混浊、沉淀出现仍可使用。

② 抗坏血酸溶液配制　称取 0.4～0.5g 抗坏血酸，用蒸馏水定容至 100mL。此溶液需当天配制。

2. 称样

按照表 2-12 的配料比例，准确称取小麦粉、即发干酵母、麦芽粉、脱脂奶粉，放在发酵钵中拌匀，称取起酥油放在混匀的干物料表面，将发酵钵盖好备用。

表 2-12　实验面团配方（以小麦粉总量的百分基数计）

原料	小麦粉（14%湿基）	即发干酵母	盐	糖	脱脂奶粉	起酥油	水①	麦芽粉②	抗坏血酸
用量/%	100	1.8	1.5	6.0	4.0	3.0	适量	0.2	0.004～0.005

① 加水量可参照面粉的粉质仪吸水率并根据面团的软硬进行适当调整，原则为面团尽可能柔软而不粘手影响操作。

② 添加量根据酶的活性而定，调整面粉的降落数值为 225～300s。

3. 和面

量取盐-糖溶液和抗坏血酸溶液，放入和面缸中，用量筒加入剩余部分水，再加入制备好的小麦粉及其他配料；启动搅拌机，使面团达到面筋充分扩展状态，此时的面团应表面光洁，无断裂痕迹，手感柔和，一般可拉成均匀的薄膜。和好的面团，温度应为（30±1）℃。面团温度主要通过调整水温和室温来控制。

4. 发酵和揉压

将调整好的面团从揉面缸中取出，若是 200g 小麦粉则分成两等份。用手捏圆面团，使其光面向上放在稍涂有油的发酵钵中，置醒发箱中发酵 90min。发酵时间从开始和面时计起。醒发箱中温度为（30±1）℃，相对湿度为 85%。当面团发酵进行到 55min 和 80min 时，分别在压片机面辊间距 0.6cm 处滚压面团一次，以排除面团中的气泡，辊压后再将面片折成三层或对折两次折缝向下放入发酵钵，重新放回醒发箱。

5. 成型

取出发酵好的面团，将面团轻轻揉光并适当拉长，用压片机将面团压两次，成长片，轴距分别为 0.7cm 和 0.5cm。使用三辊成型机或具有类似功能的手动成型模板进行成型，或直接用手将面片从小端开始卷起，卷起时应尽量压实以排出气体，然后将面团轻轻滚压数次，使其与面包听的大小相一致，将面团接缝向下，放在事先涂有油的面包听中。

6. 醒发

面团成型装听后，送入醒发箱进行醒发，醒发箱中温度为（30±1）℃，相对湿度为 85%～90%。醒发时间为 45min。

7. 烘烤

醒发结束，立即入炉烘烤，温度一般为 215℃，烘烤时间一般为 20min（根据面团大小），面包入炉前，先在炉内喷蒸汽，或放一小盒清水，以调节炉内湿度。同时，烤炉的底火和面火温度及烤制时间设置可以根据面团的形状、面团面筋含量或烤箱说明书的要求进行，烤制时间和温度以面包表面为金黄色为准，不得有黑色色泽出现。

五、结果与评价

1. 面包质量、体积

面包出炉后 5min，称量其质量，用菜籽置换法测定体积，分别用 g 和 mL 表示。取双试验样品的算术平均值作为测定结果。对于含 100g 小麦粉的面包，双试验面包体积值的平均偏差应小于或等于 15mL。有条件可采用三维激光体积测量仪直接测定面包的体积。

2. 面包外部与内部特征评价

面包在室温下冷却后，放入塑料袋或以其他形式密封保存，或放在恒温恒湿的储存箱中。18h 后对面包外部和内部特征进行感官评定，主要包括以下内容：面包外观、面包芯色泽、面包芯质地和面包芯纹理结构等。评定时先对外观进行评分，切开面包，按面包芯质地、色泽和纹理结构的顺序进行评定。

3. 面包烘培品质评分

① 面包评分项目构成　面包品质评分项目包括：面包体积、面包外观、面包芯色泽、面包芯质地和面包芯纹理结构。本评分标准适用于 100g 小麦粉制作的听面包。

② 面包体积　面包体积小于 360mL 得 0 分；体积大于 900mL 得满分 45 分；体积在 360～900mL 之间，每增加 12mL，得分增加 1 分。也可按公式(2-16)计算体积得分。

$$S_V = \frac{V - 360}{12} \tag{2-16}$$

式中　S_V——面包体积得分；

　　　V——面包体积测定值，mL；

　　　360——得分为 0 分的面包体积测定值，mL。

③ 面包外观　面包表皮色泽正常，光洁平滑无斑点，冠大，颈极明显，得满分 5 分；冠中等，颈短，得 4 分；冠极小，颈极短，得 3 分；冠不显示，无颈，得 2 分；无冠，无颈，塌陷，得最低分 1 分；表皮色泽不正常，或不光洁，不平滑，或有斑点，均扣 0.5 分。

④ 面包芯色泽　洁白、乳白并有丝样光泽，得最高分 5 分；无丝样光泽得 4 分；黑、暗得 1 分；色泽由白—黄—黑，分数依次降低。

⑤ 面包芯质地　面包芯细腻平滑，柔和而富有弹性，得最高分 10 分；面包芯粗糙紧实，弹性差，按下不复原或难复原，得最低分 2 分；介于之间，得 3～9 分。

⑥ 面包芯纹理结构　面包芯气孔细密、均匀并呈长形，孔壁薄，呈海绵状，得最高分 35 分；面包芯气孔大大小小，极不均匀，大孔洞很多，坚实部分连成大片，得最低分 8 分。可分为优（30～35 分）、良（24～29 分）、中（17～23 分）、差（8～16 分）四个档次评分。

第二法　中种发酵法

一、实验原理

先将部分小麦粉及全部酵母揉混调制成中种面团，经过长时间发酵，然后再与剩余的小麦粉、水及其他配料揉混调制成主面团，经过一段时间延续发酵，进行分割揉圆、中间醒发和成型，再经过最后醒发，入炉烘烤，面包出炉后，称量重量，测量体积，对面包的外部和内部特征指标进行感官评定，作出面包烘焙品质评分。

二、实验材料

小麦粉：如果实验小麦粉的淀粉酶活性不足，应添加适量麦芽粉或真菌 α-淀粉酶，添加量视实验小麦粉数值而定，一般应将实验小麦粉的降落数值调整为 250～300s 范围内。即发干酵母：建议在开封后立即分装在封闭的小瓶中冷藏保存，一个月内用完。盐、糖、起酥油等。

三、仪器与设备

搅拌机：立式针型搅拌机，额定单次搅拌量为 100g 或 200g 的面粉；发酵钵：容量为 750～800mL（100g 面粉的面团）或 1500～1600mL（200g 面粉的面团）的不锈钢或塑料碗盆；发酵箱：能够使温度保持在 30℃，相对湿度保持在 85% 左右；醒发箱：能够使温度保持在 35.5℃，相对湿度保持在 92% 左右；压片机：辊压型，辊径 95mm，辊长 150mm，转速 70r/min，辊间距可调；成型机：三辊成型机，辊径 70mm，转速 70～80r/min；烤炉：转动式电热烤炉，或者温度分布比较均匀的其他类型烤炉；面包听：马口铁或铝合金材料，内径尺寸大约为上口 13.0cm×7.3cm、底部 11.5cm×5.7cm、听深 5.8cm；面包体积测定仪：菜籽置换型，测定范围 400～1050mL，刻度单位为 5mL；天平：分度仪 0.1g 和 0.01g；量筒；烧杯；移液管；刮板；秒表；温度仪；湿度仪等。

四、操作步骤

1. 配方

中种面团配方见表 2-13，主面团配方见表 2-14。

表 2-13　中种面团配方

项目	小麦粉总量基数/%
小麦粉(14%湿基)	60.0
即发干酵母	1.0
水(适量变化)	36.0

表 2-14　主面团配方

项目	小麦粉总量基数/%
小麦粉(14%湿基)	40.0
水(适量变化)	24.0
盐	2.0
糖	5.0
起酥油	3.0

注：中种面团和主面团的加水量可根据实验面团的软硬和黏柔程度进行调整，建议参照粉质仪吸水率进行适当增减，使面团达到尽可能柔软而不粘手影响操作的最佳状态。

2. 中种面团调制

将小麦粉和酵母倒入和面钵中，使用刮板合并在小麦粉中部产生一个凹坑，将水加入其中。启动搅拌机，使面团揉和达到光洁柔和状态。揉和好的中种面团温度应为 (26±1)℃，面团温度可以通过改变水温和室温来控制。

3. 中种面团发酵

将揉和好的中种面团从和面钵中取出，用手捏圆光整，使其光面向上放在稍涂有油的发酵钵中，立即送入发酵箱发酵 4h，发酵箱温度为 (30±1)℃，相对湿度 85%。

4. 主面团调制

将盐、糖倒入和面钵，加入剩余的水，搅拌使盐、糖溶化。加入主面团部分的小麦粉和起酥油，启动搅拌机和 15s 后将中种面团分成约两等份在 10s 内分两次放入和面钵内，继续揉和使面团面筋充展，揉和好的面团表面光洁柔和，用手应能拉成均匀的薄膜。美国 National 揉混仪揉和峰值时间缩短 1min 可作为主面团最佳揉和时间的估测，实际再做增减。揉和好的主面团温度应为 (27.0±1)℃，主面团温度可以通过改变水温和室温来控制。

5. 主面团延续发酵

将揉和好的主面团从和面钵中取出，用手捏圆光整，使其光面向上放在稍涂有油的发酵钵中，立即送入发酵箱发酵 30min，发酵箱温度为 (30±1)℃，相对湿度 85%。

6. 分割与揉圆

主面团延续发酵完成后从发酵钵中取出，然后用手揉成圆形(对于 200g 面粉的面团，揉圆之前需分割成 2 等份，用天平进行校正)。

7. 中间醒发

面团揉圆后，光面向上放在稍涂有油的发酵钵内，送入发酵箱内或加盖放在室温下（20℃以上）醒发 12～15min，使面团松弛。

8. 压片成型

经过中间醒发以后，将面团轻轻适当拉长，用压片机将面团辊压两次成长片，第一次辊间距为 0.7～0.8cm，第二次为 0.5cm。使用三辊成型机或具有类似功能的手动成型模板进行成型，或者用手将面片从一端开始卷起，卷片时应尽量压实以排出气体，轻轻滚压并封口两端和接缝，使其大小与面包听相一致，将之接缝朝下放进事先稍涂有油的面包听中。

9. 最后醒发

面团成型装听后，送入醒发箱进行最后醒发，醒发箱中温度为（35±1）℃，相对湿度92%，醒发时间为 65min，或保证面团醒发至高出面包听上边缘 2cm。

10. 烘烤

最后醒发结束，立即入炉烘烤，烘烤温度为 215℃，烘烤时间为 18～22min。面包入炉前，在炉内旋转烤盘上应事先放入一小盆清水，并保持在整个烘烤实验过程中有水存在，以调节炉内湿度。

五、测量与评价

1. 面包质量与体积

面包出炉后，在 5min 内称重，用菜籽置换法测定体积，分别用 g 和 mL 表示。

2. 面包外部与内部特征评价

面包在室温下冷却 1h 后，对面包外部与内部特征进行感官评定，或装入不透气的塑料袋并把口扎紧，在第 2 天对面包外部与内部特征进行感官评定。感官评定主要包括面包外观、面包芯色泽、面包芯质地和面包芯纹理结构等。

3. 面包烘焙品质评分

① 面包评分项目构成　面包品质评分项目包括：面包体积、面包外观、面包芯色泽、面包芯质地和面包芯纹理结构。本评分标准适用于 100g 小麦粉制作的听面包。

② 面包体积　面包体积小于 360mL 得 0 分；体积大于 900mL 得满分 45 分；体积在360～900mL 之间，每增加 12mL，得分增加 1 分。也可按式(2-17)计算体积得分。

$$S_V = \frac{V - 360}{12} \tag{2-17}$$

式中　S_V——面包体积得分；

V——面包体积测定值，mL；

360——得分为 0 分的面包体积测定值，mL。

③ 面包外观　面包表皮色泽正常，光洁平滑无斑点，冠大，颈极明显，得满分 5 分；冠中等，颈短，得 4 分；冠极小，颈极短，得 3 分；冠不显示，无颈，得 2 分；无冠，无颈，塌陷，得最低分 1 分；表皮色泽不正常，或不光洁，不平滑，或有斑点，均扣 0.5 分。

④ 面包芯色泽　洁白、乳白并有丝样光泽，得最高分 5 分；无丝样光泽得 4 分；黑、暗得 1 分；色泽由白—黄—黑，分数依次降低。

⑤ 面包芯质地　面包芯细腻平滑，柔和而富有弹性，得最高分 10 分；面包芯粗糙紧

实，弹性差，按下不复原或难复原，得最低分 2 分；介于之间，得 3～9 分。

⑥ 面包芯纹理结构　面包芯气孔细密、均匀并呈长形，孔壁薄，呈海绵状，得最高分 35 分；面包芯气孔大大小小，极不均匀，大孔洞很多，坚实部分连成大片，得最低分 8 分，可分为优（30～35 分）、良（24～29 分）、中（17～23 分）、差（8～16 分）四个档次评分。

实验十二　小麦粉蛋糕烘焙品质

一、实验原理

海绵蛋糕是鲜鸡蛋和小麦粉及配料调制成面糊后，经烘烤制成的一类膨松点心。其制作原理是利用蛋白质起泡性能，通过机械搅拌使蛋液中充入大量的空气，加入小麦粉和配料调制成面糊，经烘烤制成海绵蛋糕。在规定条件下进行品质评价。

二、实验材料

小麦粉；鲜鸡蛋；绵白糖。

三、仪器和设备

打蛋机：无级变速打蛋机（40～300r/min）。打蛋缸：缸体上口直径 24cm，下底直径 11cm，深 9.5cm，壁呈半球形。电热式烤炉：平面烤炉，可以调节上、下火，温控范围为 50～300℃；或旋转烤炉，温控范围在 180～230℃ 之间，控温精度应在 ±8℃。面包体积测定仪：菜籽置换型，测量范围 400～1050mL，最小刻度单位为 5mL。天平（感量 0.1g 和 0.001g）。蛋糕模具：市售 12.7cm（5in）圆形蛋糕模具（下底内径 11.3cm、上口内径 12.5cm、内高 5.2cm）。其他：量筒，秒表，CQ7 号筛（60 目）。

四、操作步骤

1. 配方

实验面糊配方见表 2-15。

表 2-15　实验面糊配方

配料	小麦粉(14%湿基)	鲜鸡蛋液	绵白糖
质量/g	100	130	110

2. 称量

按照表 2-15 的配料比例，准确称取通过 CQ7 号筛的小麦粉 100g、用鲜鸡蛋制备的蛋液 130g 和绵白糖 110g，称量蛋糕模具并编号，精确至 0.01g。

3. 制备蛋糊

在室温为 20～25℃ 时，将称量好的蛋液和绵白糖放入打蛋机搅拌缸中，以慢速（60r/min）搅打 1min 充分混匀，再以快速（200r/min）搅打 19min。

4. 制备面糊

将称量好的小麦粉均匀倒入蛋糊中，慢速（60r/min）搅拌 10s 停机，拿下搅拌头，快速将搅拌缸内壁蛋糊刮至缸底。装上搅拌头再用慢速（60r/min）搅拌 20s 停机。取下搅拌缸，以自流淌出方式将面糊分别倒入两个蛋糕模具中，每个模具中的面糊为 150g，精确到 0.01g。黏附在搅拌缸内壁面糊不应刮入模具中。

5. 烘烤

把装入面糊的模具立即入炉烘烤。若使用平面烤炉，设定烤炉上火为 180℃，下火为 160℃。若使用旋转烤炉，设定炉温为 190℃，烘烤时间为 18～20min。

五、蛋糕品质评分

1. 蛋糕比容测定（30 分）

蛋糕出炉后，在室温下稍冷，将蛋糕从模具中拿出，冷却 30min 后，放在天平上称量，精确至 0.01g。再用体积测定仪测量体积，精确至 4mL。计算蛋糕比容（mL/g）。蛋糕比容评分见表 2-16。

表 2-16　蛋糕比容评分

比容/(mL/g)	得分	比容/(mL/g)	得分	比容/(mL/g)	得分	比容/(mL/g)	得分
2.5	7	3.4	16	4.3	25	5.2	26
2.6	8	3.5	17	4.4	26	5.3	25
2.7	9	3.6	18	4.5	27	5.4	24
2.8	10	3.7	19	4.6	28	5.5	23
2.9	11	3.8	20	4.7	29	5.6	22
3.0	12	3.9	21	4.8	30	5.7	21
3.1	13	4.0	22	4.9	29	5.8	20
3.2	14	4.1	23	5.0	28	5.9	19
3.3	15	4.2	24	5.1	27	6.0	18

2. 表面状况（10 分）

表面光滑无斑点、环纹，且上部有较大弧度，8～10 分；表面略有气泡、环纹，稍有收缩变形，上部有一定弧度，5～7 分；表面有深度环纹，收缩变形且凹陷，上部弧度很小，2～4 分。

3. 内部结构（30 分）

亮黄，蛋黄有光泽，气孔较均匀，光滑细腻，得 23～30 分；黄，淡黄色，无光泽，气孔略大稍粗糙、不均匀、无坚实部分，得 16～22 分；暗黄，气孔较大且粗糙，底部气孔紧密、有少量坚实部分，得 8～15 分。

4. 弹柔性（10 分）

柔软有弹性，按下后复原很快，得 8～10 分；柔软有弹性，按下后复原较快，得 5～7 分；柔软性，弹性差，按下后难复原，得 2～4 分。

5. 口感（20 分）

味纯正、绵软、细腻稍有潮湿感，得 16～20 分；绵软，略有坚韧感，稍干，得 12～15 分；松散发干，坚韧、粗糙或较粘牙，得 6～11 分。

根据每个人员的评分结果计算平均值。个别评分误差超过 10 分以上应舍弃，舍弃后重新计算平均值，计算结果取整数。

第三章　稻米加工品质分析

实验一　大米加工精度检验

一、实验原理

大米的外观质量主要表现在加工精度上。加工精度是指大米背沟和粒面的留皮程度，即指糙米皮层被碾去的程度。皮层被碾去的面积越大，胚乳表面留皮程度越小，精度越高，反之越低。国家标准规定，各类大米按加工精度可分为特等、标准一等、标准二等共三个等级。因此，加工精度是大米品质检测中不可缺少的内容。

目前国内大米的等级均采用直接比较法或染色法，通过人工感官评定。直接比较法利用米类与相应的加工精度等级标准样品对照比较，通过观测判定加工精度等级。染色法是利用大米各不同组织成分对各种染色基团分子的亲和力不同，经染色处理后，米粒各组织呈现不同的颜色，从而判定大米的加工精度。

二、实验试剂、材料和设备

1. 试剂和材料

品红石炭酸溶液：称取 0.5g 苯酚，加入 10mL 95％的乙醇中，再加入盐基品红 1g，待溶解后，用水稀释到 500mL，充分混匀后，贮存于棕色瓶中备用；1.25％硫酸溶液：用量筒量取相对密度 1.84、浓度 95％～98％的浓硫酸 7.2mL，注入盛有 400～500mL 水的容器内，然后加水稀释到 1000mL 备用；苏丹-Ⅲ乙醇饱和溶液：称取苏丹-Ⅲ约 0.4g，加入 100mL 95％的乙醇中，配成饱和溶液；50％乙醇溶液；米类加工精度各等级标准样品。

2. 仪器设备

蒸发皿或培养皿：直径 90mm；天平（分度值 0.1g）；量筒：10mL、100mL；电热恒温水浴锅；容量瓶：100mL、1000mL；放大镜：5～20 倍；白瓷盘；玻璃棒；镊子等。

三、检验步骤

1. 直接比较法

从平均样品中称取试样约 50g，直接与加工精度各等级标准样品对照比较，通过观测背沟与粒面的留皮程度，判定样品加工精度等级。

2. 染色法

① 品红石炭酸溶液染色法　从平均样品中称取试样约 20g，从中不加挑选地数出整米 50 粒，分别放入两个蒸发皿（或培养皿）内，用清水洗去浮糠，倒去清水。各注入品红石

炭酸溶液数毫升至淹没米粒，浸泡约 20s，米粒着色后，倒出染色液，用清水洗 2～3 次，滗净水。用 1.25% 硫酸溶液荡洗 2 次，每次约 30s，倒出硫酸溶液，再用清水洗 2～3 次。同时称取加工精度各等级标准样品约 20g，按同样步骤操作。米粒留皮部分呈红紫色，胚乳部分呈浅红色。

② 苏丹-Ⅲ乙醇溶液染色法　从标准样品及试样中取整米 50 粒，用苏丹-Ⅲ乙醇饱和溶液浸没米粒，然后置于 70～75℃ 水浴中加温约 5min，使米粒着色。然后倒出染色液，用 50% 乙醇溶液洗去多余的色素。皮层和胚芽呈红色，胚乳部分不着色。

3. 观测

将米粒置于白瓷盘上，用放大镜在自然光下目测检验。

四、结果判定与表示

1. 结果判定

① 直接比较法　观测试样和标准样品，比较米粒留皮程度。与加工精度等级标准样品相比，试样留皮较多的加工精度低；留皮较少则加工精度高。

② 染色法　对比试样与标准样品，根据皮层着色范围进行判断：如半数以上样品米粒的皮层着色范围小于标准样品，则加工精度相对较高；如皮层着色范围大于标准样品，则加工精度相对较低。

2. 结果表示

同时取两份样品检验，如结果不一致，则另取两份样品检验，以两份一致的结果为最终结果。检验结果表述为：加工精度高于×等；加工精度低于×等；加工精度与×等相符。

实验二　稻谷、大米蒸煮食用品质的感官评价方法

一、实验原理

稻米的食味品质是稻米品质的主要组成部分，直接反映稻谷的最终品质，其评价方法可指导各流通环节对稻谷品质的优劣进行科学的评定，同时对食味优良稻米的育种和普及起到至关重要的作用。稻米食用品质感官评价原理是稻谷经砻谷、碾白，制备成国家标准三等精度的大米作为试样。商品大米直接作为试样。取一定量的试样，在规定条件下蒸煮成米饭，品评人员感官鉴定米饭的气味、外观结构、适口性、滋味及冷饭质地等，评价结果以参加品评人员的综合评分的平均值表示。

二、实验仪器和器具

实验型砻谷机；实验碾米机；天平（感量 0.01g）；直径为 26～28cm 单屉铝（或不锈钢）蒸锅；电炉：220V、2kW 或相同功率的电磁炉；蒸饭皿：60mL 以上带盖铝（或不锈钢）盒；直热式电饭锅：3L，500W；盆：洗米用，500mL（小量样品米饭制备用）或 3000mL（大量样品米饭制备用）；沥水筛：CQ16 筛；小碗：可放约 50g 试样；圆形白色瓷餐盘：直径 20cm 左右，盘子边缘均等分地粘上红、黄、蓝、绿四种颜

色的塑料粘胶带。

三、分析步骤

1. 试样制备

① 大米样品的制备　取稻谷 1500～2000g，用砻谷机去壳得到糙米，将糙米在碾米机上制备成 GB1354 大米中规定的标准三等精度的大米。商品大米则直接分取试样。

② 样品的编号和登记　随机编排试样的编号、制备米饭的蒸饭皿盒号和锅号。记录试样的品种、产地、收获或生产时间、储藏和加工方式及时间等必要信息。

③ 参照样品的选择　稻谷参照样品：选取稻谷脂肪酸值（以 KOH 计）不大于 20mg/100g（干基）的样品 3～5 份，经样品制备、米饭制作，由评价员按照下文"评分方法一"规定，进行 2～3 次品评，选出色、香、味正常，综合评分在 75 分左右的样品 1 份，作为每次品评的参照样品。

大米参照样品：选取符合 GB 1354 大米中规定的标准三等精度的新鲜大米样品 3～5 份，经米饭制作，由评价员按照"评分方法一"的规定，进行 2～3 次品评，选出色、香、味正常，综合评分在 75 分左右的样品 1 份，作为每次品评的参照样品。

2. 米饭的制备

① 小量样品米饭的制备　称样：称取每份 10g 试样于蒸饭皿中。试样份数按评价员（7 人以上）每人 1 份准备。

洗米：将称量后的试样倒入沥水筛，将沥水筛置于盆内，快速加入 300mL 水，顺时针搅拌 10 圈，逆时针搅拌 10 圈，快速换水重复上述操作 1 次。再用 200mL 蒸馏水淋洗 1 次，沥尽余水，放入蒸饭皿中。洗米时间控制在 3～5min。

加水浸泡：籼米加蒸馏水量为样品量的 1.6 倍，粳米加蒸馏水量为样品量的 1.3 倍。加水量可依据米饭软硬适当增减。浸泡水温 25℃左右，浸泡 30min。

蒸煮：蒸锅（26～28cm 单屉铝或不锈钢）内加入适量的水，用电炉（或电磁炉）加热至沸腾，取下锅盖，再将盛放样品的蒸饭皿加盖后置于蒸屉上，盖上锅盖，继续加热并开始计时，蒸煮 40min，停止加热，焖制 20min。

品尝：将制成的不同试样的蒸饭皿放在白瓷盘上，每人 1 盘，每盘 4 份试样，趁热品尝。

② 大量样品米饭的制备　加水浸泡：籼米加蒸馏水量为样品量的 1.6 倍，粳米加蒸馏水量为样品量的 1.3 倍。加水量可依据米饭软硬适当增减。浸泡水温 25℃左右，浸泡 30min。

洗米：称取 500g 试样放入沥水筛内，将沥水筛置于盆中，快速加入 1500mL 自来水，每次顺时针搅拌 10 圈，逆时针搅拌 10 圈，快速换水重复上述操作一次。再用 1500mL 蒸馏水淋洗 1 次，沥尽余水，倒入相应编号的直热式电饭锅内。洗米时间控制在 3～5min。

蒸煮：电饭锅接通电源开始蒸煮米饭，在蒸煮过程中不得打开锅盖。电饭锅的开关跳开后，再焖制 20min。

搅拌米饭：用饭勺搅拌煮好的米饭，首先从锅的周边松动，使米饭与锅壁分离，再按横竖两个方向各平行滑动 2 次，接着用筷子上下搅拌 4 次，使多余的水分蒸发之后盖上锅盖，再焖 10min。

品尝：将约 50g 试样米饭松松地盛入小碗内，评审员（不少于 7 人）每人 1 份（不宜在内锅周边取样），然后倒扣在白色瓷餐盘上不同颜色（红、黄、蓝、绿）的位置，呈圆锥形，趁热品评。

3. 品评的要求

① 品评环境　品尝实验室应符合建立感官分析实验室的一般导则的规定（GB/T 13868）。感官分析应符合感官分析方法总论的规定（GB/T 10220）。

② 品评人员　依据附录挑选出 5～10 名优选评价员（经挑选、培训，具有较高感官分析能力且有较丰富感官分析经验的品评人员）或 18～24 名初级评价员（经挑选、培训，具有一定感官分析能力且有一定的感官分析经验的品评人员）。将评价员随机分组，每个评价员编上号码，分成若干组。评价员在品评前 1h 内不吸烟、不吃东西，但可以喝水；品评期间具有正常的生理状态，不使用化妆品或其他有明显气味的用品。

③ 米饭品评份数和品评时间　每次试验品评 4 份试样（包含 1 份参照样品和 3 份被检样品）。当试样为 5 份以上时，应分两次以上进行试验；当试样不足 4 份时，可以将同一试样重复品评，但不得告知评价员。同一评价员每天品评次数不得超过 2 次，品评时间安排在饭前 1h 或饭后 2h 进行。

④ 品评样品编号与排列顺序　将全部试样分别编成号码 No.1、No.2、No.3、No.4，且参照样品编号为 No.1，其他试样采用随机编号。同一小组的评价员采用相同的排列顺序，不同小组之间尽量做到品评试样数量均等、排列顺序一致。

4. 样品品评

① 品评内容　品评米饭的气味、外观结构、适口性（包括黏性、弹性、软硬度）、滋味和冷饭质地。

② 品评的顺序及要求　品评前的准备：评价员在每次品评前用温开水漱口，漱去口中的残留物。

辨别米饭气味：趁热将米饭置于鼻腔下方，适当用力地吸气，仔细辨别米饭的气味。

观察米饭外观：观察米饭表面的颜色、光泽和饭粒完整性。

辨别米饭的适口性：用筷子取米饭少许放入口中，细嚼 3～5s，边嚼边用牙齿、舌头等各感觉器官仔细品尝米饭的黏性、软硬度、弹性、滋味等。

冷饭质地：米饭在室温下放置 1h 后，品尝判断冷饭的黏弹性、黏结成团性和硬度。

5. 评分

① 评分方法一　根据米饭的气味、外观结构、适口性、滋味和冷饭质地，对比参照样品进行评分，综合评分为各项得分之和。评分规则和记录表格式见表 3-1。

表 3-1　米饭感官评价评分规则和记录表

一级指标分值	二级指标分值	具体特性描述:分值	样品得分			
			No.1	No.2	No.3	No.4
气味 20分	纯正性、浓郁性 20分	具有米饭特有的香气,香气浓郁:18～20分				
		具有米饭特有的香气,米饭清香:15～17分				
		具有米饭特有的香气,香气不明显:12～14分				
		米饭无香味,但无异味:7～12分				
		米饭有异味:0～6分				

一级指标 分值	二级指标 分值	具体特性描述:分值	样品得分			
			No. 1	No. 2	No. 3	No. 4
外观结构 20分	颜色 7分	米饭颜色洁白:6~7分				
		颜色正常:4~5分				
		米饭发黄或发灰:0~3分				
	光泽 8分	有明显光泽:7~8分				
		稍有光泽:5~6分				
		无光泽:0~4分				
	饭粒 完整性 5分	米饭结构紧密,饭粒完整性好:4~5分				
		米饭大部分结构紧密完整:3分				
		米饭粒出现爆花:0~2分				
适口性 30分	黏性 10分	滑爽,有黏性,不粘牙:8~10分				
		有黏性,基本不粘牙:6~7分				
		有黏性,粘牙,或无黏性:0~5分				
	弹性 10分	米饭有嚼劲:8~10分				
		米饭稍有嚼劲:6~7分				
		米饭疏松、发硬,感觉有渣:0~5分				
	软硬度 10分	软硬适中:8~10分				
		感觉略硬或略软:6~7分				
		感觉很硬或很软:0~5分				
滋味 25分	纯正性、 持久性 25分	咀嚼时,有较浓郁的清香和甜味:22~25分				
		咀嚼时,有淡淡的清香滋味和甜味:18~21分				
		咀嚼时,无清香滋味和甜味,但无异味:16~17分				
		咀嚼时,无清香滋味和甜味,有异味:0~15分				
冷饭质地 5分	成团性、 黏弹性、 硬度 5分	较松散,黏弹性较好,硬度适中:4~5分				
		结团,黏弹性稍差,稍变硬:2~3分				
		板结,黏弹性差,偏硬:0~1分				
综合评分						
备注						

　　根据每个评价员的综合评分结果计算平均值。个别评价员品评误差大者(超过平均值10分以上)可舍弃,舍弃后重新计算平均值。最后以综合评分的平均值作为稻米食用品质感官评定的结果,计算结果取整数。

　　综合评分以50分以下为很差,51~60分为差,61~70分为一般,71~80分为较好,81~90分为好,90分以上为优。

　　② 评分方法二　分别将试验样品米饭的气味、外观结构、适口性、滋味、冷饭质地和综合评分与参照样品一一比较评定。在评分时,可参照表3-2所列的米饭感官品质评价内容与描述。根据好坏程度,以"稍"、"较"、"最"记录(见表3-3)。

表 3-2　米饭感官品质评价内容与描述

评价内容		描述
气味	特有香气	香气浓郁;香气清淡;无香气
	有异味	陈米味和不愉快味
外观结构	颜色	颜色正常,米饭洁白;颜色不正常,发黄、发灰
	光泽	表面对光反射的程度:有光泽、无光泽
	完整性	保持整体的程度:结构紧密;部分结构紧密;部分饭粒爆花
适口性	黏性	黏附牙齿的程度:滑爽、黏性、有无粘牙
	软硬度	臼齿对米饭的压力:软硬适中;偏硬或偏软
	弹性	有嚼劲;无嚼劲;疏松;干燥、有渣
滋味	纯正性,持久性	咀嚼时的滋味:甜味、香味以及味道的纯正性、浓淡和持久性
冷饭质地	成团性,黏弹性,硬度	冷却后米饭的口感:黏弹性和回生性(成团性、硬度等)

表 3-3　米饭感官评价评分记录表

项目	与参照样品比较						
	不好			参照样品	好		
	最	较	稍		稍	较	最
评分	-3	-2	-1	0	+1	+2	+3
气味							
外观结构							
适口性							
滋味							
冷饭质地							
综合评分							
备注							

注:1. 综合评分是按照评价员的感觉、嗜好和参照样品比较后进行的综合评价。

2. "备注"栏填写对米饭的特殊评价。

　　与参照样品比较,报据好坏程度在相应栏内画○。整理评分记录表,读取表中画○的数值,如有漏画的则作"与参照相同"处理。根据每个评价员的综合评分结果计算平均值,个别评价员品评误差大者(综合评分与平均值出现正负不一致或相差 2 个等级以上时)可舍弃,舍弃后重新计算平均值。最后以综合评分的平均值作为稻米食用品质感官评定的结果,计算结果保留小数点后两位。

附录　评价员挑选办法

　　1. 总体要求

　　评价员应由不同性别、不同年龄档次的人员组成。通过鉴别试验来挑选,感官灵敏度高的人员可作为评价员。

　　2. 挑选办法

按标准规定蒸制四份米饭，其中有两份米饭是同一试样蒸制成的，同时按标准规定进行品评，要求品评人员鉴别找出相同的两份米饭（在两份相同的米饭编号后打√），记录表格及示例见表3-4。

表3-4 鉴别试验表及示例

品评人：	日期：
试样号	鉴别结果
1	√
2	
3	
4	√

鉴别试验应重复两次。答对者打"√"，答错者打"×"，如果两次都答错的人员，则表明其品评鉴别灵敏度太低，应予淘汰。挑选出的评价员，按GB/T 10220的有关规定进行培训并选定评价人员。

实验三　大米粒碱消度（糊化温度）和糊化时间的测定

第一法　碱消度的测定

一、实验原理

碱消度是指米粒在一定碱溶液中膨胀或崩解的程度。碱溶液对稻米胚乳的淀粉粒具有腐蚀消解作用，其消解的程度可用碱消值表示，它与稻米的淀粉结构和性质有关，测定稻米的碱消值可以间接测定稻米淀粉的糊化温度范围。

米的碱消度主要由淀粉对碱的抗性决定，也与米组织的碱度、致密度有关。碱消度大的大米，米饭的黏度也大，但很容易消解的米反而黏度小。通常情况下米饭的黏度大，食味好，因此，碱消度大的大米食味好，碱消度小的和很大的米食味差。因此，碱消度可用作评价稻米食味的指标。

二、试剂和仪器

内径55mm的培养皿；1.4g/100mL和1.7g/100mL的氢氧化钾溶液，蒸馏水在配制前应煮沸并冷却，配好的溶液使用前至少存放24h。

三、操作步骤

将7粒标准一等大米等距离分散在内径55mm的培养皿中，籼米注入1.4g/100mL的氢氧化钾溶液100mL，粳米注入1.7g/100mL氢氧化钾溶液100mL，加盖，在恒定室温21～30℃静置23h，然后在黑色的背景下逐粒观测米粒胚乳的消解情况。

四、结果分析

米粒在一定碱溶液中的膨胀或崩解程度可以通过7级标准加以评定，见表3-5。

表 3-5　大米碱消度评级表

级别	分解度	清晰度
1	米粒无变化	米心白色
2	米粒膨胀	米心白色,有粉末状环
3	米粒膨胀,环不完全或狭窄	米心白色,环棉絮状或云雾状
4	米粒膨大,环完整而宽	米心棉白色,环云雾状
5	米粒开裂,环完整而宽	米心棉白色,环清晰
6	米粒部分分散溶解,与环融合在一起	米心云白色,环消失
7	米粒完全分散	米心与环均消失

大米碱消度级别可按式（3-1）计算。

$$碱消度级别 = \frac{7 \text{ 粒米级别之和}}{7} \tag{3-1}$$

碱消度 1～3 级的糊化温度高于 74℃；碱消度 4～5 级的糊化温度为 70～74℃，碱消度 6～7 级的糊化温度低于 74℃。

第二法　大米蒸煮过程中米粒糊化时间的评价

一、实验原理

通过目视观察评价，测定大米粒从浸入沸水到大米颗粒夹在两块玻璃板间时，全透明、无白色和不透明斑点的状态。见图 3-1～图 3-3。

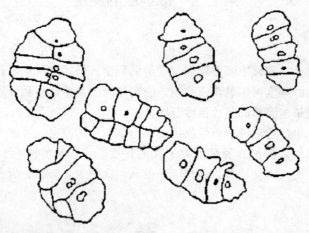

图 3-1　最初阶段：米粒没有完全糊化（在米粒内可见未糊化的淀粉颗粒）

二、仪器设备

电热板：能保持温度在（350±10）℃；烧杯：硼硅玻璃材质，容积 400mL，直径 8cm；漏勺：不锈钢材质，带有隔热手柄；玻璃棒：约 25cm 长，直径 5mm；圆形或方形玻璃片：直径或边长约 70mm，厚 5mm；天平：感量 0.01g；秒表；工作台：台面颜色与大米粒颜色应有明显差异；玻璃珠：直径约 5mm。

三、操作步骤

1. 试样制备

① 仔细混合样品，使之尽可能均匀。

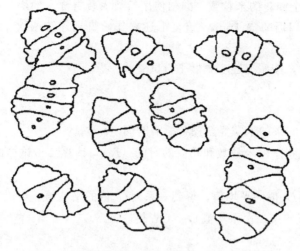

图 3-2　中间阶段：可见一些完全糊化的米粒

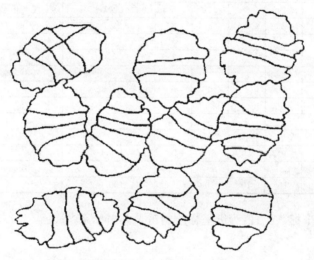

图 3-3　最后阶段：所有米粒完全糊化

② 依据 GB/T 21305 规定的方法测定样品水分含量，样品水分含量可接受的范围是 13.0%±1.0%。如果样品水分含量与上述要求不同，可将样品放置在一定的环境温度和相对湿度下，直到样品水分含量达到上述范围内。

③ 分取样品约 15g，挑除带有残留胚芽的米粒和碎米粒，在完整米粒中随机取（10.0±1.0）g 作为待测试样。

④ 对于每一个样品，按上述要求准备 5 份试样。

2. 测定

① 在烧杯中放入一些玻璃珠，加入 275mL 蒸馏水，然后将烧杯置于电热板上加热。将水加热至剧烈沸腾。

② 向烧杯中加入一份试样，立即用秒表计时。用玻璃棒搅拌数秒，以防止米粒黏附在烧杯底部。同时，将漏勺放入另一个装有沸水的烧杯中。

③ 7min 后，用漏勺捞出至少 10 粒米粒均匀地散放在工作台上的玻璃片上。盖上另一块玻璃片，用手指在上方按压。为了观察未糊化的米粒，可稍稍滑动上面的玻璃片。检查被

压扁的米粒，记录完全糊化的米粒数。漏勺使用后放入装有沸水的烧杯中。

④ 在第 8min 及以后每隔 1min，重复上述操作，直到连续两次 10 粒米全部达到糊化状态。

⑤ 对于每份试样，按照上述步骤做平行试验。

四、结果计算

按下列步骤计算 90% 的米粒完全糊化所需时间（t_{90}）。

① 确定达到糊化状态的米粒数和相应的时间（t_n），计算 5 份试样的糊化米粒平均百分数（G_n）。

② 计算两个相邻 G_n 值的平均值，得到一系列 G_n 值的平均值。再进行第二次相邻值平均值的计算，得到 G_n 值的第二次平均值 G_{pn}（见表 3-6）。

表 3-6   结果记录

蒸煮时间 t_n/min	试样中完全糊化的米粒数					糊化米粒平均百分数 G_n/%	G_n值的第一次平均值/%	G_n值的第二次平均值 G_{pn}/%
	1	2	3	4	5			
15	2	2	2	2	3	22.00		
							28.00	
16	3	3	4	3	4	34.00		38.50
							49.00	
17	6	7	7	6	6	64.00		62.00
							75.00	
18	8	8	9	8	10	86.00		84.00
							93.00	
19	10	10	10	10	10	100.00		96.00
							100.00	
20	10	10	10	10		100.00		

③ 以 t_n 值为横坐标、G_{pn} 值为纵坐标绘制笛卡儿坐标系。

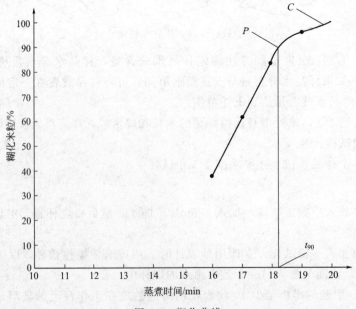

图 3-4   糊化曲线

④ 以表格中 t_n 和 G_{pn} 值描点，用线将这些点连接起来得到曲线 C（参考示例见图 3-4）。从纵坐标 90% 处对应曲线 C 的 P 点作垂线，与横坐标的交点即为 t_{90} 值。t_{90} 值用分和秒表示。

采用适宜的回归分析，也可获得相同结果。

实验四　大米胶稠度的测定

一、实验原理

胶稠度是指在规定条件下，一定量大米粉糊化、回生后的胶体在水平状态流动的长度（mm）。其测定原理是大米淀粉经稀碱糊化、回生形成米胶，利用米胶流动性的差异，反映大米胶稠度。米胶的流动能力，反映稻米淀粉米胶冷却后的延展性，亦是米饭的柔软性，是稻米中直链淀粉含量及支链淀粉含量两类分子综合作用的反映。根据胶稠度的长短，大致可以分为三类：软胶稠度，米胶长度在 61mm 上；中等胶稠度，米胶长度在 41~60mm；硬胶稠度，米胶长度为 40mm 或以下。胶稠度硬的米饭干燥易裂，冷却后变硬，食味不佳；胶稠度软的品种蒸煮的米饭柔软、可口，冷却后不成团，不变硬，食味品质好。胶稠度是评价稻米食用品质的一个良好指标，国际上早在 20 世纪 60 年代就用其衡量稻米的食用品质及储藏品质。

二、试剂和设备

1. 试剂

0.025% 麝香草酚蓝乙醇溶液：称取 125mg 麝香草酚蓝溶于 500mL 95% 的乙醇中；0.200mol/L 氢氧化钾溶液：配制方法按附录 A 执行。

2. 仪器和设备

高速样品粉碎机：粉碎样品两次，应达到 95% 以上通过孔径为 0.15mm（100 目）筛；分析天平（感量 0.0001g）；圆底试管：内径为 13mm，长度为 150mm；旋涡混合器；水平操作台（铺有毫米格纸）、水平尺；玻璃弹子球（$d=15mm$）。

米胶长度测定箱：参见附录 B，带水平支架，可控温、计时，直接读数；或培养箱，带可调节水平的样品架。

三、测定步骤

1. 试样的制备

按 GB1354 大米的规定将样品制备成精度为国家标准三级的精米，分取约 10g 样品磨碎为米粉，样品米粉至少 95% 以上通过孔径为 0.15mm（100 目）筛，取筛下物充分混合均匀后，装于广口瓶中备用。

2. 制备样品水分的测定

制备好的样品按 GB/T 5497 水分测定法测定水分。

3. 溶解样品

精确称取备用的米粉样品（100±1）mg（按含水量 12% 计，如含水量不是 12%，则进行折算，相应增加或减少试样的称样量）于试管中，加入 0.2mL 0.025％麝香草酚蓝乙醇溶液，并轻轻摇动试管或用旋涡混合器加以振荡，使米粉充分分散，再加 2.0mL 0.200mol/L 氢氧化钾溶液，并摇动试管，使米粉充分混合均匀。

4. 制胶

立即将试管放入沸水浴中，用玻璃弹子球盖好试管口，在沸水浴中加热 8min（从试管放入沸水浴开始计时）。控制样品加热程度，使试管内米胶溶液液面在加热过程中保持在试管高度的二分之一至三分之二。取出试管，拿去玻璃弹子球，静置冷却 5min 后，再将试管放在 0℃左右的冰水浴中冷却 20min。

5. 测量米胶长度

将试管从冰水浴中取出，立即水平放置在标有刻度并事先调好的水平操作台或米胶长度测定箱或培养箱的样品架上，使试管底部与标记的起始线对齐，在（25±2）℃条件下静置 1h 后，立即测量米胶在试管内流动的长度。

四、结果表述

胶稠度的测定结果以米胶在试管内流动的长度表示，单位为毫米（mm）。两个平行样品测定结果的绝对差值不应超过 7mm，以平均值作为测定结果，保留整数位。

附录 A　0.200mol/L 氢氧化钾溶液的配制

1. 1.0mol/L 氢氧化钾标准储备液的配制

称取 56g 氢氧化钾，置于聚乙烯容器中，先加入少量无二氧化碳蒸馏水（约 20mL）溶解，再将其稀释至 1000mL，密闭放置 24h。吸取上层清液至另一聚乙烯容器中备用。

2. 1.0mol/L 氢氧化钾标准储备液的标定

称取在 105℃烘 2h 并在干燥器中冷却后的邻苯二甲酸氢钾 4.08g（精确至 0.0001g）于 150mL 锥形瓶中，加入 50mL 不含二氧化碳蒸馏水溶解，滴加酚酞-95％乙醇指示液 3～5 滴，用配制的氢氧化钾标准储备液滴定至微红色，以 30s 不褪色为终点，记下所耗氢氧化钾标准储备液的体积（V_1），同时做空白试验（不加邻苯二甲酸氢钾，同上操作），记下所耗氢氧化钾标准储备液的体积（V_0），按式（3-2）计算氢氧化钾标准储备液浓度。

$$c(KOH) = \frac{m \times 1000}{(V_1 - V_0) \times 204.22} \tag{3-2}$$

式中　$c(KOH)$——氢氧化钾标准储备液浓度，mol/L；

$\qquad m$——称取的邻苯二甲酸氢钾的质量，g；

$\qquad 1000$——换算系数；

$\qquad V_1$——滴定所耗氢氧化钾标准储备液体积，mL；

$\qquad V_0$——空白试验所耗氢氧化钾标准储备液体积，mL；

$\qquad 204.22$——邻苯二甲酸氢钾的摩尔质量，g/mol。

注：氢氧化钾标准储备溶液在 15～25℃条件下保存时间一般不超过两个月。当溶液出现浑浊、沉淀、颜色变化等现象时，应重新制备。

3. 0.200mol/L 氢氧化钾溶液的配制

按式（3-3）计算出的结果准确移取体积为 V_3 标定好的 1.0mol/L 氢氧化钾标准储备液，用无二氧化碳蒸馏水稀释定容至 V_4，摇匀后盛放于聚乙烯塑料瓶中。

$$V_3 = \frac{0.200 \times V_4}{c(\text{KOH})} \qquad\qquad (3\text{-}3)$$

式中 V_3——需量取 1.0mol/L 氢氧化钾标准储备液的体积，mL；

$\quad\quad V_4$——需配制 0.200mol/L 氢氧化钾标准溶液的体积，mL；

$c(\text{KOH})$——氢氧化钾标准储备液浓度，mol/L。

附录 B 米胶长度测定箱

1. 米胶长度测定箱的结构

米胶长度测定箱的结构如图 3-5 所示。

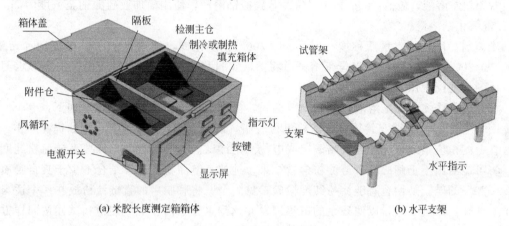

(a) 米胶长度测定箱箱体   (b) 水平支架

图 3-5 米胶长度测定箱

2. 米胶长度测定箱的操作

(1) 将仪器装置放置在平稳的实验台上，连接电源，调整水平支架的支脚，直到水准泡位于中心，确保仪器水平。打开电源，按"功能"键设置温度功能，通过"选择"键设定所需要的温度值（或设定为"自动"，这时设定的温度是 25℃），让装置预热运转。

(2) 从附件仓中取出计时器，通过"分"和"秒"按键，按方法的规定设定米胶静置流动所需时间。

(3) 当温度显示为设定温度值时，将从冰水浴中取出的试管水平放置在米胶长度测定箱的水平支架上，将试管底部与检测主仓内标记的起始线对齐。盖上米胶长度测定箱的透明隔仓盖，按下计时器，在设定的温度条件下水平静置。

(4) 设定时间达到后，计时报警，观察并记录下米胶在试管内流动的长度。

实验五 大米直链淀粉含量的测定

一、实验原理

大米直链淀粉含量是用于评价大米食用、蒸煮品质的主要理化指标之一。大米粉碎至细粉以破坏淀粉的胚乳结构，使其易于完全分散及糊化，并对粉碎试样脱脂，脱脂后的试样分散在氢氧化钠溶液中，向一定量的试样分散液中加入碘试剂，然后使用分光光度计于 720nm 处测定显色复合物的吸光度。考虑到支链淀粉对试样中碘-直链淀粉复合物的影响，利用马铃薯直链淀粉和支链淀粉的混合标样制作校正曲线，从校正曲线中读出样品的直链淀粉含量。

本方法适用于直链淀粉含量高于5%（质量分数）的大米，也可以用于糙米、玉米、小米和其他谷物的测定。

二、实验试剂和设备

1. 试剂

85%甲醇溶液；95%乙醇溶液；氢氧化钠溶液：1.0mol/L、0.09mol/L；1mol/L乙酸溶液。

脱蛋白质溶液，包括：20g/L十二烷基苯磺酸钠溶液，使用前加亚硫酸钠至浓度为2g/L；3g/L氢氧化钠溶液。

碘试剂：用具盖称量瓶称取（2.000±0.005）g碘化钾，加适量的水以形成饱和溶液，加入（0.200±0.001)g碘，碘全部溶解后将溶液定量移至100mL容量瓶中，加蒸馏水至刻度，摇匀。现配现用，避光保存。

马铃薯直链淀粉标准溶液，不含支链淀粉，浓度为1mg/mL，配制方法如下：

用85%甲醇溶液对马铃薯直链淀粉进行脱脂，以5～6滴/s的速度回流抽提4～6h。马铃薯直链淀粉应很纯，应经过安培滴定或电位滴定测试。有些市售的马铃薯直链淀粉纯度不高，将可能给出不正确的高直链淀粉含量结果。纯的直链淀粉应能够结合不少于其自身质量19%～20%的碘。马铃薯直链淀粉纯度检验参见附录。将脱脂后的直链淀粉放在一个适当的盘子上铺开，放置2天，以使残余的甲醇挥发并到水分平衡。支链淀粉和试样按同样方法处理。

称取（100±0.5)mg经脱脂及水分平衡后的直链淀粉于100mL锥形瓶中，小心加入1.0mL 95%乙醇溶液，将粘在瓶壁上的直链淀粉冲下，加入9.0mL 1mol/L的氢氧化钠溶液，轻摇使直链淀粉完全分散开。随后将混合物在沸水浴中加热10min以分散马铃薯直链淀粉。分散后取出冷却到室温，转移至100mL容量瓶中。加水至刻度，剧烈摇匀。1mL此标准分散液含1mg直链淀粉。

当测试样品时，样品与直链淀粉、支链淀粉标准品在相同的条件下进行水分平衡，则不需要进行水分校正，获得测试结果为大米干基结果。如果测试样品和标准品不是在相同的条件下制备的，则样品和标准品的水分都要依据GB/T 21305进行水分测试，结果也应相应校正。

支链淀粉标准溶液，浓度为1mg/mL，配制方法如下：

用支链淀粉含量99%（质量分数）以上的糯性（蜡质）米粉。将糯米粉浸泡后用捣碎机捣成微细分散状。使用脱蛋白质溶液（20g/L十二烷基苯磺酸钠溶液或3g/L氢氧化钠溶液）彻底去掉蛋白质，洗涤，用85%甲醇溶液对马铃薯支链淀粉进行脱脂，以56滴/s的速度回流抽提4～6h。将脱脂后的支链淀粉平铺在平皿上，放置2天，以挥发残余的甲醇，并平衡水分。

用支链淀粉取代直链淀粉，按照直链淀粉标准溶液的制备方法制备支链淀粉标准溶液，1mL支链淀粉标准液含1mg支链淀粉。支链淀粉的碘结合量应该少于0.2%（参见附录）。

2. 仪器

实验室捣碎机；粉碎机：可将大米粉碎并通过150～180μm（80～100目）筛，推荐使用配置0.5mm筛片的旋风磨；分光光度计：具有1cm比色皿，可在720nm处测量吸光度；

抽提器：能采用甲醇回流抽提样品，速度为 5~6 滴/s；容量瓶：100mL；水浴锅；锥形瓶：100mL；分析天平：分度值 0.0001g。

三、操作步骤

1. 试样的制备

取至少 10g 精米，用粉碎机粉碎成粉末，并通过规定的筛网。按照上文标准样品脱脂步骤采用 85％甲醇溶液，回流抽提脱脂。脱脂后将试样在盘子或表面皿上铺成一薄层，放置 2 天，以挥发残余甲醇，并平衡水分。

注：脂类物质会和碘争夺直链淀粉形成复合物，研究证明对米粉脱脂可以有效降低脂类物质的影响，样品脱脂后可获得较高的直链淀粉结果。

2. 样品溶液的制备

称取 (100±0.5)mg 试样于 100mL 锥形瓶中，小心加入 1mL 95％乙醇溶液到试样中，将粘在瓶壁上的试样冲下。移取 9.0mL 1.0mol/L 氢氧化钠溶液到锥形瓶中，并轻轻摇匀，随后将混合物在沸水浴中加热 10min 以分散淀粉。取出冷却至室温，转移到 100mL 容量瓶中。加蒸馏水定容并剧烈振摇混匀。

3. 空白溶液的制备

采用与测定样品时相同的操作步骤及试剂，但使用 5.0mL 0.09mol/L 氢氧化钠溶液替代样品制备空白溶液。

4. 校正曲线的绘制

① 系列标准溶液的制备　按照表 3-7 混合配制直链淀粉和支链淀粉标准分散液及 0.09mol/L 氢氧化钠溶液的混合液。

表 3-7　系列标准溶液

大米直链淀粉含量 （干基①）/%	马铃薯直链淀粉 标准液/mL	支链淀粉标准液 /mL	0.09mol/L 氢氧化钠溶液 /mL
0	0	18	2
10	2	16	2
20	4	14	2
25	5	13	2
30	6	12	2
35	7	11	2

① 上述数据是在平均淀粉含量为 90％的大米干基基础上计算所得。

② 显色和吸光度测定　准确移取 5.0mL 系列标准溶液到预先加入大约 50mL 水的 100mL 容量瓶中，加 1.0mL 1mol/L 乙酸溶液，摇匀，再加入 2.0mL 碘试剂，加水至刻度，摇匀，静置 10min。分光光度计用空白溶液调零，在 720nm 处测定系列标准溶液的吸光度。

③ 绘制校正曲线　以吸光度为纵坐标、直链淀粉含量为横坐标，绘制校正曲线。直链淀粉含量以大米干基质量分数表示。

5. 样品溶液测定

准确移取 5.0mL 样品溶液加入到预先加入大约 50mL 水的 100mL 容量瓶中，从加入

1mol/L乙酸溶液开始，摇匀，再加入2.0mL碘试剂，加水至刻度，摇匀，静置10min。用空白溶液调零，在720nm处测定样品溶液的吸光度值。

四、结果表示

参照校正曲线的吸光度值得到测试结果。直链淀粉含量表示为干基质量分数。

附录　马铃薯直链淀粉标准品制备方法

一、总论

马铃薯直链淀粉标准品应具备：直链淀粉应能够结合不少于其自身质量19％～20％的碘；碘-淀粉结合体的最大吸光度值应在（640±10）nm之间；淀粉的含量在99％以上（以干基计）。

二、碘结合力的测试

1. 试剂

除了上文中的试剂外，还需要下列试剂：碘化钾溶液（0.1mol/L）；标准碘酸钾溶液（0.0010mol/L）。

2. 仪器

除了上文中的仪器外，还需要下列仪器：微量滴定管（1mL或者2mL）；电位计（精确到±0.1mV，配有铅工作电极和甘汞参比电极）。

3. 步骤

① 制备马铃薯直链淀粉标准分散液。

② 移取5.0mL马铃薯直链淀粉分散液到200mL烧杯中，加85mL水、5.0mL 1mol/L乙酸溶液和5.0mL 0.1mol/L碘化钾溶液。然后用微量滴管向烧杯中滴加标准碘酸钾溶液，每滴0.05mL，每加一滴1min后用电位滴定法测定，结果以mV计。终点可由滴定曲线的二阶导数图计算。

③ 计算：碘结合力以质量分数表示，可按式(3-4)计算。

$$x = \frac{0.7610}{m(1-W_m)} \times V \times 100 \tag{3-4}$$

式中　x——碘结合力，％；

0.7610——每毫升标准碘酸钾溶液相当于碘的质量，mg；

V——滴定耗用的标准碘酸钾溶液的体积，mL；

m——直链淀粉总量，mg；

W_m——直链淀粉的水分含量，％。

三、碘-淀粉复合物的分光光度计测定

称0.1000g马铃薯直链淀粉加入到100mL烧杯中，加1.0mL 95％乙醇溶液浸润样品。然后加9mL 0.09mol/L氢氧化钠溶液，样品在85℃水浴加热，直到其完全分散。冷却并且用水稀释定容到100mL容量瓶中，剧烈振摇混匀。移取2.0mL马铃薯直链淀粉溶液到100mL容量瓶中，加入3.0mL 0.09mol/L氢氧化钠溶液、50mL水、1mL 1mol/L乙酸溶液和1mL碘试剂，用水稀释到100mL，静置10min，用分光光度计测量在波长500～800nm范围吸光度。溶液最大吸光度应该在（640±10）nm之间。

四、淀粉含量的测定

参照第一章"实验六　淀粉含量的测定"。

实验六　大米新陈度的测定

一、实验原理

大米由于没有皮壳的保护，易受外界的温度、湿度、氧气、微生物的影响而变质。大米中的淀粉、脂肪和蛋白质等发生变化使大米失去原有的色、香、味，造成大米营养成分和食用品质下降，甚至产生有毒有害物质，如黄曲霉毒素等。因此，陈化大米的新陈度是鉴别大米优劣的主要指标之一，一直备受关注。我国目前用于鉴别大米新陈度的方法除了感官鉴别外，化学方法因其原理的不同分为两大类：一类是 GB/T 5009.36 附录中的愈创木酚反应法，其原理是利用大米陈化后过氧化物酶活性变弱，以过氧化物酶的活性作为大米陈化的指标；另一类是利用大米陈化后浸出液酸度上升，主要是脂肪酸、磷酸、氨基酸、乳酸、乙酸等增多，所以以酸度或酸碱指示剂显色作为大米陈化的指标。

二、实验仪器

7200 分光光度计；恒温水浴锅；离心机；酸度计；100mL 烧杯；漏斗；中速定性滤纸等。

三、分光光度法测定透光率

1. 实验试剂

甲基红、溴百里酚蓝。

2. 显色试剂

取甲基红 0.1g、溴百里酚蓝 0.3g 溶解在 150mL 乙醇内，加水稀释定容至 200mL，此为显色剂原液。使用时，取 1.0mL 稀释定容至 50.0mL。

3. 大米的显色

取米样 10.0g，加显色剂 30.0mL，染色 5min。观察溶液显色情况，米粒越新越绿，陈米的溶液由黄色变为橙色。

4. 吸光值的测定

离心或者过滤去掉大米，以蒸馏水作为空白，在 620nm 波长下测定溶液吸光度。以吸光值的大小来表示大米的新陈，吸光值越大，大米越陈旧。此实验为定性研究，所以无计算公式。

5. 判断新陈米混合率

将原液与水按 1：4 混合，用碱液滴定，由红色调整至黄色（残留黄色变为绿色不行），作为使用液，取试样 20～100 粒，加入 10mL 使用液，振动后，待米粒着色后立即用水冲洗，根据着色情况判断新陈。随氧化情况呈现绿色—黄色—橙色，新米为绿色，陈米为黄色。

四、酸度计法测定酸度

1. 实验试剂

80％乙醇溶液。

2. 有机酸的提取

称取 15.00g 大米置于 250mL 锥形瓶中，加入 75mL 80％乙醇溶液，摇匀放置 24h，过滤掉大米，取 25mL 滤液。

3. 有机酸的测量

用酸度计测量酸度，以酸度来表示大米的新陈，酸度越大，大米越陈旧。此实验为定性研究，所以无计算公式。

五、酸性指示剂法测定酸度

1. 实验试剂

20％（体积分数）乙醇、75％（体积分数）乙醇、溴百里酚蓝、0.1％甲酚红、0.1mol/L NaOH 溶液。

2. 显色试剂

各吸取 1.00mL 用 20％乙醇溶液配制的溴百里酚蓝和 0.1％甲酚红置于 25mL 棕色容量瓶中，再加入 2.5mL 0.1mol/L NaOH 溶液，用 75％（体积分数）乙醇溶液定容至 25.00mL。

3. 大米的显色

取大米试样 2.00g，加入显色剂 4.00mL 摇匀显色。分别在 10min、20min、30min、40min 时间点观察颜色变化。

大米从陈到新的颜色变化依次为：灰绿→淡蓝绿→淡蓝紫→紫色。此实验为定性研究，所以无计算公式。

六、愈创木酚法测定过氧化物酶活

1. 实验试剂

1％（体积分数）愈创木酚溶液、1％（体积分数）过氧化氢溶液、3％（体积分数）过氧化氢溶液。

2. 显色

称取 5.00g 大米置于试管中，加入 10.0mL 1％（体积分数）愈创木酚溶液，振荡至溶液白浊色。过滤掉大米后，加入 3 滴 1％（体积分数）过氧化氢溶液［或者 3％（体积分数）过氧化氢溶液］，静置反应 1～3min。然后观察颜色变化。

3. 结果分析

愈创木酚法测定酶活力是通过颜色来指示的，若是新米则愈创木酚溶液从上到下呈浓赤黑色；若是新米和陈米的混合则呈赤褐色，新米比例越大赤褐色颜色越深；若是陈米则完全不着色。此实验为定性研究，所以无计算公式。

七、注意事项

① 指示剂的混合比例和原液的稀释比例不是绝对的，可根据试样氧化程度酌情改变。
② 在显色实验中，随着时间的延长对实验结果有一定的影响。

第四章　米面食品制作

实验一　面条的制作与质量评价

一、实验原理

小麦粉中蛋白质吸水膨胀相互黏结形成面筋网络，同时使小麦淀粉分子浸润膨胀，从而使没有可塑性的小麦粉成为具有可塑性、黏弹性、延伸性的颗粒状湿面团，经压延成条逐步完成面筋的形成与均匀分布，经过烘干程序使面条达到一定的安全水分并具有一定贮藏性。

二、实验设备

电动和面机：一次可和面 300g，带有片状搅拌头，至少有慢速（搅拌头自转 61r/min，公转 47r/min）、中速（搅拌头自转 126r/min，公转 88r/min）两种转速，或具有相当混合功能的和面机。

恒温恒湿箱：温控（40±1）℃，相对湿度 75%。

电动组合面条机：轧片辊直径 90mm，转速 45r/min，轧距在 3.5～1.0mm 之间可调，带 2mm 宽切刀，或类似压面设备。

三、实验方法

1. 实验材料

所需的实验材料见表 4-1。

表 4-1　实验面条配方

原料	添加量/%	原料	添加量/%
高筋面粉	100	水	面粉粉质仪吸水率×44%(可调)
食盐	1～3		

2. 操作步骤

称 300g 面粉（以 14% 含水量计），加入该种面粉的粉质测定仪所测吸水率的 44% 的 30℃温水，加水量可视面粉情况略加调整，用和面机慢速（自转 61r/min，公转 47r/min）搅拌 5min，再用中速（自转 126r/min，公转 88r/min）搅拌 2min，取出料坯放在容器中在室温下静置 20min，此时的料坯应是不含生粉的松散颗料，用小型电动组合面条机在压延辊间 2mm 处压片，然后合片，把压辊轧距调至 3.5mm，从 3.5mm 开始，将面片逐渐压薄至 1mm，共轧片六道，最后在 1mm 处压片并切成 2.0mm 宽的细长面条束，将切出的面条挂在圆木棍上，记录上架根数，放入 40℃、相对湿度 75% 的恒温恒湿箱内，干燥 10h，关机后，打开箱门，再继续在室温下干燥 10h，取出面条束，记录圆木棍上的面条根数，将干面条切成长 220mm 长的成品备用。

3. 注意事项

（1）面粉用湿面筋含量 30% 以上的高筋粉、面筋结构紧致细密、可溶性物质不易溶出、不易浑汤。

（2）盐的添加量为 1%～3%，盐要先溶解于水中，盐的作用利于面筋结构细致紧密且面体颜色白；过多会延缓面筋形成时间。

（3）水量，面粉粉质仪吸水率的 44%，水温 25～30℃ 即室温自来水即可，水分虽然促进面筋形成但过多粘辊不易压延，压延过程也可促进面筋的形成与成熟；水分过少发硬，不易成型同样影响压延；和面时将面粉与食盐水搅拌均匀，最终面团成豆腐渣样颗粒状面絮，手捏成团。

（4）压延比＝压延前后厚度差/压延前厚度。压延比过大破坏面筋结构；压延速度不做要求，但压延速度要均匀。

四、品质评价

1. 理化指标

面条理化指标要求见表 4-2。

表 4-2　面条理化指标要求

项目	指标	项目	指标
水分含量/%	≤14.5	熟断条率/%	≤5.0
酸度/(mL/10g)	≤4.0	烹调损失率/%	≤10.0
自然断条率/%	≤5.0		

2. 烹调时间、熟断条率和烹调损失率的测定

（1）实验设备　烘箱；可调式电炉：1000W；秒表；天平（感量 0.1g）；烧杯或锅：1000mL；烧杯：250mL；容量瓶：500mL；移液管：50mL；玻璃板 2 块（100mm×50mm）。

（2）测定步骤

① 烹调时间测定　用可调式电炉加热盛有样品质量 50 倍沸水的 1000mL 烧杯或锅，保持水的微沸状态。随机抽取挂面 40 根，放入沸水中，用秒表开始计时。从 2min 开始取样，然后每隔半分钟取样一次，每次取一根，用两块玻璃板压扁，或用小刀切开横截面，观察挂面内部白硬心线，白硬心线消失时所记录的时间即为烹调时间。

② 熟断条率的测定　用可调式电炉加热盛有样品质量 50 倍沸水的 1000mL 烧杯或锅，保持水的微沸状态。随机抽取挂面 40 根，放入沸水中，用秒表开始计时。达到上述所测烹调时间后，用竹筷将面条轻轻挑出，数取完整的面条根数，按式（4-1）计算熟断条率。

$$S = \frac{40 - N}{40} \times 100 \tag{4-1}$$

式中　S——熟断条率，%；

　　　N——完整面条根数；

　　　40——试样面条根数。

③ 烹调损失率测定　称取约 10g 样品，准确至 0.1g，放入盛有 1000mL 沸水（蒸馏水）

的烧杯或锅，用可调式电炉加热，保持水的微沸状态，到达已测定的烹调时间煮熟后，用筷子挑出挂面，面汤放至常温后，转入 500mL 容量瓶中定容、混匀，取 50mL 面汤倒入恒重的 250mL 烧杯中，放在可调式电炉上蒸发掉大部分水分后，再加入面汤 50mL 继续蒸发至近干，放入 105℃烘箱中烘至恒重。按公式(4-2)计算面条的烹调损失率。

$$P = \frac{5M}{G \times (1-W)} \times 100 \tag{4-2}$$

式中　P——烹调损失率，以质量分数计，%；

　　　M——100mL 面汤中干物质，g；

　　　W——挂面水分含量；

　　　G——样品质量，g。

3. 品尝品质测试

① 实验设备　可调式电炉：1000W；秒表；烧杯或锅：1000mL；烧杯：250mL；筷子。

② 测定步骤　用可调式电炉加热盛有样品质量 50 倍沸水的 1000mL 烧杯或锅，保持水的微沸状态。随机抽取挂面 40 根，放入沸水中，用秒表开始计时。达到上文所测烹调时间煮熟后，用筷子挑出挂面分别放入 5 个烧杯中，自然冷却 1min，各自品尝并将结果记录于表。

③ 面条评分　面条评分项目及分数分配如下：总分 100 分，其中色泽 10 分，表观状态 10 分，适口性（软硬）20 分，韧性 25 分，黏性 25 分，光滑性 5 分，食味 5 分。评分标准见表 4-3。

表 4-3　面条品尝项目和评分标准

项目	满分	评分标准
色泽	10	指面条的颜色和亮度，面条白、乳白、奶黄色，光亮为 8.5～10 分；亮度一般为 6～8.4 分；色发暗、发灰，亮度差为 1～6 分
表观状态	10	指面条表面光滑和膨胀程度，表面结构细密、光滑为 8.5～10 分；中间为 6.0～8.4 分；表面粗糙、膨胀、变形严重为 1～6 分
适口性（软硬）	20	用牙咬断一根面条所需力的大小。力适中得分为 17～20 分；稍偏硬或软 12～17 分；太硬或太软 1～12 分
韧性	25	面条在咀嚼时，咬劲和弹性的大小，有咬劲、富有弹性为 21～25 分；一般为 15～21 分；咬劲差，弹性不足为 1～15 分
黏性	25	指在咀嚼过程中，面条粘牙强度，咀嚼时爽口、不粘牙为 21～25 分；较爽口、稍粘牙 15～21 分；不爽口、发黏为 10～15 分
光滑性	5	指在品尝面条时口感的光滑程度，光滑为 4.3～5 分；中间为 3～4.3 分；光滑程度差为 1～3 分
食味	5	指品尝时的味道，具麦清香味 4.3～5 分，基本无异味 3～4.3 分；有异味为 1～3 分

实验二　馒头（南方、北方）的制作与评价

一、实验原理

馒头是中国的传统主食，馒头用粉量占中国面粉总消费量的 40%。通常把馒头分为北方和南方两类馒头，北方馒头要求质地均匀、回弹快、咬劲强且爽口不粘牙；南方馒头倾向

于结构松软、咬劲一般，且富有弹性。二者的配方、对面粉品质的要求及加工方法皆有较大差异。一般认为，馒头制作对面粉品质要求较宽，中国最为普遍的中筋、中强筋面粉均可满足馒头制作的要求。北方馒头主要作为主食，口味平淡，辅料较少，通常只有面粉、发酵剂和水3种主料。与北方馒头相比，南方馒头除酵母外，还需要添加糖、起酥油和苏打粉等，有时也可以添加牛奶、鸡蛋等辅料。

但不论北方馒头还是南方馒头，其基本制作原理都是利用酵母发酵产气，碱中和发酵产生的酸，带气面团受热气体膨胀而体积增大，面团蒸熟后定型形成的产品。

二、试验材料及仪器

1. 实验材料

中筋面粉、弱筋面粉、干酵母、白糖、泡打粉、苏打粉、起酥油等。

2. 仪器设备

电子天平、和面机、压面机、恒温恒湿发酵箱、体积测量仪等。

三、南方馒头的制作（一次发酵工艺法）

1. 配方

南方馒头的配方见表4-4。

表4-4　南方馒头配方

原料	添加量/%	原料	添加量/%
低筋面粉	400	起酥油	16
酵母	4	双效泡打粉	4
白砂糖	60	水	适量

注：水的添加量=16.835+0.473×粉质仪吸水率（％）。

2. 操作步骤

（1）和面　将酵母和糖分别溶于水（15℃）中，并搅拌均匀。称量已经过筛的低筋面粉和泡打粉入和面仪中，和面1min。然后加入起酥油，继续和面2min。

（2）轧片　面团静置10min后，依次进行10～12次轧片（轧距为3mm），至面片表面光滑发亮。每次轧片后对折，再进行下一次轧片。

（3）成型　将压好的面片用手较紧地卷起成长圆柱形，用刀切分为25～30g的馒头面团。

（4）醒发　将成型的馒头面团放入温度为35℃、相对湿度为75％的醒发箱进行醒发。醒发时间采取体积控制法：取25g面团，放入50mL离心管中，塞紧，与馒头面团同时放入醒发箱中，醒发至体积为38mL，醒发停止。

（5）蒸制　将醒发好的馒头面团沸水汽蒸10～15min。

四、北方馒头的制作（一次发酵工艺法）

1. 配方

北方馒头的配方见表4-5。

表 4-5　北方馒头的配方

原料	添加量/%	原料	添加量/%
中筋面粉	100	水	适量
酵母	1		

注：以粉质仪吸水率的80％分别计算加水量。

2. 操作步骤

（1）和面　称取干酵母，并配成（30℃的水）悬浮液，在磁力搅拌器上搅拌均匀。面粉200g（14％湿基）置已预热（30℃）的和面钵中，以粉质仪吸水率的80％计算加水量，转速90r/min下将面团和至最佳状态。

（2）发酵　将和好的面团放入发酵箱（温度：38℃；相对湿度：85％），发酵60min后取出。

（3）轧片　分切为3块重量相等的面团，将每块面团在压片机（直径11cm；卷轴距5.5mm；转速80r/min）压片20次，每次轧片后将面片对折，再不定向轧片。

（4）醒发　手工塑型使馒头坯高度至5cm，温度为38℃，相对湿度85％左右，醒发15min。

（5）汽蒸　放入已沸的蒸锅内蒸20min，关火3min后揭盖，迅速转入竹制笼屉中冷却。

五、北方馒头的制作（二次发酵工艺）

1. 配方

馒头的配方见表4-6。

表 4-6　馒头的配方

原料	添加量/%	原料	添加量/%
中筋面粉	100	碱	0.5～0.8
面种	10	水	45～50

2. 操作步骤

（1）第一次和面　取70％左右的面粉、大部分水和预先用少量温水调成糊状的面种和面，在单轴S形或曲拐式和面机中搅拌5～10min，至面团不粘手、有弹性、表面光滑时投入发酵缸，面团温度要求30℃。

（2）第一次发酵　发酵缸上盖以湿布，在室温26～28℃、相对湿度75％左右的发酵室内发酵约3h，至面团体积增长1倍、内部组织成大孔丝瓜瓤状、有明显酸味时完毕。

（3）第二次和面　将已发酵的面团投入和面机，逐渐加入溶解的碱水，以中和发酵后产生的酸度。然后加入剩余的干面粉和水，搅拌10～15min至面团成熟。加碱量凭经验掌握，加碱合适，面团有碱香、口感好；加碱不足，产品有酸味；加碱过量，产品发黄、表面开裂、碱味重。酒酿或纯酵母发酵法的和面与发酵，由于面团产酸少，不需加碱中和。

（4）分割、搓圆和醒发　对发酵好的面团进行定量分割和搓圆，然后装入蒸屉（笼）内去醒发，醒发温度30～35℃，相对湿度80％左右，醒发20～50min，至馒头开始胀发。

（5）汽蒸　汽蒸传统方法是锅蒸，要求开水上屉（笼），炉火旺，蒸30～35min即熟。

六、品质评价

1. 馒头质量与比容的测定

将完全冷却的馒头（室温 1～2h），称重，精确到 0.1g。用馒头体积测量仪（或菜籽置换法）量体积，同一样品测定两次，相差值小于或等于 10mL 时取平均值，大于 10mL 时重新测定。

2. 感官评价

将馒头切开，观察馒头表面色泽、表面结构、形状、内部气孔结构细密均匀程度，底部是否有死烫斑。用食指按压，评价其弹柔性，掰一小块，观察是否掉渣，放入口中，细嚼 5～7s，感觉是否有咬劲，是否粘牙、干硬等。可视实际情况，如采用质构仪，测定其硬度、黏弹性、回复性、咀嚼性等指标；也可设定指标分项打分。

实验三　面包的制作

一、实验原理

面包是以小麦粉为主要原料，加以酵母、水、蔗糖、食盐、鸡蛋、食品添加剂等辅料，经过面团的调制、发酵、醒发、整形、烘烤等工序加工而成。面团在一定的温度下经发酵，面团中的酵母利用糖和含氮化合物迅速繁殖，同时产生大量二氧化碳，使面团体积增大，再经过烘烤形成结构酥松、多孔且质地柔软的产品。面包的发酵工艺可分为以下几种。

1. 面包的一次发酵工艺

原料→和面→发酵→成型→醒发→焙烤→成品

一次发酵法的优点是发酵时间短，提高了设备和车间的利用率，提高了生产效率，且产品的咀嚼性、风味较好。缺点是面包的体积较小，且易于老化；批量生产时，工艺控制相对较难，一旦搅拌或发酵过程出现失误，无弥补措施。

2. 面包的二次发酵工艺

种子面团配料→和面→发酵→主面团配料→和面→发酵→成型→醒发→焙烤→成品

二次发酵法的优点是面包体积大，表皮柔软，组织细腻，具有浓郁的芳香风味，且成品老化慢。缺点是投资大，生产周期长，效率低。

3. 面包快速发酵工艺

配料→和面→静置→压片→成型→醒发→焙烤→成品

快速发酵法是指发酵时间很短或根本无发酵的一种面包加工方法。整个生产周期只需 2h。其优点是生产周期短、生产效率高、投资少，可用于特殊情况或应急情况下的面包供应。缺点是风味相对较差，保质期短，易于老化等。

二、实验设备

和面机、压面机、醒发箱、电烤炉、刮板、擀面杖、电子秤、烤模、烤盘、面团温度计等。

三、二次发酵法制作标准吐司面包

1. 材料

标准吐司面包配料见表 4-7。

表 4-7　标准吐司面包配料

种子面团	配方/%	主面团	配方/%
高筋面粉	70	高筋面粉	30
即发干酵母	1	砂糖	5
水	40	食盐	2
		奶油	5
		脱脂奶粉	2
		水	25

2. 实验步骤

（1）原辅料处理　按实际用量称量各原辅料，酵母用 30℃ 左右的温水进行活化处理，面粉需过筛，固体油脂需水浴熔化，冷却后备用。

二次发酵法种子面团中一般不添加除酵母外的其他辅料。种子面团和主面团的面粉比例有以下几种：70/30、60/40、50/50、40/60 和 30/70。高筋面粉种子面团面粉用量高些，中筋面粉种子面团面粉用量少些，种子面团与主面团的面粉比例应根据面粉筋力大小来灵活调整。

（2）种子面团调制　将种子面团配方所需的原辅料全部加入搅拌机中，低速 3min，高速 5～8min。种子面团不必搅拌时间太长，也不需要面筋充分形成，拌匀即可，搅拌后面团的温度为 26～28℃。

（3）种子面团发酵　发酵室的工艺参数为温度 27～29℃，相对湿度 75%～80%，发酵 4～6h 即可成熟。发酵成熟度经验判断法常用的有以下 4 种。

① 回落法：用肉眼观察面团的表面，若出现略向下塌陷的现象，则表示面团已发酵成熟。

② 手触法：手指蘸上面粉，在面团顶部捅一个窟窿，拔出后孔洞不塌陷也不回缩即为发酵成熟。将手指轻轻压面团表面顶部，待手指离开后，看其面团的变化情况。面团经手指接触后，不再向凹处塌陷，被压凹的面团也不立即恢复原状，仅在面团的凹处四周微向下落，则表示面团已经发酵成熟；面团被触成的凹处，在手指离开后很快恢复原状，则表示面团发酵不足；如果面团的凹处随手指的离开很快向下陷落，则表示面团发酵过度。

③ 拉丝法：将面团用手拉开，如内部呈丝瓜瓤状，表示发酵成熟。如果无丝状表示发酵不足。如果面丝又细，又易断，表示发酵过度。

④ 嗅觉法：面团发酵成熟后略有酸味，如果闻到强烈的酸臭味，表示发酵过度；如果一点酸味闻不到，表示发酵不足。也可以用品尝的方法来判断。

（4）主面团调制　剩余的辅料（糖、盐等固体先用水溶化）与经上述发酵成熟的面团一起加入调粉机。先慢速搅拌成团，加入油脂后改成中速继续搅拌成光滑均一的成熟面团（10～12min），搅拌后面团的最佳温度为 28℃ 左右。

适当的调粉程度，应根据经验判断。面团调粉时当其弹性从最强韧的阶段稍显减弱，同时延伸性表现较好的情况下，即为最佳状态。可用手触摸面团顶部，感觉有黏性，但手离开面团时不粘手，且面团表面有手黏附的痕迹，但很快消失，说明面团已达到完全扩展。此时，用手摊开面团时，能达到极薄的均匀半透明状而不易破裂。破裂时，其边缘较光滑而非呈锯齿状。

（5）主面团发酵　和好的面团放入发酵室内进行第二次发酵，发酵条件为温度28～30℃，相对湿度75%～80%，发酵40～60min。主面团发酵过程中，要注意发酵温度和湿度的变化，以及正确判断各阶段发酵的终点。

（6）分割、搓圆、静置和成型　分割面团至一定重量，用手搓圆并摆放在醒发箱内，手工搓圆的要领是手心向下，用五指握住面团，向下轻压，在面案上顺一个方向迅速旋转，将面团搓成球状。加盖，室温下静置20min。用面棒擀成面皮，卷成圆柱形摆放在事先涂好油的模具内。

（7）醒发　成型发酵：将成型的制品放入发酵箱内进行发酵。温度为38～40℃、相对湿度80%～90%，小型制品发酵30～60min。醒发过程中，注意发酵温度和湿度的变化，正确判断各阶段发酵的终点。

醒发程度的判断：判断面包坯醒发是否适度，一般有3种方法：一种是面包坯的体积膨胀到烘烤后体积的80%左右即可，因为烘烤中体积还有20%的再膨胀；另一种是将醒发前后的体积之比掌握在1：（2～3）的范围；第三种是看面团的柔软度和透明度，面团由不透明的发死状态膨胀到柔软膜薄的半透明状态，用手拿有越来越轻的感觉。

（8）烘烤　将成型发酵的制品放入烤炉中烘烤，200℃左右，烘烤20～35min。烘烤过程中，注意上下火温度的调节及面包坯体积和颜色的变化，掌握好烘烤时间。

四、点心面包的制作（一次发酵法）

1. 面包的配方

点心面包配方见表4-8。

表4-8　点心面包配方

原料	配方/g	原料	配方/g
面粉	150	奶油	12
奶粉	5	食盐	2
即发干酵母	1.5	蛋液	15
白糖	25	水	75-80

2. 操作步骤

（1）调粉　干酵母用30℃适量水活化10min，注意需加入少量白糖。将面粉、糖、盐、奶粉等干性材料拌匀。加入溶解了酵母的水、全蛋液，适度调和，并分次加入剩余的水。

油脂软化后直接与面粉接触就会将面粉的一部分颗粒包住，形成一层油膜。所以油脂的投入，一定要在水化作用充分后进行，即面团形成后投入（卷起阶段到扩展阶段）。另外油脂的贮藏温度比较低，如直接投入调粉机将呈硬块状，很难混合，所以要软化后投入。

（2）发酵　将面团置于28～30℃、相对湿度75%～80%的发酵箱中，发酵2～3h，面团体积膨胀到原来的2～2.5倍；手指蘸上面粉，在面团顶部捅一个窟窿，拔出后孔洞不塌陷也不回缩。

（3）分割、搓圆、静置　将发酵好的面团进行压片，将压好的面片放在操作台上，用滚筒滚压平整，厚薄一致，从一端卷起，卷成条，计量分块，搓圆，在室温下静置15min。

（4）整形　将中间醒发好的面团压平，用擀面杖擀成椭圆形。把椭圆形翻面，从上往下卷起，注意将两边往里收。卷好后收紧，成为两端细中间鼓的橄榄状。

（5）醒发　温度为38℃，相对湿度为85%，醒发50min左右。面包体积是原来体积的2～3倍。

（6）烘烤　在表面刷一层全蛋液，将成型发酵的制品放入烤炉中烘烤，200℃左右，烘烤20～35min。烘烤过程中，注意上下火温度的调节及面包坯体积和颜色的变化，掌握好烘烤时间。

五、质量评价内容

1. 感官指标

形态：完整，无缺损、龟裂、凹坑，表面光洁，无白粉和斑点；色泽：表面呈金黄色和淡棕色，均匀一致，无烤焦、发白现象；气味：应具有烘烤和发酵后的面包香味，并具有经调配的芳香风味，无异味；口感：松软适口，不粘，不牙碜，无异味，无未融化的糖、盐粗粒；组织：细腻，有弹性；切面气孔大小均匀，纹理均匀清晰，呈海绵状，无明显大孔洞和局部过硬；切片后不断裂，并无明显掉渣。

2. 理化指标

酸度：5度以下；水分含量：30%～40%。

实验四　起酥面包的制作

一、实验原理

起酥面包又称丹麦面包，最初由一位丹麦面包师在发酵面团里包入黄油，经反复压片，折叠，利用油脂的润滑性和隔离性使面团产生清晰的层次，然后制成各种形状，经醒发、烘烤而制成的口感特别酥松、层次分明、入口即化、奶香浓郁的特色面包。丹麦面包在欧洲国家非常流行，后来在很多国家得到普及，深受消费者喜爱。

二、实验材料和设备

1. 实验材料

所需的实验材料见表4-9。

表4-9　起酥面包配方

原料	配方/%	原料	配方/%
高筋面粉	70	全蛋	10
低筋面粉	30	盐	1.5
细砂糖	12	即发干酵母	1.5
黄油	5	水	45～50
奶粉	3	折叠用黄油	20～30（以面团总量计）

2. 实验设备

和面机、压面机、醒发箱、电烤炉、冰箱、刮板、擀面杖、电子秤、烤模、烤盘、面团温度计等。

三、制作过程

1. 工艺流程

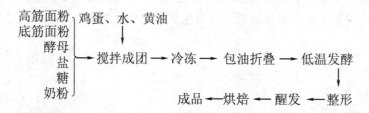

高筋面粉
底筋面粉
酵母
盐 ——→ 搅拌成团 ——→ 冷冻 ——→ 包油折叠 ——→ 低温发酵
糖
奶粉

成品 ←—— 烘焙 ←—— 醒发 ←—— 整形

2. 操作步骤

（1）调粉　面粉和油脂在使用前4～5h放入冷藏箱冷藏。调粉时除油脂外，其他原料放入和面机搅拌，低速4min，加入切成小块的油脂，低速搅拌至面团光滑。面团的温度应为17～18℃。

（2）面团冷冻　将面团用手或滚筒压成1cm左右厚度的长方形，然后套上塑料袋，放入－10℃左右的冷柜中冷冻2～3h，待面团的硬度与油脂接近时再进行下一步操作。

（3）包油　把冻至适当硬度的面团取出，将黄油包入面团内，并将面团四周接头捏紧，使面团均匀包裹住整块黄油。包油的方法有对角包油法、十字包油法和三折包油法等（如图4-1）。

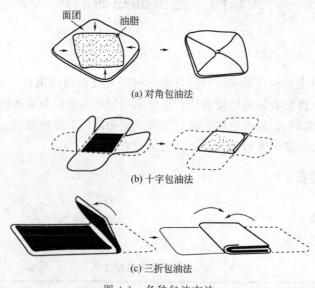

(a) 对角包油法

(b) 十字包油法

(c) 三折包油法

图 4-1　各种包油方法

（4）折叠　将包好油脂的面团用压面机（或滚筒）来回多次压薄。面皮的厚度不宜低于0.5cm。对压薄后的面团进行折叠，使包入的油脂经过折叠后产生很多层次，面皮与油脂互相隔离不混淆。折叠的方法有二折法、三折法和四折法（图4-2）。

（5）冷藏松弛　完成第1次折叠后，由于面团在室温下放置时间较长，其延伸性会变

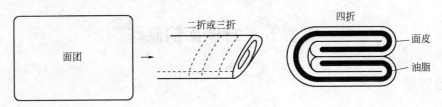

图 4-2 起酥面团的折叠方法

差，而且面团与油脂的硬度也会出现差别，所以为了便于操作，可以将面团置于冷藏室内松弛 30min 左右再进行第 2 次折叠操作，若 2 次折叠后感觉面团延伸性尚好，则可进行第 3 次折叠。

（6）低温发酵　折叠后的面团最好在 1～3℃ 的冷藏柜中发酵 12～24h，然后取出整形。如不采取低温发酵这么长时间，亦可在冰箱里发酵 2h 左右。

（7）整形　面团经过三次折叠后，即可按照产品样式要求的厚度大小来擀片，分割造型或包馅，一般包馅的丹麦面包皮平均厚度为 0.3～0.4cm，整形发酵后在烘烤前包馅的面包皮厚度为 0.7～0.8cm。

（8）最后醒发　温度 30℃，相对湿度 75% 左右，产品醒发至成品体积的 2/3。

（9）烘烤　发酵好的产品表面涂蛋液后进行烘烤，温度 200℃，烘烤时间为 10～15min。

四、注意事项

（1）丹麦面包面团要经过数次的轧面擀薄过程，所以面团搅拌不宜过久，以面筋开始扩展为准。面团搅拌过度会导致面包缺乏胀力，影响其烘焙弹性。搅拌好的面团理想温度应在 18～20℃ 之间适合，夏季可使用冰水或碎冰，以降低面团温度。面团温度过高，面团发酵亦快，面筋容易变脆，影响操作过程，所以温度的控制极为重要。

（2）良好的冷冻冷藏设备是制作高品质丹麦面包的基础。因为丹麦面包面团较软，不经冷冻或冷藏无法整形。即使再稀软的面团，经过数小时的冷冻后，面团自然会变硬，可塑性增大，加工性能提高。无冷冻冷藏设备时可采取以下措施：①采用糖和油脂较低的配方，减少水分的用量，增大面团硬度；②搅拌面团时要多用或全部用冰水，控制面团温度在 18～20℃ 之间；③面团搅拌后松弛 15～20min，即可进行包油折叠，中间再松弛 15～20min，降低其韧性，接着操作；④醒发室温度调整为 35℃，相对湿度为 85%。

（3）裹入油的硬度应与面团软硬一致，否则油脂过硬会穿透面皮，使面团无法产生层次；而油脂过软时，油脂在擀压面团时向边缘堆积，造成油脂分布不均匀，并严重影响操作。冬天时油脂太硬，可用少量面粉与油脂一起，用手反复搓擦均匀或用搅拌机搅拌至不含颗粒，其硬度与面团硬度一致。夏天必须选择熔点高、塑性强的人造奶油或黄油。

（4）要制作高质量的丹麦面包，折叠后的面团最好在 1～3℃ 的冷藏柜中发酵 12～24h，再取出整形。如果不采取低温发酵这么长时间，亦可在冰箱中发酵 2h 左右。如果温度低于 0℃，酵母多被冻成休眠状态，面团无法发酵；如果温度高于 3℃，面团发酵太快，均不能制作出合格的酥油面包。

（5）丹麦酥油面包中含有大量的油脂，故醒发时比常规方法要低。若温度过高容易使面团内部油脂渗流出来，破坏面团的组织结构，严重影响丹麦面包的层次和质量；湿度太大，面包坯醒发时易变形扁平。

实验五 方便面的制作

一、实验原理

方便面又称速煮面、即食面（instant noodles），有油炸和非油炸干燥方便面之分，是为了适应快节奏的现代生活出现的食品。它最早由日本日清食品公司于 1958 年推向市场，由于食用方便，既可用沸水浸泡几分钟后食用，也可干食，当即受到消费者的欢迎。其生产原理是，先将各种原辅料放入和面机内充分揉和均匀，静置熟化后将散碎的面团通过滚筒压成约 1cm 厚的面片，再经轧薄辊连续压延面片 6～8 道，使之达到所要求的厚度，之后通过一切割狭槽进行切条成型，切条后经过一种特制的波纹成型机形成连续的波纹面，然后再蒸汽蒸煮使淀粉糊化度达 80％左右，再经定量切块后用热风或油炸方式使其迅速脱水干燥，保持了糊化淀粉的稳定性，防止糊化的淀粉重新老化，最后经冷却包装后即为成品。

二、实验材料与设备

1. 实验设备

和面机、搅拌机、压面机（5 道辊或 7 道辊）、切面机、波浪形成型导箱、蒸面机、油炸锅等。

2. 材料

方便面配方见表 4-10。

表 4-10　方便面配方

原料	添加量/%	原料	添加量/%
面粉	100	硬脂酸甘油酯	0.2
食盐	1.5～2	维生素 E	0.03
食碱①	0.2	水	28～35
海藻酸钠	0.3		

① 食碱：无水碳酸钾 30％，无水碳酸钠 57％，无水正磷酸钠 7％，无水焦磷酸钠 4％，次磷酸钠 2％。

三、制作过程

1. 工艺流程

面粉、水、食盐、食用碱水→和面→熟化→辊扎压延→切条→波纹成型→蒸面→定量切分→炸制干燥→冷却→成品

2. 操作步骤

（1）称量溶解　根据配方称取材料，食盐、食碱、海藻酸钠、维生素 E 和硬脂酸甘油酯等先用适量水溶解。食盐的添加量为"春秋适中，夏多秋少"。蛋白质含量少，适当少加，相反则多加。加食碱时，必须先将碱粉一点点倒入水中，同时搅拌均匀，使碱逐渐溶解，碱的溶解会使水温升高，应冷却后再使用。

（2）面团调制　和面时，水温控制在 20～25℃，搅拌速度可控制在 70r/min，搅拌时间不超过 20min，也不能少于 10min，搅拌好后和成面絮状，用手握时成团，松手后散开。

（3）熟化　和好的面絮静置熟化 15～20min，也可送入熟化机内进行，搅拌浆线速度 0.6r/s。

（4）压片　熟化后的面团先通过轧辊轧成两条面带（4mm），然后再复合成一条面带，然后再经过 5～7 道辊压，最大压薄率不超过 40%，最后压薄率 9%～10%，至所需厚度 0.8～1mm。

（5）切条、波纹成型　面片通过面条机上的狭槽被切成条，再经过波纹成型机形成波纹状面条。

（6）蒸面　蒸面的温度和时间必须严格掌握，小麦粉的糊化温度是 65～67.5℃，蒸汽压力控制为 1.8～2.0kgf/cm²[*]时，蒸面时间以 60～95s 为宜，温度必须在 70℃ 以上。要求 α 化度达到 80% 以上，但要防止过度熟化，过度熟化会导致面条韧性降低。

（7）油炸干燥　将蒸熟的面块放入 140～150℃ 的棕榈油中油炸，时间为 60～70s。

四、质量评价

1. 感官质量

色泽正常、均匀一致、气味正常、无霉味及其他异味，煮（泡）3～5min 后不夹生，不牙碜，无明显断条现象，无虫害无污染。

2. 理化指标

水分 10.0% 以下，酸值 ≤1.8，α 度 ≥85%，复水时间 ≤3min，盐分 ≤2%，含油 20%～22%，过氧化值 ≤0.25%。

实验六　蛋糕的制作

一、实验原理

蛋糕是以鸡蛋、面粉、油脂、白糖等为原料，经打蛋、调糊、注模、焙烤（或蒸制）而成的组织松软、细腻并有均匀的小蜂窝，富有弹性，入口绵软，较易消化的制品。根据主要原料和膨发原理的不同，蛋糕可分为三大类。

（1）清蛋糕（乳沫类）　清蛋糕多孔泡沫的形成主要依赖于蛋清蛋白质的搅打发泡性能。蛋白在打蛋机的高速搅拌作用下，大量空气被卷入蛋液，并被蛋白质胶体薄膜所包围，形成大量的气泡即泡沫。开始时，气泡较大而透明，并呈流动状态，随着搅打的不断进行，卷入的空气不断增加，同时，搅打也使蛋液内的空气重新分配，气泡越来越小，最后，全部蛋液变成乳白色的细密泡沫，并呈不流动的状态。这样由蛋液所形成的泡沫体系就形成了清蛋糕的疏松多孔性。烘焙时，受热后空气膨胀，凭借胶体物质的韧性，使气泡不至于破裂。蛋糕糊内气泡受热膨胀至蛋糕凝固为止，烘焙中蛋糕体积因此而增大。乳沫类蛋糕按照使用鸡蛋的不同部位，又可分为蛋白类和全蛋液类两种。

---

[*] 1kgf/cm² = 98.0665kPa。

① 蛋白类主要原料为蛋白、砂糖、面粉，其中蛋白作为蛋糕膨松的主要材料。产品特点：色泽洁白，外观漂亮，口感稍显粗糙，蛋腥味重，如天使蛋糕。

② 全蛋液类主要原料为全蛋、砂糖、面粉、蛋糕油和液体油，其中用全蛋或蛋黄作为蛋糕膨松的主要材料。产品特点：口感清香、结构绵软，有弹性，油脂轻。如海绵蛋糕。

（2）油蛋糕　油蛋糕的膨发主要靠配方中加入大量奶油。糖、奶油在搅拌过程中，奶油里拌入了大量空气并产生气泡，这些气泡会被油膜包围而使油脂的体积增大，加入蛋液继续搅拌，油蛋料中气泡随之增多，这些气泡受热膨胀会使蛋糕体积膨大，质地松软。其主要原料是鸡蛋、砂糖、面粉和人造奶油。产品特点：油香浓郁、口感有回味，结构相对紧密，有一定的弹性。

（3）戚风蛋糕　戚风蛋糕是英文 chiffon cake 的音译，它是乳沫类和面糊类蛋糕改良综合形成的，其主要原料为菜油、鸡蛋、面粉和发粉。由于菜油不像奶油那样容易打泡，因此，需要靠鸡蛋清打成泡沫状来提供足够的空气以支持蛋糕的体积。戚风蛋糕调制面糊时蛋黄和蛋白分开搅拌，最后混在一起搅匀。产品特点：蛋香、油香、有回味，结构绵软有弹性，组织细密紧韧。

二、实验设备

打蛋机、烤炉、烤盘、蛋糕模、油刷、铲刀、钢勺、不锈钢面盆、面筛等。

三、海绵蛋糕的制作

1. 材料

海绵蛋糕配方见表 4-11。

表 4-11　海绵蛋糕配方

原材料	配方 1/g	配方 2/g
鸡蛋	300(6 个)	200(4 个)
低筋面粉	200	140
细砂糖	150	200
植物油或熔化的黄油	50	30
香草粉		1.2
牛奶		30

2. 工艺流程

白糖拌匀　过筛←面粉
　　↓　　　↓
鸡蛋→去壳，取蛋液→搅拌打蛋→拌粉→装模→烘烤→刷油→冷却脱模→包装→成品

3. 操作步骤

（1）原料的选择及预处理　准备材料，鸡蛋提前从冰箱拿出回温，面粉过筛。

（2）搅拌打蛋　采用糖蛋拌和法，准备一个稍微大点的盆，鸡蛋打入盆里。再将细砂糖一次性倒入。应先用高速打至起大泡，让空气进去，然后转中速继续打发，如一直保持高

速，空气进入蛋液过快，会导致蛋液与空气的结合不稳定。

随着不断的搅打，鸡蛋液会渐渐产生稠密的泡沫，变得越来越浓稠。搅拌至呈乳黄色的细密泡沫，并呈不流动状态，可以在盆里的蛋糊表面画出清晰的纹路时，提起打蛋器，低落下来的蛋糊不会马上消失（整个打发的过程约需要15min）。无论机器或人工打蛋，都要顺着一个方向搅打，打蛋结束后，体积约增加3倍。

（3）拌粉　分三到四次倒入低筋面粉，用橡皮刮刀小心地从底部往上翻拌，使蛋糊和面粉混合均匀。不要打圈搅拌，以最轻、最少翻动次数，拌至不见生粉即可。把牛奶、大豆油一起混合，再加入少量的全蛋液拌匀，再倒回剩下的全蛋液中混合拌匀。

（4）入模　在蛋糕糊搅拌好后，一般应立即灌模进入烤炉烘烤，注模操作一般在15～20min内完成，以防蛋糕糊中的面粉下沉，使产品质地变硬。

成型模具使用前事先涂一层薄油（植物油或猪油）或垫上烤盘纸（在纸上还要均匀地涂上一层油脂），然后将搅拌好的蛋糕糊倒入模具。注模时还应掌握好灌注量，一般以填充模具的7～8成满为宜。把蛋糕糊抹平，端起来在地上用力震几下，可以让蛋糕糊表面变得平整，并把内部的大气泡震出来。

（5）烘烤冷却　将烤盘送入烤炉，海绵蛋糕：上火220℃、下火200℃左右的温度下烘烤，当表面着色后，可降低炉温至180℃，继续烘至成熟，一般需要10～25min。

判断蛋糕是否成熟的简单方法是用一根细长的竹签或筷子轻插入蛋糕的中心，抽出后看竹签上是否粘有生的面糊，有则表示还没烘熟，应继续烘烤至熟（不粘筷）。也可轻压蛋糕表面，如能弹回则表示已烘熟。

4. 注意事项

（1）海绵蛋糕需要打发全蛋，全蛋的打发要比只打发蛋白困难得多，所耗的时间也更长。全蛋无法像蛋白一样打发到出现尖角的程度，可通过以下几种现象判断是否打发完全。

① 搅拌到呈乳黄色的细密泡沫，并呈不流动状态，可以在盆里的蛋糊表面画出清晰的纹路。

② 将打蛋器拿起来，尾部蛋液拉至4～5cm长才掉下来，频率1～2s一滴；低落下来的蛋糊不会马上消失。

③ 刮板从蛋液中拿起来，平放时残留蛋液拉至3cm左右，约2～3s掉下一滴。平放刮板，用手指划一下，蛋液呈明显沟状，且不会立即恢复。

（2）全蛋在40℃左右的温度下最容易打发，所以在打发全蛋的时候（尤其是冬天），需要把打蛋盆坐在热水里加温，使全蛋更容易打发。

（3）蛋糕糊做好后，必须有一定的稠度，并且尽量不要有大气泡。如果拌好的蛋糕糊不断地产生很多大气泡，则说明鸡蛋的打发不到位，或者搅拌的时候消泡了，需要尽力避免这种情况。

四、戚风蛋糕的制作

1. 材料

戚风蛋糕配方见表4-12。

表 4-12　戚风蛋糕配方

蛋黄部分		蛋白部分	
原材料	配方/g	原材料	配方/g
蛋黄	200		
低筋面粉	400		
水	260	蛋白	400
泡打粉	8	白砂糖	240
白砂糖	280	塔塔粉	4
色拉油	200		
盐	4		

2. 工艺流程

鸡蛋 → 去壳 ⎱ 蛋黄+白糖、塔塔粉 → 搅打 → 蛋白糊 / 蛋黄+面粉、白糖、塔塔粉等 → 拌粉 → 蛋黄糊 ⎰ → 混合 → 装模 →

烘烤 → 刷油 → 冷却脱模 → 成品

3. 操作步骤

（1）准备材料：面粉需要过筛，蛋白、蛋黄分离，盛蛋白的盆要保证无油无水。

（2）用打蛋器把蛋白和塔塔粉打到呈鱼眼泡状的时候，加入 1/3 的细砂糖，继续搅打到蛋白开始变浓稠，呈较粗泡沫时，再加入 1/3 糖。再继续搅打，到蛋白比较浓稠，表面出现纹路的时候，加入剩下的 1/3 糖。再继续打一会儿，当提起打蛋器，蛋白能拉出弯曲的尖角的时候，表示已经到了湿性发泡的程度。还需要继续搅打。当提起打蛋器的时候，蛋白能拉出一个短小直立的尖角，就表明达到了干性发泡的状态，可以停止搅打了。如果搅打过头，蛋白开始呈块状，会造成戚风制作的失败。把打好的蛋白放入冰箱冷藏，开始制作蛋黄糊。

（3）蛋黄和白糖混合搅打至白糖溶化且蛋黄液呈乳白色，不要过度搅打，避免将蛋黄打发了。分多次加入色拉油和清水搅拌均匀。再加入过筛后的面粉、泡打粉和精盐，用橡皮刮刀轻轻翻拌均匀。不要过度搅拌，以免面粉起筋（面粉如果起筋，可能会使蛋糕的口感过韧，影响蛋糕口感的松软）。

（4）盛 1/3 蛋白到蛋黄糊中。用橡皮刮刀轻轻翻拌均匀（从底部往上翻拌，不要划圈搅拌，以免蛋白消泡）。翻拌均匀后，把蛋黄糊全部倒入盛蛋白的盆中，用同样的手法翻拌均匀，直到蛋白和蛋黄糊充分混合。

（5）将混合好的蛋糕糊倒入烤盘（不得刷油）至一半或六分满，然后将混合好的蛋糕糊倒入模具，抹平，用手端住模具在桌上用力震两下，把内部的大气泡震出来。然后放入炉温为上火 150℃、下火 170℃ 的烤箱内，烘烤约 40min，烤熟即取出。出炉后蛋糕应马上翻转倒置使表面向下，待完全冷却后再从烤盘中取出。

4. 注意事项

（1）鸡蛋最好选用冰蛋，其次为新鲜鸡蛋，不能选用陈鸡蛋。这是因为冰蛋的蛋白和蛋黄比新鲜鸡蛋更容易分开。

（2）所有用具必须清洁，不宜染有油脂，也不宜用含铅用具。否则，由于油脂的消泡作用，影响制品的膨松度。同时也要防止有盐、碱等破坏蛋白交替稳定性的杂质掺入。

（3）油脂宜选用流质油，如色拉油等。这是因为油脂是在蛋黄与白糖搅打均匀后才加的，若使用固体油脂则不易搅打均匀，从而影响蛋糕的质量。

（4）烘烤前，模具（或烤盘）不能涂油脂，这是因为戚风蛋糕的面糊必须借助黏附模具壁的力量往上膨胀，有油脂也就失去了黏附力。

五、蛋糕质量的评价

1. 感官指标

形态：外形完整；块形整齐，大小一致；表面略鼓，底面平整；无破损，无粘连，无塌陷，无收缩。色泽：具有品种应有的色泽，色泽均匀，无斑点。组织：松软有弹性；剖面蜂窝状小气孔分布较均匀；无糖粒，无粉块，无杂质。滋味、气味：爽口，甜度适中；有蛋香味及该品种应有的风味；无异味。杂质：外表和内部均无肉眼可见的杂质。评分标准可根据需要参照国标进行分值设计。

2. 理化指标

水分：15%～30%；脂肪：≥5.0%；蛋白质：≥3%；总糖≤60%。

实验七　韧性饼干的制作

一、实验原理

韧性饼干国际上称为硬质饼干，一般使用中筋小麦粉制作，面团中油脂和砂糖的比例较低，油、糖的比例一般为1∶2.5左右，油加糖和面粉的比例为1∶2.5左右。碳酸氢铵和碳酸铵钠为膨松剂。为了使面筋充分形成，需要长时间调粉，形成韧性很强的面团。代表性产品如各国普遍生产的圆形玛丽饼干、长方形的"不的波"饼干和小长方形的"波士顿"饼干等。这种饼干表面较光洁，花纹成平面凹纹形，通常还带有针孔，香味淡雅，口感较硬且松脆，饼干的断面层次比较清晰。

二、实验材料和设备

1. 实验材料

牛奶韧性饼干配方见表4-13。

表 4-13　牛奶韧性饼干配方

原料	配方/%	原料	配方/%
面粉	100	碳酸氢铵	0.5
白砂糖	32	抗氧化剂 BHT	0.002
猪油	7	柠檬酸	0.004
豆油	8	焦亚硫酸钠	0.003
全脂奶粉	4～6	奶油香精	0.05
鸡蛋	6～8	香兰素	0.024
盐	0.2	磷脂	1.5
小苏打	0.7	水	28～34

2. 实验设备

和面机、电烤炉、烤盘、辊轧机、台秤、面盆、操作台、饼干模具、刮刀和切刀等。

三、制作流程

1. 工艺流程

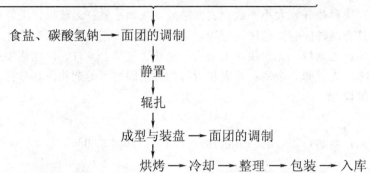

面粉、淀粉、全脂奶粉、香精、水、白砂糖粉、磷脂、油脂等

食盐、碳酸氢钠 → 面团的调制

静置

辊扎

成型与装盘 → 面团的调制

烘烤 → 冷却 → 整理 → 包装 → 入库

2. 操作步骤

（1）面团调制　韧性饼干面团的调制，要严格控制两个关键性问题：第一，要使面粉在适宜的条件下充分胀润；第二，要使已经形成的面筋在不断搅拌作用下超越其弹性限度而使弹性降低，面筋吸收的水分部分析出，这样面团可变得较为柔软，面筋弹性显著减弱，具有一定的可塑性。要达到面团的最佳状态，除了正确掌握调粉工艺外，还应注意要选择面筋含量适当的小麦粉。一般湿面筋含量在 30％以下为宜。如果小麦粉中湿面筋含量高于 30％以上时，可掺入小麦粉量 5％～10％的淀粉或熟小麦粉，使面筋含量接近 30％以下为好。

投料顺序是先将小麦粉、水、糖水等辅料投到调面缸中混合，到一定时候再投入油脂进行搅拌。在此过程中控制面团的温度非常重要。尤其对糖水的温度应根据不同季节、不同小麦粉的性质和面团的要求灵活掌握，但一般不宜超过 60℃。调制好的面团温度和面团的水分可按下列参数控制：面团温度 37～42℃，一般以 38～40℃为宜；面团水分分甲级、乙级为 18％～20％，丙级、丁级为 20％～24％。

调粉到一定程度，可以取一块面团搓成粗条后，手感觉面团柔软适中，表面光滑油润，搓捏面团时具有一定程度的可塑性，不粘手，当用手拉断粗条面团时，感觉有较强的延伸力，且拉断的面团有适度缩短的弹性现象。这种情况下，可以判断面团达到了最佳状态。

（2）静置　调制好的面团需静置 10～20min，以减小内部张力，防止饼干收缩。

（3）辊轧　静置后的面团放在辊轧机上进行多次辊轧，最终使面带的厚度为 2.5～3mm。辊轧过程中，每次压延比不超过 3∶1。辊轧过程中面带需要进行折叠，并旋转 90°，以使面带内部所受的应力均匀。

（4）成型和装盘　将辊轧好的面带平铺在操作台上，用打孔拉辊在面带上打孔，然后用饼干模具制成各种模样的饼干坯，或使用带花纹的切刀切成相同形状、相同大小的饼干坯。

（5）烘烤　采用先低温后高温的烘烤方式，炉温为 180～220℃，烘烤 8～10min。如果饼干表面焦煳，中心夹生，可在烘烤前对饼干喷雾。喷雾可延缓饼干表面成熟的速度，又可避免炉内温度过高而引起饼干表面龟裂现象。

四、成品评价

1. 感官指标

（1）形态　外形完整，花纹清晰或无花纹，一般有针孔，厚薄基本均匀，不收缩，不变形，无裂痕，可以有均匀泡点，不应有较大或较多的凹底。特殊加工品种表面或中间允许有可食颗粒存在（如椰蓉、芝麻、砂糖、巧克力、燕麦等）。

（2）色泽　呈棕黄色、金黄色或品种应有的色泽，色泽基本均匀，表面有光泽，无白粉，不应有过焦、过白的现象。

（3）滋味与口感　具有品种应有的香味，无异味，口感松脆细腻，不粘牙。

（4）组织　断面结构有层次或呈多孔状。

2. 理化指标

水分≤4.0%，碱度（以碳酸钠计）≤0.4%。

实验八　发酵饼干的制作

一、实验原理

发酵饼干是以小麦、糖和油脂为主要材料，以酵母为疏松剂，加入各种辅料，经调粉、发酵、辊轧、叠层、烘烤制成的口感酥松、具有发酵制品特有香味的饼干。其原理是酵母在生长过程中会产生 CO_2，使面团胀发，烘烤时 CO_2 受热膨胀，同时在化学疏松剂的作用下，形成酥松的质地和清晰层次的内相。面团经过发酵，其中的淀粉和蛋白质部分被分解为易被人体吸收的低分子营养物质，使制品具有发酵食品特有的香味。又因含糖量较少，所以表面呈乳白色略带微黄色泽。发酵饼干也可细分为3种：甜发酵饼干、咸发酵饼干和超薄发酵饼干。

二、实验材料和设备

1. 实验材料

苏打饼干的油:糖＝10:（0.5～1.5），（油＋糖）:面粉＝1:（4～6），其典型配方如表4-14所示。

表 4-14　苏打饼干配方　　　　　　　　　　　　　　　　　　　　　　　　kg

分区	原料	基本配方	咸奶饼干	芝麻饼干	葱油饼干
第一次调粉	强筋小麦粉	45	40	35	40
	白砂糖		2.5	1.5	1.5
	酵母	0.25～0.3	1.5	1.2	2
第二次调粉	低筋小麦粉	45	50	55	50
	食盐	0.6～0.7	0.75	0.5	0.75
	精炼油		8	8	10
	猪板油		4	5	4
	人造奶油	12.5～16	6	5	
	奶粉		3	2	1
	鸡蛋		2	2.5	2
	白芝麻			4	
	葱油汁				5
	碳酸氢钠	0.45～0.55	0.4	0.3	0.25
	碳酸氢铵				0.2
擦油酥	低筋小麦粉	10	10	10	10
	猪板油		1	5	5
	人造奶油	3.5～4.0	4		
	食盐	1.2～1.3	0.35	0.3	0.5

2. 实验设备

和面机、电烤炉、烤盘、辊轧机、台秤、面盆、操作台、饼干模具、刮刀和切刀等。

三、制作过程

1. 工艺流程

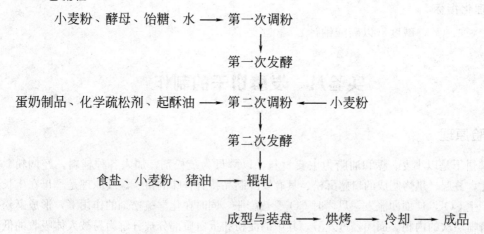

2. 操作步骤

（1）预处理　酵母加温水制成悬浮液；油酥按配方加料用调粉机拌和备用。

（2）第一次调粉　将40％～55％的小麦粉与酵母溶液混合。加水量占本次面粉用量为：普通小麦粉40％～42％，强筋小麦粉为42％～45％。在调粉机搅拌4～6min，搅拌均匀即可，面团温度为28℃左右。

（3）第一次发酵　调制好的面团放入温度为27～28℃、相对湿度为75％的发酵箱中，发酵5～8h，至面团体积膨胀到最大，并稍有回落止。

（4）第二次调粉　将第一次发酵完成的面团重新投入调粉缸中，加入配方规定的面粉（面粉总量的45％左右）、部分油脂、饴糖、其他物料和水，开动调粉机，混合6～7min。在面团基本形成后，再撒入精盐和小苏打，再调制1～2min，第二次面团调制完成。

第二次面团调制时加水量随产品配方、面粉的吸水性能和第一次面团发酵"老"、"嫩"程度等因素而定，一般情况下为本次面团所用面粉量的7.5％～10％，注意控制面团不要太软。

（5）第二次发酵　第二次发酵的目的是利用第一次发酵面团的潜力，尽可能使面团膨松，降低面团的弹性，产生发酵香气物质。

将调制好的面团放入温度为27～28℃、相对湿度为75％的发酵箱中，发酵3～4h，至面团逐步胀大到最大限度，完全发起为止。

（6）辊轧　发酵后的面团放在压面机上进行辊轧，最终使面带厚度为2.5～3.0mm。在未加油酥前压延比不宜超过1:3，压延比过大，影响饼干的膨松；压延比过小，新鲜面团不能轧得均一，会使烘烤后的饼干出现不均匀的膨松度和色泽差异。夹入油酥后压延比一般要求1:2到1:2.5之间，否则表面易轧破，油酥外露，使胀发率差，饼干颜色又深又焦，变成残次品。夹油酥后面带需进行折叠，一般为3～4折，并旋转90°进行辊轧。一般需要9～13次，达到面团光滑细腻。

（7）成型和装盘　将辊轧好的面带平铺在操作台上，用打孔拉辊在面带上打孔，然后用饼干模具制成各种模样的饼干坯，或使用带花纹的切刀切成相同形状、相同大小的饼干坯。

（8）烘烤 采用前期上火温度低下火温度高，然后逐渐增加上火温度的方法。前期上火温度为180～200℃、下火温度为210～230℃，后期上火温度增加到220℃，烘烤4～6min。

四、产品评价

1. 感官评价

（1）形态 外形完整，厚薄大致均匀，表面有较均匀的泡点，无裂缝，不收缩，不变形，不应有凹底。特殊加工品种表面允许有工艺要求添加的原料颗粒（如果仁、芝麻、砂糖、食盐、巧克力、椰丝、蔬菜等颗粒存在）。

（2）色泽 呈浅黄色、谷黄色或品种应有的色泽，饼边及泡点允许褐黄色，色泽基本均匀，表面略有光泽，无白粉，不应有过焦的现象。

（3）滋味与口感 咸味或甜味适中，具有发酵制品应有的香味及品种特有的香味，无异味，口感酥松或松脆，不粘牙。

（4）组织 断面结构层次分明或呈多孔状。

2. 理化指标

水分不大于5.0%，酸度（以乳酸计）不大于0.4%。

实验九 曲奇饼干的制作

一、实验原理

曲奇饼干是一种近似于点心类食品的甜酥性饼干，是饼干中配料最好、档次最高的产品。曲奇饼干结构比较紧密，膨松度小。但由于油脂含量高，产品质地极为疏松，食用时有入口即化的感觉。曲奇配方中所含的油、糖比例高［标准配比为油：糖＝1：1.35，（油＋糖）：面粉＝1：1.35］，调粉过程中先加入油、糖等辅料，搅匀后再加入小麦粉，使面团中的蛋白质进行限制性胀润，从而得到弹性小、光滑而柔软、可塑性极好的面团。面团采用挤注、挤条、钢丝切割或辊印方法中的一种形成塑形，烘烤制成具有立体花纹或表面有规则花纹的饼干。

二、实验材料和设备

1. 实验材料

所需的实验材料见表4-15。

表 4-15 曲奇饼干配方

原料	配方	原料	配方
低筋面粉	200g	糖粉	65g
奶油	130g	鸡蛋	1个
白砂糖	35g	香草香精	1.5g

2. 实验设备

和面机、电烤炉、烤盘、台秤、面盆、操作台、饼干模具、刮刀和切刀、挤料带、花嘴等。

三、制作方法

1. 工艺流程

奶油、白糖→搅打→混匀←鸡蛋

　　　　　　　　↓

小麦粉→拌粉→挤出成型→烘烤→成品

2. 操作步骤

（1）原料的预处理　在调粉前将小麦粉过筛备用。奶油切碎隔水加热熔化。

（2）打发奶油　奶油软化后，倒入糖粉、细砂糖，搅拌均匀。用打蛋器不断搅打，打发到体积膨大，颜色稍变浅即可。

（3）混匀鸡蛋　分2～3次加入鸡蛋液，并用打蛋器搅打均匀。每一次都要等黄油和鸡蛋完全融合再加下一次。黄油必须与鸡蛋完全混合，不出现分离的现象。混合好的黄油呈现轻盈、蓬松的质地。

（4）拌粉　用橡皮刮刀把面粉和黄油糊拌匀，成为均匀的曲奇面糊。注意加入小麦粉后搅拌时间不宜过长，否则会使面团起筋，影响产品口感。

（5）挤出成型　先将花嘴装入挤料袋中，再将调制好的料浆装入挤料袋中，间隔一定距离将料浆挤在烤盘上，注意大小相同，排列整齐。

（6）烘烤与冷却　先用上火温度190℃、下火温度170℃烘烤，再将上火温度调低至170℃，烘烤10～15min。注意饼干坯的颜色和形状变化。

四、制品评价

感官评价如下。

（1）形态　外形完整，花纹或波纹清楚，同一造型大小基本均匀，饼体摊散适度，无连边。花色曲奇饼干添加的辅料应颗粒大小基本均匀。

（2）色泽　表面呈金黄色、棕黄色或品种应有的色泽，色泽基本均匀，花纹与饼体边缘允许有较深的颜色，但不应有过焦、过白的现象。花色曲奇饼干允许有添加辅料的色泽。

（3）滋味与口感　有明显的奶香味及品种特有的香味，无异味，口感酥松或松软。

（4）组织　断面结构呈细密的多孔状，无较大孔洞。花色曲奇饼干应具有品种添加辅料的颗粒。

实验十　大米发糕的制作

一、实验原理

发糕是我国最地道、最古老的传统大米发酵食品，具有独特的风味及较高的营养保健功能，品质较好的发糕具有颜色洁白、质地膨松、柔软、无沉底、不粘牙的特点。

酵母利用米浆中营养成分生长、代谢及分泌淀粉酶、蛋白酶等复合酶系，降解、分散米粉颗粒，使淀粉、蛋白质等大分子一方面被分散伸展，另一方面降解部分淀粉和蛋白质成小分子物质，降低米浆的流变性，以及增加米糕的营养。通过汽蒸熟化，使淀粉大分子和蛋白质大分子固化成多孔的网络结构，形成松软多孔的米糕。

二、实验材料和器具

1. 实验材料

籼米、酵母、糖。

2. 实验器具

电子秤、打浆机、水浴锅、不锈钢锅、长柄勺、小勺、电饭锅（含蒸隔）、培养箱、质构仪、发糕模具、玻璃棒、纱布等。

三、实验方法

1. 工艺流程

籼米→浸泡→磨浆→加入发酵剂、糖拌匀→发酵→注模→汽蒸→成品

2. 操作步骤

（1）浸泡　称取 250g 原料米，洗米两遍，以料液比 1∶2 于常温下浸泡 24h，沥干水分，利用重量法计算大米的吸水量。

（2）磨浆　总水量为 130mL 左右（包括活化酵母用水），取适量水加入米中打浆，打浆达到手感细腻无颗粒状即可。

（3）酵母活化　称取 2g 的酵母（按米重）加入 1% 的糖溶液中（糖溶液配制用水算总水用量），在 37℃ 的水浴中活化，当溶液表面有气泡或液面上升时，说明活化完成。

（4）发酵　将活化好的酵母加入米浆中。总糖用量不超过 20%（按米重计），除活化酵母用糖外，余下的糖全部加入米浆中混匀。放入温度为 30～35℃，相对湿度为 85% 的发酵箱中，发酵 1.5h 左右，至粉浆表面布满泡沫，拨动如冷水泛泡状为止。

（5）蒸糕　先在蒸锅内放些水，另将蒸笼布用水浸湿，摊在笼格中，再放入锅中，锅中的水面与笼格约距 3cm 左右，然后将水烧沸。由于粉浆较稀薄，一下倒入笼中就会通过布眼漏掉。因此事前用少许湿米粉（最好用淀粉）与水和成浆，浇匀在笼布上，先蒸 1min，使布眼黏结，然后再将粉浆倒入再蒸 10～15min。熄火 20min 后开盖。

四、感官评定

米发糕的感官鉴定主要从色泽、形态、滋味、香味、口感等几个食用品质指标进行分析。以米发糕形态蓬松、色泽洁白均匀、有柔和的发酵味及酒香味、酸甜适中、口感松软为最高分，总分为各项指标得分之和（表4-16）。

表 4-16　发糕感官评分标准

指标	评价标准(满分100分)
香气	有特殊发酵香味,味浓,16～20分;有特殊发酵香味,味淡,11～15分;有香味,6～10分;无香味,0～5分
口感	有嚼劲,不粘牙,16～20分;有嚼劲,稍粘牙,11～15分;粘牙,无嚼劲,6～10分;很粘牙,0～5分
色泽	颜色洁白,16～20分;较白,11～15分;浅褐色,6～10分;深褐色,0～5分

指标	评价标准(满分100分)
组织	气孔细密,均匀,孔壁薄呈海绵状,16~20分;气孔细但不均匀,孔壁较薄,11~15分;气孔大小不均匀,孔壁厚度不均匀,6~10分;坍塌不成形,0~5分
风味	酸甜适中,16~20分;酸甜感皆有,但滋味淡,11~15分;只有甜或只有酸,6~10分;有异味,0~5分

实验十一 米松糕的制作

一、实验原理

松糕是中国的传统美食,以其造型美观、松软芳香,在江、浙、沪、黔、赣及两广等南方地区颇受消费者喜爱。松糕的制作原理是以糯米粉和粳米粉为主要原料,经拌粉、筛粉、成型和蒸制而成的松软、富有弹性的产品。

二、实验器具和材料

1. 原料

坯料:细糯米粉540g、细粳米粉360g、白砂糖360g、玫瑰酱50g、红曲米粉5g。

米松糕的制作也可加入馅料,如干豆沙350g、松子仁20g、甜板油丁200g等,但要不影响松糕的柔软度为佳。

2. 实验器具

松糕模具、纱布、绿纱筛、蒸锅等。

三、制作步骤

1. 工艺流程

夹粉 ⟶ 成型(加入馅) ⟶ 蒸制 ⟶ 装盘

2. 操作步骤

(1) 制作糕粉 将细糯米粉、细粳米粉(6:4)置案板上拌匀,中间扒一糖坑,加入白砂糖,加入清水130g拌匀,再加入玫瑰酱、红曲米粉抄拌均匀,静置3~4h,放入绿纱筛中成糕粉。

(2) 成型 松糕模具中加入糕粉,或加粉至一半,再放入适量松子仁、干豆沙和甜板油丁,续加糕粉至满,略掀,再将糕模面上余粉刮去,去掉模具。

(3) 成熟 放入蒸锅中,汽蒸15min左右,至糕底无白痕即成熟。

四、成品标准

造型美观,色彩鲜艳,松软芳香,甜香入味。

五、注意事项

粳糯米粉用料比应为4:6;米粉掺水拌匀后必须静置,静置的时间随季节而变化;掺水的量要掌握准确，少一点比多一点好，否则影响糕的松软性。

实验十二　汤团的制作

一、实验原理

汤团，又称为汤圆，是我国代表性食物，历史十分悠久。用糯米粉制成面团，中间裹入馅料，团成圆形，吃时用水煮熟。我国一般在农历正月十五有吃汤圆的习俗，代表着合家团圆的意思。汤圆的馅料丰富多彩，咸甜荤素变化多端。汤团软糯美味、营养丰富、制作简单、流派纷呈，是传统饮食文化的代表。汤团的成团制作原理是米粉在蒸煮的条件下，淀粉发生膨胀糊化而产生黏性形成粉团。

二、实验器具和材料

1. 实验材料

坯料：水磨糯米粉。

馅料：黑芝麻40g，净板油80g，绵白糖80g，粳米粉10g。

2. 实验器具

大碗一只、炒锅、勺子、厨刀等。

三、制作过程

1. 工艺流程

1/3米粉冷水成团→煮芡→与其余粉→起揉→米粉团→揪团坯捏皮→包馅→成型→成熟→装碗

　　　　　　　　　　　　　　　　　　　　　　　　　　　　↑

　　　　　　　　　　　　　　　　　　　　　　　　　　麻仁馅

2. 制作程序

（1）制馅　黑芝麻洗净炒熟，研成粉末，净板油切成细粒，两者与白糖、粳米粉擦匀成馅心；也可用豆沙、果酱等取代芝麻糊。

（2）面团调制　取1/3糯米粉加适量冷水揉成团，压成饼状，入沸水锅煮成粉芡，晾凉，与其余干粉一起揉和至不粘手即成。

（3）成型　粉团适量大小分割，搓圆按扁，左手托住，右手用拇指和食指将坯料边捏边转，捏成边缘厚薄均匀的酒盅形坯子，加入麻馅，将口收拢，顶部略尖，搓圆即成。

（4）煮熟　水锅微沸（不要沸水下汤圆），将汤团沿锅边放入，用勺子略推，防止粘底和相互黏结，煮4min左右，待汤团浮起，适当加些冷水，保持微沸，见汤团表皮膨胀呈玉色发软时，连汤盛入碗中。

四、成品标准

洁白细腻，软而不糊，用筷子夹住，团皮能自动下垂，糯而不黏，皮薄馅多，馅心香甜。

五、注意事项

粉芡要煮透，粉芡量要合适；煮制时不要沸水下锅，保持微沸状态即加入汤圆；包馅时，坯皮要捏成酒盅形，且边缘厚薄均匀，中间略厚，收口要牢。

第五章　植物蛋白与淀粉制备

实验一　淀粉的提取

淀粉是绿色植物果实、种子块根和块茎的主要成分，是食品的重要成分之一。含淀粉质的农产品种类很多，但并不是都适用于大规模工业生产。作为规模生产淀粉的原料必须满足以下条件：①淀粉含量高、产量大、副产品利用率高；②原料加工、贮藏、销售容易；③价格较便宜；④不与人争口粮。因此，目前一般选用玉米较合适，其次是薯类。大米和小麦尽管产量大，但价格较高又是人的主要口粮，因此，只在部分产量比较集中的地区才用于加工淀粉及其深加工产品。淀粉生产的原料不同，其生产工艺也不同。如禾谷类的小麦、玉米两种淀粉加工方式不同，小麦采用洗面筋的方法，而玉米采用浸泡研磨的方法。同一品种不同种类，加工工艺条件有所不同，如玉米的硬质和软质种的生产工艺不同。

一、实验仪器、试剂及材料

1. 实验仪器

恒温水浴锅、破碎机、高速破碎机、胶体磨、标准筛、离心机、鼓风干燥箱、培养皿等。

2. 试剂和材料

0.1%的 NaOH 溶液、去胚玉米粉、马铃薯、小麦粉等。

二、玉米淀粉的提取

玉米淀粉的生产方法很多，普遍采用的是湿法和干法两种工艺。所谓湿法就是将玉米用温水浸泡，经粗细研磨，分出胚芽、纤维和蛋白质，而得到高纯度的淀粉产品。所谓干法是指靠磨碎、筛分、风选的方法，分出胚芽和纤维，而得到低脂肪的玉米粉。一般获得纯净的玉米淀粉多采用湿磨工艺进行生产。

1. 工艺流程

去胚玉米粉→浸泡→细磨→过筛→离心→洗涤→干燥→成品

2. 操作步骤

① 浸泡：将氢氧化钠溶于蒸馏水制成 0.1% 的溶液，用恒温水浴锅控制在 55℃，加入准确称量的 100g 去胚玉米粉，连续搅拌成均匀的悬浮液，玉米和浸渍液的比例为 1∶6，浸泡 90min。

② 细磨：将玉米粉悬浮液用胶体磨细磨 2 次，乳浆依次过 100 目和 200 目的筛子，去

除纤维。

③ 离心：将粗淀粉乳进行离心，转速为 3000r/min，时间为 6min。

④ 洗涤：用 500mL 蒸馏水水洗两次并反复洗涤和离心，以去除剩余的蛋白质和其他非淀粉成分。

⑤ 干燥：49℃下干燥 24h 得到成品。

三、马铃薯淀粉的提取

马铃薯淀粉约占块茎干物质质量的 80%，其生产的主要任务是尽可能打破马铃薯块茎的细胞壁，从释放出来的淀粉颗粒中清除可溶性及不可溶性的杂质。

1. 工艺流程

马铃薯→洗涤、去皮→磨碎→细胞液分离→洗涤淀粉→细胞液水分离→淀粉乳的精制→细渣的洗涤→淀粉乳的洗涤→干燥

2. 操作步骤

（1）清理除杂、洗涤、去皮。

（2）磨碎：将 500g 马铃薯切成边长为 1~1.5cm 的正方块，用破碎机进行磨碎。同时加入少许水，阻止细胞液与空气接触而氧化褐变。粗破碎后，用胶体磨细磨一两次，得到部分淀粉及细胞液。

（3）细胞液的分离：细胞液的存在会因氧化作用导致淀粉的颜色发暗，通过离心机将细胞液与淀粉分离，转速 3000r/min，时间为 6min。分离出含淀粉的浆料与水按 1:（1~2）的比例稀释。

（4）洗涤淀粉：淀粉乳依次过 80 目、100 目和 200 目筛子，去除粗渣滓。

（5）细胞液水的分离：将上道工序被冲洗出来的筛下物悬浮液立即用离心机将其细胞液水分离出去。

（6）淀粉乳精制：将离心后浓缩淀粉乳用水稀释至干物质含量的 12%~14%，反复进行筛洗，最后离心，去掉上层混浊液及蛋白质。

（7）脱水干燥：将离心后的淀粉先铺平自然晾干，水分降至 25% 左右，然后置于 40℃ 的鼓风干燥箱中干燥 12h，至含水量 14%~15%。

四、小麦淀粉的提取

小麦淀粉的提取采用马丁法，该法是利用小麦蛋白质与水接触时形成紧密的面筋，用水洗面团时，淀粉及一些水溶性蛋白溶出，纤维被洗出，最后纯化得到小麦粉。

操作步骤：小麦面粉和水以 2:1 的比例制成面团，静置 30min 后，加水用水反复搓洗。将洗好的面筋再置于适量清水中搓洗，该过程重复 3 次，然后将所有的提取液合并，依次过 80/120 目筛。再将滤液在 3500r/min 下离心 5min，倒出上清液，将沉淀平铺于表面皿上，置于烘箱中 35℃ 左右烘干，然后用研钵研磨，过 100 目筛，得到小麦淀粉。

五、结果计算

根据式（5-1）计算淀粉的提取率。

$$淀粉得率（\%）=\frac{淀粉质量}{原料质量}\times100 \qquad (5\text{-}1)$$

实验二　变性淀粉的制备

淀粉是食品的重要组分之一，是人体热能的主要来源。淀粉又是许多工业生产的原、辅料，其可利用的主要性状包括颗粒性质、糊或浆液性质、成膜性质等。由于天然淀粉并不完全具备各工业行业应用的有效性能，因此，根据不同种类淀粉的结构、理化性质及应用要求，采用相应的技术可使其改性，得到各种变性淀粉，从而改善了应用效果，扩大了应用范围。淀粉和变性淀粉可广泛应用于食品、纺织、造纸、医药、化工、建材、石油钻探、铸造以及农业等许多行业。

一、交联淀粉的制备

1. 实验原理

淀粉的醇羟基与具有二元或多元官能团的化学试剂形成二醚键或二酯键，使两个或两个以上的淀粉分子之间"架桥"在一起，呈多维空间网状结构的反应，称为交联反应。参加此反应的多元官能团称为交联剂，淀粉的交联产物称为交联淀粉。交联剂的种类很多，常用于制备交联淀粉的交联剂有环氧氯丙烷、甲醛、三氯氧磷、三偏（或三聚）磷酸钠、六偏磷酸钠等。

2. 操作步骤

玉米淀粉 300g 用 500mL 蒸馏水调成淀粉乳，保持不断搅拌，反应罐置于恒温水浴器中，全程控制反应温度 40℃，以 3%（质量分数，下同）的 NaOH 水溶液控制反应 pH 值为 9.1~10.1，2h 内缓慢滴入 50mL 12% 的三偏磷酸钠水溶液，反应 6h，最后降温至 30℃，用 6% 的盐酸调 pH 值至中性，静置一段时间，过滤、洗涤、抽滤，置于干燥箱中，在 55℃ 干燥 4h，制得样品。

二、羟丙基淀粉制备

1. 实验原理

羟丙基淀粉是一种化学变性淀粉，它是在碱性条件下将淀粉与环氧丙烷反应，在淀粉分子中引入羟丙基而生成的一种淀粉醚类化合物。淀粉经羟丙基化以后，许多性能得到显著改变。亲水性羟丙基的引入，可以削弱淀粉分子间以氢键结合的作用力，增加淀粉对水的亲和力，从而使淀粉易于溶胀和糊化，同时有效防止了淀粉糊老化的发生。羟丙基淀粉在糊的透明度、冻融稳定性、保水性和储藏稳定性方面都大大优于原淀粉。

2. 操作步骤

将 500g 玉米淀粉（含水 10%）分散于 800g 水（内含 5g NaOH 和 70g Na_2SO_4）中，加入 50mL 环氧丙烷，在 18℃ 下搅拌 0.5h，升温至 49℃，反应 8h，用 1mol/L 的盐酸中和至 pH 值至 5.5，在 2000r/min 下离心 5min。用蒸馏水洗 2 次，然后用 95% 的乙醇洗 1 次，离心后放入 40℃ 烘箱内干燥得到成品。

三、酸变性淀粉的制备

1. 实验原理

在淀粉糊化温度以下，用酸处理的产品称为酸变性淀粉。酸水解分两步进行，第一步是快速水解无定形区域的支链淀粉；第二步是水解结晶区域的直链和支链淀粉，速度较慢。酸变性淀粉的分子较小，聚合度下降，还原性增加，流动性增加。酸处理淀粉主要破坏了淀粉颗粒的非结晶区，大部分结晶区仍保持原态。但在水中加热时，与未变性的淀粉十分不同，它不像原淀粉那样会膨胀很多倍，而是分裂成碎片，所以酸变性淀粉的热糊黏度远低于原淀粉，并且糊化温度降低，具有较强的凝胶性和吸水性，其淀粉糊相当透明。酸变性淀粉在水中容易分散，冷却时形成半固体凝胶，稳实，富有弹性和韧性，可用于制造软糖、食品黏合剂和稳定剂等。

2. 操作步骤

称取 50g 玉米淀粉，置于 250mL 烧杯中，搅拌下加入 60mL 水调成淀粉乳，然后置于 37℃恒温水浴锅中，加入 32％的盐酸 7mL，酸水解 2h。反应结束后，取出烧杯，冷却至室温，用离心机在 2000 r/min 下离心 5min 脱水，回收酸液，然后用 5mol/L 的碳酸钠溶液中和酸变性淀粉乳，使 pH 达到 6.0 左右，用水洗涤至中性。经离心机脱水后 40℃烘箱内干燥得到成品。

实验三　大豆浓缩蛋白和分离蛋白的制备

大豆浓缩蛋白是以脱脂豆粉为原料，用 pH4.5 的水浸提，或用含一定浓度乙醇的水浸提，或进行湿热处理后用水浸提，可除去其中所含的可溶性低聚糖等，产品的蛋白质含量提高到 70％左右，蛋白酶抑制剂等抗营养因子的浓度也会降低。

大豆分离蛋白的制备是用稀碱溶液浸提处理脱脂豆粉，分离出残渣后，蛋白质提取液加酸至等电点后，大豆蛋白沉淀出来，沉淀经过中和、干燥后就得到大豆分离蛋白，其蛋白质含量超过 90％，基本不含纤维素、抗营养因子等物质，同时溶解度高，具有很好的乳化、分散、胶凝和增稠作用，在食品中应用广泛。

一、实验设备和材料

脱脂豆粉；旋转蒸发器，水浴恒温振荡器，离心机，真空干燥箱，高温电炉，循环水式真空泵，喷雾干燥器。

二、醇法浓缩蛋白的制备

取 100g 脱脂豆粉于 2000mL 烧杯中，加入 500mL 浓度为 75％的乙醇，用保鲜膜封口防止乙醇挥发，然后放入恒温振荡器进行浸提，浸出时间 60min，浸出温度 30℃，之后利用真空抽滤进行固液分离。对第一次浸出后的豆粉用浓度为 90％的乙醇进行第二次浸出（固液比 1：5），浸出时间 30min，浸出温度 50℃，利用真空抽滤进行固液分离。分离出的固体 40℃真空干燥箱内干燥得到浓缩蛋白。

三、大豆分离蛋白的制备

1. 工艺流程

脱脂豆粉→碱提→粗滤→离心→酸沉→静置→离心→水洗→打浆、回调→烘干→成品

2. 操作步骤

① 碱液浸提：称取一定量的脱脂豆粉，投入浸提罐内，加入 10 倍量的水。在 50～80r/min 的搅拌条件下，用 40％的 NaOH 溶液调节 pH 值至 7.0～8.0，控制温度为 50℃，浸提 40～50min。

② 过滤：将浸提液经过纱布过滤，即完成粗滤；然后再将粗滤后的浸提液在 3500r/min 下离心分离 10min 去除其中的细豆渣。

③ 酸沉、离心：在不断搅拌的情况下，向浸提液中缓缓地加入 20％～25％盐酸溶液，调整 pH 值至 4.5～4.6。当 pH 值达到要求时便立即停止搅拌，静置 30min。然后用离心机在 3500r/min 下离心分离 10min，将沉淀下来的沉淀物脱水，弃去清液并称取沉淀的质量。

④ 水洗：使用 40～50℃的温水冲洗 2 次，每次用水大约为湿沉淀体积的 2～3 倍。然后用离心机在 3500r/min 下离心 10min，将沉淀下来的沉淀物脱水，弃去清液。

⑤ 打浆、中和：沉淀物加入适量的水并使用组织捣碎机搅打成均匀的浆液，然后使用 5％的 NaOH 溶液进行回调，回调 pH 在 6.5～7.0 之间。将浆料的浓度控制在 12％～20％，搅拌速度 80r/min。

⑥ 喷雾干燥：进风温度为 205～220℃，出风温度 85～90℃，收集产品得到大豆分离蛋白。

四、成品评价

1. 感官指标

外观呈淡黄色或乳白色粉末，具有产品应有的滋味和气味，无异味，不含有视力可见的杂质。

2. 理化指标

水分含量≤10％，大豆浓缩蛋白蛋白含量在 65％～90％之间，大豆分离蛋白蛋白含量≥90％。

实验四　传统豆腐和内酯豆腐的制作

豆腐是大豆蛋白与凝固剂在静电相互作用、疏水相互作用、氢键、二硫键交联作用下形成的具有三维网络结构的凝胶产品。它在我国已有 2000 多年的历史，如今已成为世界各地大众所青睐的营养食品，在民众日常膳食中占有十分重要的地位。我国豆腐主要有北豆腐和南豆腐两种，北豆腐主要是以氯化镁或以氯化镁为主要成分的盐卤为凝固剂进行点脑凝固；而南豆腐以硫酸钙或以硫酸钙为主要成分的石膏作为凝固剂，经压榨、排水制作而成。此外，还有以葡萄糖酸-δ-内酯为凝固剂，这是一种新型的凝固剂，以其制作的豆腐称为内酯豆腐，较传统制备方法的豆腐更加细腻，提高了豆腐出品率。

第一法　传统豆腐的制作

一、材料及工具

大豆、凝固剂（盐卤或石膏，用量为豆乳量的 0.5％～0.6％）；石磨或砂轮磨、木制压榨箱、白布、重石。

二、制作过程

1. 选料

应选豆脐色浅、粒大皮薄、饱满无皱、有光泽的大豆。刚收获的大豆和陈旧的大豆出浆少，均不好。选料同时去除大豆中的碎石和杂质，用清水洗涤。

2. 泡豆

将洗净的黄豆在清水中浸泡。目的在于使大豆膨胀便于磨制豆浆，并且使大豆组织中的蛋白质较容易抽提出来。浸泡用水一般为大豆的 3～5 倍，淹没过全部大豆稍有余，浸泡时间冬天为 12h，夏天 6h，春秋 8h。正常情况下，浸泡适当的大豆表面比较光亮，没有皱皮，豆瓣易被手指掐断，断面浸透无硬心。将黄豆瓣掰开，豆瓣四边呈白色，中间有米粒大的凹陷，颜色比干黄豆深。如果豆瓣内表面平整或已凸出，说明已泡老。

3. 磨浆

磨 2～3 遍，磨豆时的加水量为每千克泡好的豆加水 3～5kg。均匀加水，以磨出来的浆能自由流动为宜；如果水时多时少，则豆浆就会粗糙。

4. 过滤

用漂白布或纱布做只小布袋，将磨好的浆倒入布袋内，用绳缚住袋口，用手搓揉布袋，直至无白浆搓出为止。随后用水冲洗豆渣两次至不黏而松散为止。

5. 煮浆

煮浆要快，时间短，不超过 15min，沸腾 3～5min，可加入消除泡沫的少许消泡剂或食用油。煮浆后可添加冷水降温，或在冷水浴中降温至点浆温度。豆浆浓度一般控制在 7～9°Bé，豆浆浓度高，生产出的豆腐嫩一些；豆浆浓度小，生产出的豆腐老一些。

6. 点浆

点浆时的温度一般控制在 70～90℃。如果要求豆腐含水多一些，点浆温度要低些；如要求豆腐含水少一些，点浆温度可适当提高。

使用盐卤加水 4 倍制成盐卤水，按豆乳 2% 使用。用石膏时，制成熟石膏粉碎后使用，用 50℃ 左右温水调稀，加水量为石膏量 3～4 倍，每千克黄豆加石膏 50g 左右。将凝固剂加入豆浆中，用勺子自上而下地搅拌豆浆，使之像开锅似地翻滚，停止搅拌后，不要再搅拌，应让豆浆静置，如豆浆凝固后，表面光滑如镜；如表面结有很密的芝麻大小的浆花，也叫豆腐核，表明凝固剂不够，或者搅拌不均造成，或者点浆温度偏高偏低。

7. 成型

在洗净的豆腐格中铺上洗净的包布，破脑后将豆腐脑倒入其中包严，加框盖。加压要先轻后重，使水分从包布中渗出，压至水分不流成线即可。太干有损口味。

8. 成品

将成型的豆腐拆开后划成方块，洒上凉水，立即降温及迅速散发表面的多余水分，以达到豆腐制品的保鲜和形态稳定的作用，冷至室温为宜。

三、质量要求与产品出品率

豆腐色泽应为洁白色，质地细嫩，入口滑溜柔软。1kg 大豆可得 3～4kg 制品。

四、注意事项

（1）泡豆时间很重要，要掌握好。若浸泡时间过长，损失淀粉和蛋白质；浸泡时间过短，则得浆率低，这些都是影响豆浆质量的关键。

（2）要检验点浆是否恰到好处，可用水试的方法。待豆浆呈黏稠状时，就用小勺舀少许清水轻轻倒在浆面上，如水沉入浆面表面下，点浆不到；如水聚在浆面上，则表示点浆老了；以水沉入浆面呈一小凹槽，表面和浆平为好。

第二法　内酯豆腐的制作

一、实验材料与设备

1. 实验材料

大豆、葡萄糖酸-δ-内酯。

2. 实验设备

加热锅、磨浆机（或组织捣碎机）、水浴锅、折光仪、容器（玻璃瓶或内酯豆腐塑料盒）、电炉、过滤筛（80目左右）等

二、实验步骤

步骤1～5同传统豆腐的制作。

6. 冷却

葡萄糖酸-δ-内酯在30℃以下不发生凝固作用，为使它能与豆浆均匀混合，把豆浆冷却至30℃。

7. 混合

葡萄糖酸-δ-内酯的加入量为豆浆的0.25％～0.3％，先与少量凉豆浆混合溶化后加入混匀，混匀后立即灌装。

8. 灌装

把混合好的豆浆注入包装盒内，每袋重250g，封口。

9. 加热凝固

把灌装的豆浆盒放入锅中加热，当温度超过50℃后，葡萄糖酸-δ-内酯开始发挥凝固作用，使盒内的豆浆逐渐形成豆脑。加热的水温为85～100℃，加热时间为20～30min，到时后立即冷却，以保持豆腐的形状。

三、成品评价

豆腐的感官质量标准是白色或淡黄色，具有豆腐特有的香气和滋味，块形完整，硬度适中，质地细嫩，有弹性，无杂质。

实验五　植物蛋白饮料的制作

植物蛋白饮料是指用蛋白质含量较高的植物果实、种子、核果类或坚果类的果仁等为原

料，与水按一定比例磨碎、去渣后加入配料制得的乳浊状液体制品。其成品蛋白质含量不低于 0.5g/100mL。用于生产植物蛋白饮料的原料如大豆、花生、杏仁等，除了含有蛋白质以外，还含有脂肪、碳水化合物、矿物质、各种酶类如脂肪氧化酶、抗营养因子等。这些成分在加工中往往会引起成品的质量问题，如蛋白质沉淀、脂肪上浮、豆腥味或苦涩味的产生、变色及抗营养因子或毒性物质的存在等。另外，改善和提高制品的口感也是生产中要十分注意的问题，如添加稳定剂、乳化剂；通过热磨的方法钝化脂肪氧化酶；真空脱臭；均质时的压力、温度和次数等。

一、实验材料与设备

1. 实验材料

大豆、白砂糖、乳化剂、香精等。

2. 设备

磨浆机、过滤机、均质机、脱气罐、灌装压盖机等。

二、制作方法

1. 工艺流程

原料→浸泡→磨浆→分离→调制→真空脱臭→均质→灌装封口→高温杀菌→冷却→成品

2. 操作步骤

（1）原料选择：选择颗粒饱满、成熟度好的新大豆（不超过两年）作为豆乳生产的原料。

（2）清理除杂：将大豆中混入的泥块、砂石、金属杂质以及不成熟粒、虫蛀粒、霉变粒、异种粮粒剔除，以提高产品品质和保护生产设备。

（3）清洗浸泡：经清理后的大豆用清水彻底清洗 2～3 遍，直到水清为止，然后加 3～5 倍的水进行浸泡，浸泡时间夏季 6～8h，冬季 12～20h。为防止浸泡过程中酸度升高，可在浸泡水中加 0.5% 的 $NaHCO_3$。

正常情况下，浸泡适当的大豆表面比较光亮，没有皱皮，豆瓣易被手指掐断，断面浸透无硬心。将黄豆瓣掰开，豆瓣四边呈白色，中间有米粒大的凹陷，颜色比干黄豆深。如果豆瓣内表面平整或已凸出，说明已泡老。

（4）磨浆：浸泡好的大豆用砂轮磨进行磨浆。通常热磨法是钝化脂肪氧化酶的好办法，即用 80～100℃ 的热水磨浆，保持 10min。也可在磨前进行热烫，在 100℃ 水中热烫 5min。

（5）分离：用 80～100 目滤布过滤，把浆液和豆渣分开。采用热浆分离，可降低黏度，提高固形物回收率。

（6）真空脱臭：在真空脱臭罐中进行脱臭处理。

（7）调配：白砂糖 8%～10%，奶粉 3%，果胶或羧甲基纤维素 0.2%～0.5%，香精适量。

（8）均质：胶体磨间隙调至 2～5μm，将调配好的豆浆过胶体磨。然后用高压均质机进一步进行均质，采用两级均质，一级均质压力控制在 5～10MPa，二级均质压力在 20～25MPa，均质温度在 70～80℃。

（9）灌装、排气：灌装至瓶颈部，将装好瓶的豆奶置于水浴中加热至 85℃ 排气，用封罐机趁热封罐。

（10）杀菌：先在常压下预热 10min，再将杀菌温度保持在 121℃左右，维持 30min，然后缓慢放气，直到杀菌锅中温度低于 100℃时方能打开杀菌锅盖。

三、质量评价

感官指标：乳白色，均匀无分层、沉淀现象，具有明显的豆乳香味。理化指标：总固形物≥4.0g/100mL，蛋白质≥2.0g/100g，脂肪≥0.8g/100g。

实验六　腐竹的制作

腐竹是我国著名的民族特产食品之一，它含有蛋白质 51％左右、脂肪 21％左右，是一种高蛋白质、营养成分全面的豆制食品，被誉为"绿色肉"。腐竹的制作原理是将煮熟的豆浆保持在较高温度条件下，一方面豆浆表面水分不断蒸发，表面蛋白质浓度相对提高；另一方面蛋白质胶粒热运动加剧，碰撞机会增加，聚合度加大，以至形成薄膜，随着时间的延长，薄膜厚度增加，当薄膜达到一定厚度时，揭起烘干即为腐竹。

一、实验材料及设备

大豆、磨浆机、滤布、平底锅、电炉、竹竿、电扇、干燥室、小刀等。

二、实验方法

1. 工艺流程

选豆→清洗→浸泡→磨浆→滤浆→调浆→煮浆→提取腐竹→烘干→成品

2. 操作要点

（1）清洗：选用颗粒饱满的新鲜黄豆，以高蛋白质、低脂肪含量的为佳，进行筛选或水选，清除灰尘杂质。

（2）浸泡：将大豆浸泡在大约 4 倍的水中。浸泡时间的长短决定于其温度的高低，一般冬天 12h 以上，夏天 2～3h，春秋 4～5h。正常情况下，浸泡适当的大豆表面比较光亮，没有皱皮，豆瓣易被手指掐断，断面浸透无硬心。将黄豆瓣掰开，豆瓣四边呈白色，中间有米粒大的凹陷，颜色比干黄豆深。如果豆瓣内表面平整或已凸出，说明已泡老。

（3）磨浆：将完成浸泡、水洗后的大豆用磨浆机磨制，磨制时每 1kg 原料豆加入 50～55℃的热水 2000mL。

（4）滤浆与调浆：用 100～120 目滤布滤浆。豆浆的浓度对腐竹生产有重要影响。豆浆过稀，腐竹形成速度慢，耗能多；豆浆过浓，腐竹质地粗糙，韧弹性降低。一般调浆程度为每千克大豆制取 4.5～5.5kg 豆浆为宜。

（5）煮浆：将调好的豆浆泵入电热夹层锅内，100℃下煮浆时间为 3～5min。

（6）加热提取腐竹：煮浆过滤后倒入平底锅内，用文火加热使锅内浆温保持在 85～95℃之间，并在浆的表面进行吹风，当豆浆表面形成一层油质薄浆皮时，用剪刀顺锅边向中间轻轻地把浆皮划开分成两行，再用竹竿沿着锅边挑起浆皮。一般 3～5min 形成一层，挑起一层皮再形成一层，直到锅内豆浆表面不能再凝结成具有韧性的薄膜为止。

(7) 烘干：把腐竹担在竹竿或不锈钢细管上送入干燥室进行烘干。干燥温度控制在50～60℃，经10～12h后，腐竹表面呈黄白色，明亮透光即为成品。一般每 1kg 大豆生产成品 0.5kg。

三、产品评价

1. 感官指标

浅黄色、有光泽、支条均匀、有空心、味正、无杂质。

2. 理化指标

100g 腐竹：含水不得超过 10g，蛋白质不得低于 40g，脂肪不得低于 20g，每千克含砷量不得超过 0.5mg，含铅量不得超过 1mg。

实验七　粉丝的制作

淀粉糊化和老化是粉丝生产的基本原理。淀粉加入适量水，加热搅拌糊化成淀粉糊（α-淀粉），冷却后，变得不透明，凝结而沉淀，这种现象称为淀粉的老化。粉丝制作过程中，淀粉加水制成糊状物，用悬垂或挤出法成型，之后在沸水中煮沸，令其糊化，捞出水冷，使之老化，干燥即得粉丝。传统粉丝使用硫酸铝钾（明矾）作为交联剂，提高粉丝的耐煮性和韧性。由于铝摄入过多可引起疾病，世界卫生组织 1989 年已经规定铝为污染物，要求加以控制。交联淀粉作为硫酸铝钾的替代物，已用于粉丝的制造。

一、实验材料和设备

1. 实验材料

绿豆淀粉、马铃薯淀粉、甘薯淀粉、交联淀粉等。

参考配方：绿豆淀粉或马铃薯淀粉和甘薯淀粉（1∶1）1000g，水 500～600g，交联淀粉 40～60g。

2. 实验设备

搅拌器，蒸煮锅，7～15mm 孔径的多孔漏粉器，温度计，不锈钢筛网，台秤，冰箱和烘箱等。

二、实验方法

1. 工艺流程

原料、水→打糊、搅拌→漏粉→煮熟糊化→定型冷却→冷冻→切断→烘干→成品

2. 操作步骤

① 打糊、搅拌　将 30～40g 绿豆淀粉或马铃薯淀粉和甘薯淀粉（1∶1）加入 400mL 30～40℃ 温水混匀，在搅拌的同时加入 100～200mL 沸水，先低速搅拌，后逐渐提高搅拌速率，直至糊化，搅拌均匀至无块、糊透明，然后再加入 960～970g 绿豆淀粉或马铃薯淀粉和甘薯淀粉（1∶1），进行搅拌，要求搅拌均匀，温度控制在 40℃ 左右，避免在淀粉面团中形成气泡。

② 漏粉　用底部 7～15mm 孔径的多孔漏粉器，将搅拌好的淀粉糊状物漏入沸水锅中，保持蒸煮锅中的水位，煮沸 3min，使粉丝煮熟煮透，糊化定型。

③ 冷却　将糊化定型的粉丝捞出，浸入 20℃以下冷水中 10min。

④ 冷冻　在−18℃冰箱中，样品厚度 5cm，冻结 6h。

⑤ 切断　将冻结的粉丝放入不锈钢平底盘中，切断并整理成规定长度。

⑥ 烘干　将整理好的粉丝在不锈钢筛网中码放整齐，放入烘箱中干燥，热风温度控制在 55～60℃，干燥后的粉丝含水量小于 15%。

三、评价指标

1. 感官指标

色泽白亮或产品应有的色泽，具有绿豆、马铃薯、甘薯淀粉应有的气味和滋味，无异味，粉条粗细均匀，基本无并丝，无碎丝，手感柔韧，弹性良好，成半透明状态，无肉眼可见外来杂质。

2. 理化指标

水分≤15%，淀粉≥75%，溶水干物质含量≤15%。

第六章　植物油脂提取及其品质分析

实验一　低温压榨花生油的制备与水化脱胶

　　食用油的制取常用压榨法或浸出法，压榨取油即借助机械外力的作用将油脂从油料中挤压出来；浸出法主要是利用相似相溶原理，采用有机溶剂（6 号油）将油从油料中溶出，然后去溶剂，精炼可得食用油。但无论压榨法或浸出法制取的油脂，都含有多种杂质，其中的胶体杂质主要为磷脂。当油中水分很少时，磷脂呈内盐状态，极性很弱，溶于油脂。当油中加入适量水后，磷脂吸水浸润，磷脂的成盐原子团便和水结合，磷脂分子结构由内盐式转变为水化式，带有较强的亲水基团，磷脂更易吸水水化。随着吸水量增加，絮凝的临界温度提高，磷脂体积膨胀，密度增加，从而自油中析出。

一、实验材料和设备

1. 实验材料

花生。

2. 实验设备

低温榨油机；数显搅拌恒温电热套；搅拌器；离心机；水银温度计：100℃、200℃、300℃；烧杯：500mL、250mL、50mL；量筒：5mL、10mL、20mL；电炉：500～1000W；台式天平；干燥器；铁架台铁夹；试管夹。

二、实验方法

1. 工艺流程

原料清理→低温干燥→低温压榨→沉淀→过滤→水化脱胶→离心→产品检验

2. 操作步骤

　　① 原料清理　仔细去除原料中的茎叶、禾秆、霉变粒等，经清理过的原料花生总含杂量不得超过 0.1%。

　　② 低温烘干　采用低温烘干工艺，把原料花生的水分降到 6% 以下。为了减少蛋白质的变性，整个烘干过程原料温度应控制在 75℃ 以下。

　　③ 低温压榨　低温螺旋榨油机榨油，榨油过程中注意榨料筒的温度不超过 70℃，收集油料并过滤得到粗毛油。

　　④ 水化脱胶　称取粗毛油 200g 置于 500mL 的烧杯中，将其放入数显恒温电热套中，在慢速搅拌下加入油样，根据表 6-1 确定水化温度和加水量等操作条件，加热至所定温度

后，将量好的水溶液（或食盐水溶液）用小滴管缓慢加入油中，保持恒定温度搅拌 20～30min。

表 6-1　水化工艺条件

工艺	温度/℃	加水量
低温水化	20～30	$W=(0.5\sim1)X$
中温水化	60～65	$W=(2\sim3)X$
高温水化	85～95	$W=(3\sim3.5)X$

注：X—油中磷脂含量。

⑤ 絮凝和离心　水化反应后，降低搅拌速度，促使胶体絮凝，仔细观察反应现象。待胶杂与油呈明显分离状态时，停止搅拌。将水化油样转入离心管，并与同批分离的小组调整好静平衡（即通过添加一定量的水化净油，使之重量相等），记录添加净油重。3000～4500r/min 离心 20min 后，将上层水化油移入已知重量的烧杯中。

⑥ 脱水　将上述盛水化油的烧杯置于电炉上，加热搅拌，进行脱水，先升温至100℃左右，脱水 10～15min，再升温至 125℃，脱水 10min，然后置于干燥器中冷却，观察透明度，确认合格后称量（检查脱水效果小样试验方法：用玻璃试管取一定量油冷却到 20℃以下，油样仍然保持澄清透明则为合格）。

⑦ 加热检验　取水化后的油样约 30g 置于 50mL 烧杯中做 280℃加热实验，需在 10～15min 内将油温升至 280℃，然后观察有无析出物。

三、计算

毛油精炼率按公式（6-1）计算。

$$精炼率(\%)=\frac{净油重}{粗油重}\times100 \qquad (6-1)$$

四、分析讨论

（1）分析精炼损耗原因。

（2）水化过程中造成乳化的原因有哪些？如何排除？

实验二　植物油碱炼脱酸

未经精炼的各种粗油中，均含有一定数量的游离脂肪酸，游离脂肪酸的存在不仅降低了油脂的品质，对油脂的保存也十分不利。脱除油脂中游离脂肪酸的过程称为脱酸。脱酸的方法有碱炼、蒸馏、溶剂萃取及酯化等方法。其中应用最广泛的为碱炼法和蒸馏法。碱炼，是用碱中和游离脂肪酸，并同时除去部分其他杂质的一种精炼方法。所用的碱有多种，例如石灰、有机碱、纯碱和烧碱等。国内应用最广泛的是烧碱。碱炼的原理是碱溶液与毛油中的游离脂肪酸发生中和反应，即：$RCOOH+NaOH \longrightarrow RCOONa+H_2O$。除了中和反应外，生成的钠盐在油中不易溶解，成为絮状物而沉降。生成的钠盐为表面活性剂，可将相当数量的其他杂质也带入沉降物，如蛋白质、黏液质、色素、磷脂及带有羟基和酚基的物质。甚至悬浮固体杂质也可被絮状皂团携带下来。因此，碱炼具有脱酸、脱胶、脱固体杂质和脱色素等综合作用。

一、实验试剂和设备

1. 实验材料

脱胶毛油；NaOH 水溶液：14°Bé，取 104g NaOH 溶于 1000mL 水中。

2. 实验设备

水浴锅；电炉：1000W；离心机；烧杯：500mL、250mL、50mL；分液漏斗；水银温度计；干燥器。

二、实验步骤

1. 碱添加量的确定

根据粗油酸价、色泽及成品油要求确定加碱量，加碱量根据公式（6-2）计算。

$$G_{NaOH} = \frac{(7.13 \times 10^{-4} \times AV + B) \times M}{c} \tag{6-2}$$

式中　G_{NaOH}——NaOH 的总添加量，g；

　　　M——脱胶毛油的质量，g；

　　　AV——脱胶毛油的酸值；

　　　B——超量碱占油重的百分数，取 $B = 0.05\% \sim 0.3\%$；

　　　c——NaOH 溶液的百分含量。

2. 中和

称取油样 200g 于 500mL 的烧杯中，置于水浴锅加热至 30~35℃。将预先配制好的碱液快速而均匀地加入油内，同时快速搅拌。下完碱后继续搅拌 30min，待油中出现皂粒并聚结增大形成絮状物时，将反应油样快速升至 60~65℃，保持恒温，调慢搅拌速度搅拌十多分钟，促使絮凝，油皂呈明显分离状态时停止搅拌。

3. 离心

碱炼结束后，将碱炼油样转入离心管，3500r/min，恒速分离 20min。

4. 水洗

离心后将上层碱炼净油转移到 500mL 烧杯中，搅拌加热到油温 85℃ 左右，然后转入 500mL 已温热过的分液漏斗中，每次按油重的 10%~15% 添加，与油同温或高 5~10℃ 蒸馏水洗涤 2~3 遍，直至洗液的 pH 值中性为止。

5. 脱水

洗涤后的净油烧杯置电炉上，小心加热搅拌脱水。先升温至 100℃ 左右，脱水 15~20min，再升温至 125℃ 左右，脱水 10min，然后将烧杯置于干燥器中冷却，确认合格后在室温下称重。

三、结果计算

1. 毛油脱酸率按公式（6-3）计算

$$脱酸率(\%) = \frac{毛油酸价 - 脱酸油酸价}{毛油酸价} \times 100 \tag{6-3}$$

2. 精炼率按公式(6-4) 计算

$$精炼率(\%)=\frac{m_1}{m_2}\times 100 \qquad (6\text{-}4)$$

式中　m_1——脱酸油质量，g；

　　　m_2——毛油质量，g。

实验三　水酶法提取植物油与蛋白质

一、实验原理

水酶法工艺是在机械破碎的基础上，采用能降解植物油料细胞壁的酶，或对脂蛋白、脂多糖等复合体有降解作用的酶（包括纤维素酶、果胶酶、淀粉酶、蛋白酶等）作用于油料，使油脂易于从油料固体中释出，再利用非油成分（蛋白质和碳水化合物）对油和水的亲和力差异，以及油水密度不同而将油和非油成分分离。水酶法工艺中，酶除了能降解油料细胞，分解脂蛋白、脂多糖等复合体外，还能破坏油料在磨浆等过程中形成的包裹在油滴表面的脂蛋白膜，降低乳状液的稳定性，从而提高游离油得率。水酶法作用条件温和（常温、无化学反应），体系中的降解产物一般不会与提取物发生反应，可以有效地保护油脂、蛋白质以及胶质等可利用成分。

二、实验材料和设备

1. 实验材料

花生仁（或大豆、葵花籽、芝麻、菜籽等油料均可）；Alcalase 2.4L 碱性蛋白酶；NaOH 溶液（4mol/L）。

2. 实验设备

电子天平，电热恒温鼓风干燥箱，高速万能粉碎机，pH 计，恒温水浴锅，水浴振荡器，低速离心机，布氏漏斗，真空泵等。

三、实验方法

1. 工艺流程

花生仁→烘烤→脱红衣→粉碎→碱提→酶解→灭酶→离心→ { 清油 乳状层 水解液 残渣

2. 操作步骤

①烘烤　将 200g 花生仁放入烤盘，在电热烘箱中 190℃烘烤 20min。在烘烤的过程中每隔 5min 晃动烤盘，尽量使花生受热均匀。

②脱红衣　将花生快速冷却（冷水浴）后，手搓去红衣。

③粉碎　使用高速万能粉碎机对脱皮花生进行充分粉碎，直至物料呈半固态浆状。

④碱提　将 60g 花生浆转移至具塞锥形瓶中，按固液比 1∶5 加入去离子水，搅拌分散

后用 4mol/L NaOH 溶液调节体系 pH 值至 8.5，放入恒温振荡器中，60℃下具塞振荡 30min。

　　⑤ 酶解　加入 3%（酶/底物）碱性蛋白酶，60℃振荡条件下具塞酶解 2h。

　　⑥ 灭酶　将具塞锥形瓶置于水浴锅中进行灭酶，温度为 90℃，时间为 10min。

　　⑦ 离心　将物料趁热转移至具塞离心杯中进行离心（4000r/min，15min），得到油和蛋白水解液，用吸管吸出上层清油，弃去乳状层，水解液用布氏漏斗真空抽滤后测量其体积，并取样进行蛋白质和游离氨基酸含量测定。

四、结果计算

1. 游离油得率按公式 (6-5) 计算

$$游离油得率（\%）=\frac{游离油}{花生原料含油量}\times100 \tag{6-5}$$

2. 水解蛋白质得率按公式 (6-6) 计算

$$水解蛋白质得率（\%）=\frac{水解蛋白粉含蛋白质量}{花生原料含蛋白质量}\times100 \tag{6-6}$$

实验四　植物油脂透明度、气味、滋味鉴定

第一法　透明度的测定

一、实验原理

　　油脂的透明度是指可透过光线的程度。品质合格正常的油脂应是澄清、透明的，但若油脂中含有过高的水分、磷脂、蛋白质、固体脂肪、蜡质或含皂量过多时，油脂会出现浑浊，影响其透明度。油脂透明度的鉴定是借助检验者的视觉，初步判断油脂的纯净程度，是一种感官鉴定方法。

二、实验材料与设备

　　油脂样品：样品不需要过滤；比色管：100mL，直径 25mm；恒温水浴：0～100℃；乳白色灯泡。

三、操作步骤

1. 液态油脂

　　当油脂样品在常温下为液态时，量取试样 100mL 注入比色管中，在 20℃下静置 24h（蓖麻油静置 48h），然后移到乳白色灯泡前（或在比色管后衬以白纸）。观察透明程度，记录观察结果。

2. 固态油脂

　　当油脂样品在常温下为固态或半固态时，根据该油脂熔点熔解样品，但温度不得高于熔点 5℃。待样品熔化后，取试样 100mL 注入比色管中，设恒温水浴温度为产品标准"透明

度"规定的温度，将盛有样品的比色管放入恒温水浴中，静置24h，然后移到乳白色灯泡前（或在比色管后衬以白纸），迅速观察透明度，记录观察结果。

四、结果表示

观察结果用"透明"、"微浊"、"浑浊"字样表示。

第二法　气味、滋味鉴定

一、实验原理

各种油脂都具有独特的气味和滋味，例如菜籽油和芥子油常带有辣味，而芝麻油带有令人喜爱的香味等。酸败变质的油脂会产生酸味或哈喇的气味等。因此，通过油脂气味和滋味的鉴定，可以了解油脂的种类、品质的好次、酸败的程度、能否食用及有无掺杂等。

二、实验材料和设备

油脂样品：样品不需要过滤；烧杯：100mL；温度计：0～100℃；可调电炉：功率小于1000W；酒精灯等。

三、操作步骤

1. 品评人员选择

油脂品尝是依靠人的感觉器官，对油脂的气味、滋味进行品尝，以评定油脂品质的优劣，因此要求品评人员具有较敏锐的感觉器官和鉴别能力，在开始进行品尝评定之前，应通过鉴别试验来挑选感官灵敏度较高的人员。

按标准等级规定制作油脂样品4份，其中有2份油脂是同一试样制成，同时按标准规定进行品评，要求品评人员找出相同的两份油脂样品，记录见表6-2。

表6-2　品评结果登记表　　　　　　　　　品评人：　　　　日期：

试样品	鉴别结果
1	√
2	
3	√
4	

注：在相同2份油脂样品的编号后打"√"，比如1号和3号是同一试样时，记录如上。

鉴别实验应重复两次，对者打"√"，错者打"×"，如果两次都错的人员，则表明其品评鉴别灵敏度太低，应予以淘汰。

2. 品评时对品评人员的要求

品评人员在品评前1h内不吸烟，不吃东西，但可以喝水；品评期间具有正常的生理状态；不能饥饿或过饱；品评人员在品评期间不应使用化妆品或其他有明显气味的用品。品评前品评人员应用温开水漱口，把口中残留物去净。

3. 品评实验室与品评时间

品评试验应在专用实验室进行，实验室应由样品制备室和品评室组成，两者应独立，品评室能够充分换气，避免有异味或残留气味的干扰，室温 20~25℃，无强噪声，有足够的光线强度，室内色彩柔和，避免强对比色彩。品评时应保持室内和环境安静，无干扰。品评时间应在饭前 1h 或饭后 2h 进行。

四、品评方法

取少量油脂样品放入烧杯中，均匀加温至 50℃后，离开热源，用玻璃棒边搅边嗅气味。同时品尝样品的滋味。

五、结果表示

1. 气味表示

当样品具有油脂固有的气味时，结果用"具有某某油脂固有的气味"表示。

当样品无味、无异味时，结果用"无味"、"无异味"表示。

当样品有异味时，结果用"有异常气味"表示，再具体说明异味为：哈喇味、酸败味、溶剂味、汽油味、柴油味、热糊味、腐臭味等。

2. 滋味表示

当样品具有油脂固有的滋味时，结果用"具有某某油脂固有的滋味"表示。

当样品无味、无异味时，结果用"无味"、"无异味"表示。

当样品有异味时，结果用"有异常滋味"表示，再具体说明异味为：哈喇味、酸败味、溶剂味、汽油味、柴油味、热糊味、腐臭味、土味、青草味等。

实验五 水分及挥发物含量的测定

一、实验原理

油脂是不溶于水的疏水性物质，在一般情况下，油和水不易混合。但油脂中含有少量的亲水性物质，如磷脂、固醇及其他杂质，能吸收水分形成胶体物质，悬浮于油脂中，所以在制油过程中，油脂虽经脱水处理，仍含有微量水分。当油脂中水分含量过多时，将有利于解脂酶的活动和微生物的生长，从而使油脂的水解作用大大加速，使脂肪酸游离，增加过氧化物的生成，显著降低油脂的品质和贮藏稳定性。所以，测定油脂水分含量，对评定油脂的品质和保证油脂安全储藏具有重要意义。

测定油脂水分及挥发物含量的方法很多，常用的有烘箱 103℃恒重法、沙浴或电热板法和真空烘箱法。其中烘箱 103℃恒重法和沙浴或电热板法是在 (103±2)℃的条件下，对测试样品进行加热至水分及挥发物完全散尽，测定样品损失的质量。

二、沙浴或电热板法

适用于所有油脂。

1. 实验仪器

分析天平（感量 0.0001g）；陶瓷或玻璃的平底碟：直径 80~90mm，深约 30mm；温度计：刻度范围至少为 80~110℃，长约 100mm 水银球加固，上端具有膨胀室；沙浴或电热板；干燥器：内含有效的干燥剂。

2. 操作步骤

（1）试样准备　在预先干燥并与温度计一起称量的碟子中，称取试样 20g，精确至 0.001g。

（2）测定　将装有测试样品的碟子在沙浴或电热板上加热至 90℃，升温速率控制在 10℃/min 左右，边加热边用温度计搅拌。

降低加热速率观察碟子底部气泡的上升，控制温度至（103±2）℃，确保不超过 105℃。继续搅拌至碟子底部无气泡放出。为确保水分完全散尽，重复数次加热至（103±2）℃、冷却至 90℃ 的步骤，将碟子和温度计置于干燥器中，冷却至室温，称量，精确至 0.001g。重复上述操作直至连续两次结果不超过 2mg。

三、干燥箱法

适用于酸值低于 4 的非干性油脂，不适用于月桂酸型的油，如棕榈仁油和椰子油。

1. 仪器

分析天平（感量 0.001g）；玻璃容器：平底，直径 50m，高约 30mm；电热干燥箱：主控温度（103±2）℃；干燥器：内含有效的干燥剂。

2. 操作步骤

（1）试样准备　在预先干燥并称量的玻璃容器中，根据试样预计水分及挥发物含量，称取 5g 或 10g 试样，精确至 0.001g。

（2）测定　先将含有试样的玻璃容器置于（103±2）℃电热干燥箱中 1h，再移入干燥器中，冷却至室温，称量，准确至 0.001g。重复加热、冷却及称量的步骤，每次复烘时间为 30min，直到连续两次称量的差值根据测试样品质量的不同，分别不超过 2mg 或 4mg。

注：重复加热后样品的质量增加，说明油脂已自动氧化，此时取最小值计算结果，或使用沙浴或电热板法。

四、结果计算

水分及挥发物含量（X）以质量分数表示，按式（6-7）计算。

$$X = \frac{m_1 - m_2}{m_1 - m_0} \times 100 \tag{6-7}$$

式中　X——水分及挥发物含量，%；

m_1——加热前碟子、温度计和测试样品的质量或玻璃容器和测试样品的质量，g；

m_2——加热后碟子、温度计和测试样品的质量或玻璃容器和测试样品的质量，g；

m_0——碟子和温度计的质量或玻璃容器的质量，g。

两次测定结果的算术平均值应符合重复性的要求，计算结果保留小数点后两位。

实验六　油脂酸值和酸度测定

一、实验原理

酸值是指中和 1g 油脂中游离脂肪酸所需氢氧化钾的质量（mg），用 mg/g 表示。酸度是指油脂中的游离脂肪酸含量，用质量分数表示。

热乙醇法的测定原理是试样溶解在热乙醇中，用氢氧化钠或氢氧化钾水溶液滴定。本方法是适用于脂的酸值测定国家标准的参考方法。在本方法规定的条件下，短碳链的脂肪酸易挥发。

二、实验试剂和设备

1. 试剂

乙醇：最低浓度为95％乙醇；氢氧化钠或氢氧化钾标准溶液：0.1mol/L、0.5mol/L；酚酞指示剂：10g/L，将10g酚酞溶解于1L 95％乙醇溶液中，在测定颜色较深的样品时，每100mL酚酞指示剂溶液，可加入1mL 0.1％次甲基蓝溶液观察滴定终点；碱性蓝6B或百里酚酞（适用于深色油脂）：20g/L，将20g碱性蓝6B或百里酚酞溶解于1L 95％乙醇溶液中。

2. 实验设备

微量滴定管：10mL，最小刻度0.02mL；分析天平。

三、实验步骤

1. 称样

根据样品的颜色和估计的酸值按表6-3称样，装入锥形瓶中。若样品含有易挥发脂肪酸，则不得加热和过滤。

表 6-3　试样称样

估计的酸值	试样量/g	试样称重的精确度/g
<1	20	0.05
1~4	10	0.02
4~15	2.5	0.01
15~75	0.5	0.001
>75	0.1	0.0002

注：试样的量和滴定的浓度应使得滴定液的用量不超过10mL。

2. 中和

将含0.5mL酚酞指示剂的50mL乙醇溶液加入锥形瓶中，加热至沸腾，当乙醇的温度高于70℃时，用0.1mol/L氢氧化钠或氢氧化钾溶液滴定至溶液变色，并保持溶液15s不褪色，即为终点。应当注意，当油脂颜色深时，需加入更多量的乙醇和指示剂。

3. 测定

将中和后的乙醇转移至装有测试样品的锥形瓶中，充分混合，煮沸。用氢氧化钠或氢氧化钾标准溶液滴定。滴定过程中要充分摇动，至溶液颜色发生变化，并且保持15s不褪色，即为滴定终点。

四、结果表示

1. 酸值(S)按式(6-8)计算

$$S = \frac{56.1 \times V \times c}{m} \tag{6-8}$$

式中　V——所用氢氧化钾标准溶液的体积，mL；

　　　c——所用氢氧化钾标准溶液的准确浓度，mol/L；

　　　m——试样的质量，g；

　　56.1——氢氧化钾的摩尔质量，g/mol。

氢氧化钾或氢氧化钠乙醇溶液的浓度，随温度而发生变化，用公式（6-9）校正。

$$V'=V_t[1-0.0011(t-t_0)] \tag{6-9}$$

式中　V'——校正后氢氧化钠或氢氧化钾标准溶液的体积，mL；

　　　V_t——在温度 t 时氢氧化钠或氢氧化钾标准溶液的体积，mL；

　　　t——测量时的摄氏温度；

　　　t_0——标定氢氧化钾或氢氧化钠标准溶液的摄氏温度。

2. 酸度

根据脂肪酸的类型（见表6-4），酸度（S'）以质量分数表示，数值以 10^{-2} 或％计，按式（6-10）计算。

$$S'=V \times c \times \frac{M}{1000} \times \frac{100}{m} = \frac{V \times c \times M}{10 \times m} \tag{6-10}$$

式中　V——所用氢氧化钾标准溶液的体积，mL；

　　　c——所用氢氧化钾标准溶液的准确浓度，mol/L；

　　　M——表示结果所用脂肪酸的摩尔质量，g/mol；

　　　m——试样的质量，g。

表 6-4　表示酸度的脂肪酸类型

油脂的种类	表示的脂肪酸	
	名称	摩尔质量/(g/mol)
椰子油、棕榈仁油及类似的油	月桂酸	200
棕榈油	棕榈酸	256
从某些十字花科植物得到的油	芥酸	338
所有其他的油脂	油酸	282

注：结果仅以"酸度"表示，没有进一步的说明，通常为油脂；当样品含有矿物酸时，通常按脂肪酸测定；芥酸含量低于 5％的菜籽油，酸度仍用油酸表示。

实验七　油脂碘值的测定

一、实验原理

碘值是在油脂上加成的卤素的百分率（以碘计），即 100g 油脂所能吸收碘的质量（g）。碘值的大小在一定范围内反映了油脂的不饱和程度。所以，根据油脂的干性程度（分为干性油、不干性油、半干性油）。例如，碘价大于 130g/100g 的属于干性油，可用作油漆；小于 100g/100g 的属于不干性油；在 $100\sim130$g/100g 的则为半干性油。此外，各种油脂碘价的大小和变化范围是一定的，测定油脂的碘价，还有助于了解它们的组成是否正常，有无掺杂等。

在油脂检验工作中，常用的有氯化碘-乙酸溶液法和溴化碘-乙酸溶液法测定碘价。本实验采用氯化碘-乙酸法（韦氏法），该法的优点是试剂配好后可立即使用，浓度的改变小，而且反应速度快，操作时间短，结果较为准确，能符合一般要求，但所得结果要比理论值略高（1%~2%）。其测定原理是在溶剂中溶解试样并加入韦氏试剂（韦氏碘液），氯化碘则与油脂中的不饱和脂肪酸发生加成反应，再加入过量的碘化钾与剩余的氯化碘作用，用硫代硫酸钠溶液滴定析出的碘。

二、实验试剂和设备

1. 试剂

碘化钾溶液（KI）：100g/L，不含碘酸盐或游离碘；淀粉溶液：将5g可溶性淀粉在30mL水中混合，加入1000mL沸水，并煮沸3min，然后冷却；硫代硫酸钠标准溶液：$c(Na_2S_2O_3 \cdot H_2O) = 0.1mol/L$，标定后7天内使用；溶剂：将环己烷和冰乙酸等体积混合。

韦氏试剂：含有氯化碘的乙酸溶液。韦氏试剂中I/Cl应控制在1.10 ± 0.1范围内。含氯化碘的乙酸溶液配制方法可按氯化碘25g溶于1500mL冰乙酸中。韦氏试剂稳定性较差，为使测定结果准确，应做空白样的对照测定。配制韦氏试剂的冰乙酸应符合质量要求，且不得含有还原物质。鉴定是否含有还原物质的方法：取冰乙酸2mL，加10mL蒸馏水稀释，加入1mol/L高锰酸钾0.1mL，所呈现的颜色应在2h内保持不变。如果红色褪去，说明有还原物质存在。可用如下方法精制：取冰乙酸800mL放入圆底烧瓶内，加入8~10g高锰酸钾，接上回流冷凝器，加热回流约1h，移入蒸馏瓶中进行蒸馏，收集118~119℃温度间的馏出物。也可以采用市售韦氏试剂。

2. 仪器

容量为500mL的具塞锥形瓶：完全干燥；玻璃称量皿：与试样量配套并可置入锥形瓶中；分析天平（感量0.001g）。

三、操作步骤

1. 称样及空白样品的制备

根据样品预估的碘值，称取适量的样品于玻璃称量皿中，精确到0.001g。推荐的称样见表6-5。

表6-5 试样称取质量

预估碘值/(g/100g)	试样质量/g	溶剂体积/mL
<1.5	15.00	25
1.5~2.5	10.00	25
2.5~5	3.00	20
5~20	1.00	20
20~50	0.40	20
50~100	0.20	20
100~150	0.13	20
150~200	0.10	20

注：试样的质量必须能保证所加入的韦氏试剂过量50%~60%，即吸收量的100%~150%。

2. 测定

将盛有试样的称量皿放入500mL锥形瓶中，根据称样量加入表6-5所示与之相对应的体积溶剂溶解试样，用移液管准确加入 25mL 韦氏试剂，盖好塞子，摇匀后将锥形瓶置于暗处。另取一称量皿，除不加试样外，其余按上述步骤做空白溶液。

对碘值低于 150g/100g 的样品，锥形瓶应在暗处放置 1h；碘值高于 150g/100g 的、已聚合的、含有共轭脂肪酸的（如桐油、脱水蓖麻油）、含有任何一种酮类脂肪酸（如不同程度的氢化蓖麻油）的，以及氧化到相当程度的样品，应置于暗处 2h。

到达反应时间后，加 20mL 碘化钾溶液和 150mL 水，用标定过的硫代硫酸钠标准溶液滴定至碘的黄色接近消失。加几滴淀粉溶液继续滴定，一边滴定一边用力摇动锥形瓶，直到蓝色刚好消失。也可以采用电位滴定法确定终点。同时做空白溶液的测定。

四、结果计算

试样的碘值按式（6-11）计算。

$$W_1 = \frac{12.69 \times c \times (V_1 - V_2)}{m} \tag{6-11}$$

式中　W_1——试样的碘值，用每 100g 样品吸取碘的质量（g）表示，g/100g；

　　　c——硫代硫酸钠标准溶液的浓度，mol/L；

　　　V_1——空白溶液消耗硫代硫酸钠标准溶液的体积，mL；

　　　V_2——样品溶液消耗硫代硫酸钠标准溶液的体积，mL；

　　　m——试样的质量，g。

实验八　皂化值的测定

一、实验原理

油脂的皂化就是皂化油脂中的甘油酯和中和油脂中的游离脂肪酸。皂化值是指 1g 油脂完全皂化时所需的氢氧化钾质量（mg）。皂化价的大小取决于该油脂中所含脂肪酸的分子质量。脂肪酸的平均分子质量越大，则皂化价越小；反之，则皂化价大。此外，皂化价也与油脂中不皂化物含量、游离脂肪酸、一甘油酯、二甘油酯以及其他酯类的存在有关。因此，皂化值是油脂的理化常数之一，检验皂化值，可以评定油脂的纯度和对制皂工业加碱量提供依据。

皂化值的测定原理是在回流条件下将样品和氢氧化钾-乙醇溶液一起煮沸，然后用标定的盐酸溶液滴定过量的氢氧化钾。

二、实验试剂和设备

1. 试剂

氢氧化钾-乙醇溶液：大约 0.5mol 氢氧化钾溶解于 1L 95％乙醇（体积分数）中。此溶液应为无色或淡黄色。通过下列任一方法可制得稳定的无色溶液，贮存在配有橡皮塞的棕色或黄色玻璃瓶中备用。

a 法：将 8g 氢氧化钾和 5g 铝片放在 1L 乙醇中回流 1h 后立刻蒸馏。将需要量（约 35g）的氢氧化钾溶解于馏出物中。静置数天，然后倾出清亮的上层清液，弃去碳酸钾沉淀。

b 法：加 4g 叔丁醇铝到 1L 乙醇中，静置数天，倾出上层清液，将需要量的氢氧化钾溶解于其中，静置数天，然后倾出清亮的上层清液，弃去碳酸钾沉淀。

盐酸标准溶液：$c(HCl)=0.5mol/L$；酚酞溶液：$p=0.1g/100mL$，溶于95%（体积分数）乙醇；碱性蓝6B溶液：$p=2.5g/100mL$，溶于95%（体积分数）乙醇；助沸物。

2. 仪器设备

锥形瓶：容量250mL，耐碱玻璃制成，带有磨口；回流冷凝管：带有连接锥形瓶的磨口玻璃接头；加热装置（如水浴锅、电热板或其他适合的装置）：不能用明火加热；滴定管：容量50mL，最小刻度为0.1mL，或者自动滴定管；移液管：容量25mL，或者自动吸管；分析天平等。

三、测定步骤

1. 称样

若试样中存在不溶性杂质，混合均匀后过滤。于锥形瓶中称量2g试验样品，精确至0.005g。以皂化值（以KOH计）170~200mg/g、称样量2g为基础，对于不同范围皂化值样品，以称样量约为一半氢氧化钾-乙醇溶液被中和为依据进行改变。推荐的取样量见表6-6。

表6-6　样品取样量

估计的皂化值(以KOH)/(mg/g)	取样量/g
150~200	2.2~1.8
200~50	1.7~1.4
250~300	1.3~1.2
>300	1.1~1.0

2. 测定

用移液管将25.0mL氢氧化钾-乙醇溶液加到试样中，并加入一些助沸物，连接回流冷凝管与锥形瓶，并将锥形瓶放在加热装置上慢慢煮沸，不时摇动，油脂维持沸腾状态60min。对于高熔点油脂和难于皂化的样品需煮沸2h。加0.5~1mL酚酞指示剂于热溶液中，并用盐酸标准溶液滴定到指示剂的粉色刚消失。如果皂化液是深色的，则用0.5~1mL的碱性蓝6B溶液作为指示剂。

3. 空白试验

按照上述测定步骤，不加样品，用25.0mL的氢氧化钾-乙醇溶液进行空白试验。

四、结果计算

按式（6-12）计算试样的皂化值：

$$I=\frac{(V_0-V_1)\times c\times 56.1}{m} \tag{6-12}$$

式中　I——皂化值（以KOH计），mg/g；

V_0——空白试验所消耗的盐酸标准溶液的体积，mL；

V_1——试样所消耗的盐酸标准溶液的体积，mL；

c——盐酸标准溶液的实际浓度，mol/L；

m——试样的质量，g。

实验九　过氧化值的测定

一、实验原理

油脂的酸败分为水解酸败和氧化酸败。一般油脂主要发生氧化酸败，在氧化过程中生成过氧化物和氢过氧化物等中间产物，它们很容易分解而产生挥发性和非挥发性的脂肪酸、醛、酮和醇等，这些酸败产物常具有特殊的臭气和发苦的滋味，会严重影响油脂的感官品质。因此，检查油脂中是否存在过氧化物、醛、酮等，以及它们含量的多少，可以判断油脂是否酸败和酸败的程度。

油脂酸败过程中产生的过氧化物很不稳定，氧化能力较强，能氧化碘化钾成为游离碘，用硫代硫酸钠标准溶液滴定析出的碘，根据析出碘量计算过氧化值，以活性氧的毫克当量来表示。

二、实验试剂和设备

1. 试剂

除非另有说明，仅使用确认为分析纯的试剂。所有的试剂和水中不得含有溶解氧。

冰乙酸：用纯净、干燥的惰性气体（二氧化碳或氮气）气流清除氧；异辛烷：用纯净、干燥的惰性气体（二氧化碳或氮气）气流清除氧；乙酸与异辛烷混合液（体积比60∶40），将3份冰乙酸与2份异辛烷混合。

碘化钾饱和溶液：新配制且不得含有游离碘和碘酸盐。确保溶液中有结晶存在，存放于避光处。如果在30mL乙酸-异辛烷溶液中添加0.5mL碘化钾饱和溶液和2滴淀粉溶液，出现蓝色，并需要硫代硫酸钠溶液1滴以上才能消除，则重新配制此溶液。

硫代硫酸钠溶液：$c(Na_2S_2O_3)=0.1mol/L$，临使用前标定。将24.9g五水硫代硫酸钠（$Na_2S_2O_3 \cdot 5H_2O$）溶解于蒸馏水中，稀释至1L。

硫代硫酸钠溶液：$c(Na_2S_2O_3)=0.01mol/L$，由上述溶液稀释而成，使用前标定。

淀粉溶液：5g/L，将1g可溶性淀粉与少量冷蒸馏水混合，在搅拌的情况下溶于200mL沸水中，添加250mg水杨酸作为防腐剂并煮沸3min，立即从热源上取下并冷却。此溶液在4～10℃的冰箱中可储藏2～3周，当滴定终点从蓝色到无色不明显时，需重新配制。灵敏度验证方法：将5mL淀粉溶液加入100mL水中，添加0.05%碘化钾溶液和1滴0.05%次氯酸钠溶液，当滴入硫代硫酸钠的溶液0.05mL以上时，深蓝色消失，即表示灵敏度不够。

2. 仪器

锥形瓶：250mL，带磨口玻璃塞；滴定管：容量为50mL，最小刻度为0.1mL，或者自动滴定管；移液管：容量为25mL，或者自动吸管；分析天平。

使用的所有器皿不得含有还原性或氧化性物质。磨砂玻璃表面不得涂油。

三、测定步骤

1. 试样制备

确认样品包装无损坏，且密封完好，如必须测定其他参数，从实验室样品中首先分出用于过氧化值测定的样品。样品应装在深色玻璃瓶中，应充满容器，用磨口玻璃塞盖上并密封。样品的传递与存放应避免强光，放在阴凉干燥处。

2. 称样

用纯净干燥的二氧化碳或氮气冲洗锥形瓶，根据估计的过氧化值，按表6-7称样，装入锥形瓶中。

表6-7 取样量和称量的精确度

估计的过氧化值/(mmol/kg)(meq/kg)	样品量/g	称量的精确度/g
0～6(0～12)	5.0～2.0	±0.01
6～10(12～20)	2.0～1.2	±0.01
10～15(20～30)	1.2～0.8	±0.01
15～25(30～50)	0.8～0.5	±0.001
25～45(50～90)	0.5～0.3	±0.001

3. 测定

① 将 50mL 乙酸-异辛烷溶液加入锥形瓶中，盖上塞子摇动至样品溶解。

② 加入 0.5mL 饱和碘化钾溶液，盖上塞子使其反应，时间为 1min±1s，在此期间摇动锥形瓶至少 3 次，然后立即加入 30mL 蒸馏水。然后用硫代硫酸钠溶液滴定。逐渐地、不间断地添加滴定液，同时伴随有力的搅动，直到黄色几乎消失。添加约 0.5mL 淀粉溶液，继续滴定，临近终点时，不断摇动使所有的碘从溶剂层释放出来，逐滴添加滴定液，至蓝色消失，即为终点。

③ 异辛烷漂浮在水相的表面，溶剂和滴定液需要充分的时间混合，当过氧化值≥35mmol/kg（70meq/kg）时，用淀粉溶液指示终点，会滞后 15～30s。为充分释放碘，可加入少量的（浓度为 0.5%～1.0%）高效 HLB 乳化剂（如 Tween60）以缓解反应液的分层和减少碘释放的滞后时间。

④ 当油样溶解性较差时（如：硬脂或动物脂肪），可按如下步骤操作：在锥形瓶中加入 20mL 异辛烷，摇动使样品溶解，加 30mL 冰乙酸，再按上述步骤②测定。

4. 空白实验

测定须进行空白实验，当空白实验消耗 0.01mol/L 硫代硫酸钠溶液超过 0.1mL，应更换试剂，重新对样品进行测定。

四、结果表示

（1）过氧化值 P 以每千克中活性氧的毫克当量表示，过氧化值 P 按式（6-13）计算。

$$P = \frac{1000 \times (V - V_0) \times c}{m} \tag{6-13}$$

式中　V——用于测定的硫代硫酸钠溶液的体积，mL；

　　　V_0——用于空白的硫代硫酸钠溶液的体积，mL；

　　　c——硫代硫酸钠溶液的浓度，mol/L；

　　　m——试样的质量，g。

（2）过氧化值以毫摩尔每千克表示，过氧化值 P' 按式（6-14）计算。

$$P' = \frac{1000 \times (V - V_0) \times c}{2m} \tag{6-14}$$

实验十 动植物油脂氧化稳定性的测定

一、实验原理

将经过净化的空气通入已加热至规定温度的样品中，氧化过程中释放的气体与空气混合后导入长颈瓶中，瓶内预先装有去离子水或蒸馏水及一支测量电导率的电极，电极与测量、记录仪器相连。在氧化过程中，由于易挥发性羧酸物质的聚集引起电导率的快速增加。当电导率开始快速增加时，表示诱导期结束。

二、试剂和材料

分子筛：球形，粒径 1mm 左右，孔径 0.3nm，带有水分指示剂，分子筛须在 150℃ 烘箱内烘干，并于干燥器中冷却至室温；丙酮；碱性洗涤溶液：用于玻璃仪器清洗；甘油；耐热油等。

三、实验设备

1. 氧化稳定性测定装置（图 6-1、图 6-2）

氧化稳定性的测定仪器可以采用瑞士 Metrohm 公司的 Rancimat 型或美国 Omnion 公司 OSI 型设备。

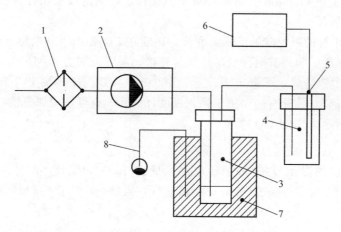

图 6-1 仪器设备示意图

1—空气过滤器；2—隔膜式气泵；3—通气管；4—测量池；5—电极；6—测量和记录仪器；
7—可控硅触点式温度计；8—加热块

① 空气过滤器：由一末端衬以滤纸并填充分子筛的圆筒组成，与抽气泵吸入口相连接。

② 隔膜式气泵：通过手动或自动流速调节器，调节流速至 10L/h，最大偏差为 ±1.0L/h。OSI 仪器调节至压力 0.038MPa 时，流速大约为 10L/h。

③ 硼硅酸盐玻璃通气管（通常为 8 只），配有密封塞。密封塞上有进出气管。通气管的圆柱形部分较其顶部细几厘米以便于消除产生的泡沫。也可以采用人工消泡器（如玻璃圆环）来消除泡沫。

④ 封闭测量池（通常为 8 只）：容量为 150mL，有一根进气管直通容器内底部，容器顶

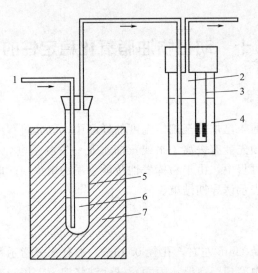

图 6-2　加热块、反应容器和测量池示意图

1—空气入口；2—测量池；3—电极；4—测量溶液；5—通气管；6—样品；7—加热管

部有一个通气孔。

⑤ 电极（通常为 8 根）：用于测量电导率，测量范围为 $0\sim300\mu S/cm$，与测定池大小配套。

⑥ 测量和记录仪器：包括放大器和记录每根电极测量信号的记录仪。瑞士 Metrohm 公司的 Rancimat 和美国 Omnion 公司的 OSI 型氧化稳定性测定仪采用计算机控制的中央处理设备。

⑦ 检定和校正过的可控硅触点式温度计：精度 0.1℃或 Pt-100 电阻（铂丝电阻温度计）用于测量加热块温度，与调节附件及加热元件连接，温度范围为 0～150℃。

⑧ 加热块：由铝铸成，可调节温度至 (150±0.1)℃。加热块上开有圆孔（通常为 8 个）用于放置通气管，并开有一个用于插入温度计的孔。也可选用加热槽，装入耐热油，通过铂浴将温度调节至 (150±0.1)℃。

2. 其他设备

检定和校正过的温度计或 Pt-100 电阻：量程 150℃，精度 0.1℃；移液管：50mL，5mL；烘箱：可恒定温度 (150±3)℃；连接软管：柔软的，由惰性材料（聚四氟乙烯或硅橡胶）制成。

四、分析步骤

1. 试样的准备

用移液管从仔细均质后的样品中心部位移取需要的样品量。将半固体或固体样品加热到稍高于其熔点的温度，仔细混匀，避免过热。移液管也需加热到与样品相同的温度。

2. 仪器设备清洗程序

为尽可能除去有机残留物质，用丙酮清洗通气管、测量池和进出气管 3 次以上，然后用自来水冲洗。

导气管的清洁对取得正确的诱导期是极其重要的，所有前次测定后的氧化油残留必须消除。可在通气管中装满实验室用碱性玻璃洗涤液，装上进气管，70℃下放置 2h 以上。然后用自来水彻底冲净通气管和进出气管后，用蒸馏水或去离子水洗涤，在110℃的烘箱中干燥1h以上。如果采用一次性的通气管，则上述清洗程序就不需要进行。

3. 温度校正的测定

样品的实际温度与加热块温度间的差异称为温度的校正（ΔT）。测定 ΔT 时需要使用一只外部温度校正传感器。对于 Rancimat 型氧化稳定性测定仪可从 Metrohm 公司购买温度自动校正配件。但有时，温度校正仍需要一只精密的温度计。通气管内的温度校正对于试验的重复性和再现性结果是非常重要的。由于有冷空气通入样品中，需要将加热块的温度设置得稍高一点，通常将加热块温度设置得比期望的油脂温度（如 100℃、110℃ 或 120℃）高1～2℃。

开始测定 ΔT 前，打开加热块开关，将加热块的温度加热到测量时需要的温度。在一只反应管中加入 5g 耐热油，通过密封塞插入温度传感器，用可调夹夹住传感器以避开空气入口。传感器需完全浸没于油样中，但不可触及导气管的底部。将导气管插入到加热块中，并连接上气源。当测量的温度不变时，按式（6-15）计算 ΔT。

$$\Delta T = T_b - T_s \tag{6-15}$$

式中　ΔT——温度校正值，℃；

　　　T_b——加热块温度，℃；

　　　T_s——反应管中的温度，℃。

加热块的校正温度按式（6-16）计算。

$$T_b = T_t + \Delta T \tag{6-16}$$

式中　T_t——在测量时需要的温度，℃。

在进行温度校正后，反应管中的温度将与测量时需要的温度相等。

4. 分析步骤

① 按图 6-1 所示安装装置，如果有现成的商品仪器设备，按照产品说明书进行操作。

② 连接好隔膜式气泵，将流量准确调至 10L/h，然后再关掉气泵。有些商品仪器可以自动控制流量。OSI 仪器调节至压力 0.038MPa 时，流速大约为 10L/h。

③ 用可控硅触点式温度计或电子控制器将加热块温度调节至设定值（通常为 100℃），也可参见步骤"3. 温度校正的测定"，在测试过程中，温度应一直保持在设定值±0.1℃的范围内。如果需要，可在加热块的圆孔中加入一些甘油以促进热量的传递。

如果采用加热槽加热，将其加热到设定温度，按步骤"3. 温度校正的测定"所述方法进行校核。

④ 用移液管在测量池内加入 50mL 蒸馏水或去离子水。

应当注意的是：当温度超过 20℃ 时，挥发性的羧酸可从测量池的水中挥发出来，导致该水溶液电导率较低，使得电导率曲线快速上升的部分形成一个异常的形状，导致在曲线的这部分上不可能作出一条切线。

⑤ 用校准的电位计检查电极并调节信号使其停留在记录纸的零轴线上，将纸速调为 10mm/h，可调至 20mm/h，应在记录纸上注明纸速。商品仪器可通过计算机获得测量数据。

⑥ 用移液管吸取，并准确称取准备好的试样 3g，精确到 0.01g，小心地放在通气管中。

⑦ 打开隔膜式气泵，将流量精确设置为 10L/h，用连接软管将通气管的进、出气口分别与泵和测量池相连接。

⑧ 盖好通气管密封塞，并将通气管置于已达到设定温度的加热块上相应的孔中，或者置于加热槽中。

应当注意的是：步骤⑦及⑧操作应尽可能快，然后立即开启自动数据记录仪，或在记录纸上记下测量开始的时间。

⑨ 当信号达到记录仪满刻度（通常为 $200\mu S/cm$）时结束测量。

⑩ 测试期间，应注意：检查流量计的设置，需要时进行调整以保证流量恒定；检查空气过滤器中分子筛的颜色，测量过程中，如分子筛变色需要重新测定。建议每次测定前预先更换分子筛。

五、结果计算

1. 人工计算

沿起始和缓慢增大曲线部分画一条最适宜的切线，在曲线迅速上升部分的上方画一条最适宜的切线，如果不能画出这条最佳切线就需重新测定。读出这两条线相交处的时间（诱导时间），作为测定的氧化稳定性值。

2. 自动计算

商品仪器通过曲线的二阶导数的最大值自动计算出诱导期。以小时（h）来表示氧化稳定性，读数精确到 0.1h。

注意：电导率曲线，迅速上升的曲线可能是由于测量池中溶液温度过高，使挥发性的羧酸从溶液中蒸发出来而造成的。

实验十一　油脂定性试验

鉴别油脂的种类和检验油脂中是否掺有其他油脂的实验称为油脂的定性实验。一般油脂中若掺杂有其他油脂，至少会影响其纯度。但是，当油脂中掺杂了桐油、矿物油或蓖麻油等非食用油脂时，将会引起食物中毒等严重后果。所以，定性实验对于判断油脂的纯度，保证油脂的质量是非常重要的。

油脂定性实验的原理是根据各种油脂都具有一定特性，如固有的色泽、气味、滋味，特定的化学成分和脂肪酸组成等。因此，油脂的种类除可用感官鉴定外，还可用特定的化学反应来加以鉴别。

一、桐油纯度试验

1. 仪器

喷灯；金属锅：圆底，高约 5cm，直径约 15cm；天平：分度值 0.01g；温度计：350℃；秒表；玻璃棒等。

2. 操作方法

称取混匀试样 100g 注入金属锅内，上挂温度计（水银球浸入油中），置于喷灯上加热，在 4min 内达到 282℃，即第 1 分钟 105℃，第 2 分钟 180℃，第 3 分钟 240℃，第 4 分半钟 265℃，第 5 分钟 282℃。调节灯焰，固定在 282℃，同时开始计时，用玻璃棒不断搅动到完全胶化为止。纯桐油从 282℃ 开始到完全胶化，总计不超过 7.5min，其中由初凝成线状至完全胶化的时间是 40s 左右，胶化物为淡黄色半透明状，在胶化后 1min 取出一块冷却 2min，用刀切时不粘刀，以刀压之成粉末。

3. 结果判定

从 282℃ 开始到完全胶化，总计不超过 7.5min，则为纯桐油。双试验结果允许差不超过 10s，取平均数为测定结果。

二、β-桐油的检出

1. 仪器

试管；冰箱。

2. 操作方法

将混匀过滤的试样注入干燥的试管中（约达试管容量的三分之一），用软木塞塞紧，置于冰箱中，在温度 3.3～4.5℃ 冷却 24h，取出观察。

3. 结果判定

β-桐油存在时桐油不稳定，如有针叶状结晶析出，即有 β-桐油存在。

三、桐油的检出

（一）三氯化锑三氯甲烷溶液法

1. 实验试剂和仪器

三氯化锑三氯甲烷溶液：称取 1g 三氯化锑溶于 100mL 三氯甲烷中，搅拌，必要时可微热使其溶解，如有沉淀可过滤。

量筒；试管；恒温水浴锅等。

2. 操作方法

取油样 1mL 于小试管中，沿管壁小心加入三氯化锑三氯甲烷溶液 1mL，使试管中溶液分为两层，将试管置于 40℃ 温水中加热约 10min。观察分层界面现象。

3. 结果判定

在溶液分层的界面上，如出现紫红色至深咖啡色的环，则有桐油存在。本法适用于菜籽油、花生油、茶油中混有桐油的检出，检出限 0.5%。本法试验结果与加热时间有关，随着加热时间延长，颜色加深。

（二）亚硝酸钠法

1. 试剂和仪器

亚硝酸钠；石油醚；硫酸溶液：量取一定量的硫酸，缓慢加入至等体积的水中，混匀，冷却后，备用。

量筒；试管等。

2. 操作方法

取 5～10 滴油样于试管中，加入 2mL 石油醚，溶解油样（必要时过滤）。在溶液（或滤液）中加入 3～4 粒亚硝酸钠，加入 1mL 硫酸溶液，摇匀静置，在 5～15min 内观察石油醚层（上层）。

3. 结果判定

如石油醚层呈现混浊，并有絮状团块析出，初为白色，放置后变成黄色，则有桐油存在。本方法适用于豆油、棉籽油及深色油中混杂桐油的检出，检出限 0.5%。芝麻油和梓油存在时，本方法不适用于桐油的检验。

（三）硫酸法

1. 试剂和仪器

浓硫酸。
白色点滴板。

2. 操作方法

取油样数滴，置于白色点滴板凹穴中，加入 1～2 滴浓硫酸，观察现象。

3. 结果判定

如呈现深红色并凝为固体，同时颜色逐渐加深，最后成为黑色凝块，则有桐油存在。

四、蓖麻油的检出

1. 试剂和仪器

氢氧化钾、氯化镁、盐酸。
镍蒸发皿。

2. 操作方法

取少量混匀试样于镍蒸发皿中，加氢氧化钾一小块，慢慢加热使其熔融，嗅其气味。或将熔融物加水溶解，然后加过量的氯化镁，使脂肪酸沉淀，过滤，用稀盐酸将滤液调成酸性，观察现象。

3. 结果判定

在熔融物中有辛醇气味，表明有蓖麻油存在；或在滤液用稀盐酸调成酸性后有结晶析出，表明有蓖麻油存在。

五、亚麻油的检出

1. 试剂和仪器

乙醚；溴液：在四氯化碳中加足量的溴，使体积增加一半。
具塞比色管：20mL。

2. 操作方法

取混匀过滤的试样 0.5mL 注入带塞的 20mL 比色管中，加 10mL 乙醚和 3mL 溴液，溶解后加塞，反转混合，将溶液温度调至 25℃，观察 2min 内的现象。

3. 结果判定

另取正常试样做对照试验，如 2min 内即呈现混浊，则有亚麻油存在。

六、矿物油的检出

1. 试剂和仪器

氢氧化钾溶液：15g 氢氧化钾溶于 10mL 水中；无水乙醇。

冷凝管；锥形瓶；量筒等。

2. 操作方法

取混匀试样 1mL 于锥形瓶中，加 1mL 氢氧化钾溶液和 25mL 无水乙醇，连接冷凝管，回流煮沸约 5min，边加边摇动，直至皂化完成为止。加 25mL 沸水，摇匀。

3. 结果判定

如出现明显的浑浊或有油状物析出，则有矿物油存在。本方法不适用于米糠原油和沙棘袖。

七、大豆油的检出

1. 试剂和仪器

三氯甲烷；2％硝酸钾溶液。

试管；量筒。

2. 操作方法

量取混匀试样 5mL 于试管中，加入 2mL 三氯甲烷和 3mL 2％硝酸钾溶液，用力摇动试管，使溶液成乳浊状。

3. 结果判定

如乳浊液呈现柠檬黄色，表示有豆油存在。如乳浊液显白色或微黄色，则有花生油、芝麻油和玉米油存在。本法不适用于一、二级大豆油。

八、花生油的检出

1. 试剂和仪器

1.5mol/L 氢氧化钾乙醇溶液；70％乙醇：无水乙醇 70 份加水 30 份；盐酸：相对密度 1.16，量取浓盐酸 83mL，加水至 100mL。

锥形瓶：150mL；恒温水浴锅；移液管；温度计；量筒等。

2. 操作方法

准确量取混匀试样 1mL 注入锥形瓶中，加入 1.5mol/L 氢氧化钾乙醇溶液 5mL，连接空气冷凝管，在水浴中加热皂化 5min，加 50mL 70％乙醇和 0.8mL 盐酸，将出现的沉淀加热溶解后，置于低温水浴中，不断搅拌，使降温速度达到每分钟约 1℃，随时观察发生浑浊时的温度。

3. 结果判定

橄榄油在 90℃ 以前发生浑浊，菜籽油在 22.5℃ 以前发生浑浊，棉籽油、米糠油和豆油在 13℃ 以前发生浑浊，芝麻油在 15℃ 以前发生浑浊，均表明有花生油存在。

注 1：必要时可用 90％乙醇洗涤花生酸测定熔点。

注 2：油在成酸后发生的少量乳白色不是浑浊点。如出现浑浊时，再重复降温观察 1 次，以第 2 次的浑浊程度为准。

九、芝麻油的检出

1. 试剂和仪器

浓盐酸；2％糠醛乙醇溶液：2mL 糠醛加入 100mL 95％的乙醇中混匀。

比色管；量筒。

2. 操作方法

量取混匀试样和浓盐酸各 5mL 于比色管中，混匀，加入 0.1mL 2％糠醛乙醇溶液，充分混合，摇动 30s，静置 10min 后，观察产生的颜色，若有深红色出现，加水 10mL，再摇动，观察颜色。

3. 结果判定

如红色消失，表示没有芝麻油存在；红色不消失，表示有芝麻油存在。试验深色油样时，可用碱漂白，并将油中的碱和水除净。必要时可用含有芝麻油的试样做对照试验。本法可检出含有 0.25％以上的芝麻油。

十、棉籽油的检出

1. 试剂和仪器

1％硫黄粉二硫化碳溶液；吡啶或戊醇；饱和食盐水。

试管；恒温水浴锅；量筒等。

2. 操作方法

量取混匀试样和 1％硫黄粉二硫化碳溶液各 5mL 注入试管中，加 2 滴吡啶（或戊醇）摇匀后，置于饱和食盐水浴中，缓缓加热至盐水开始沸腾后，经过 40min，取出试管观察。

3. 结果判定

如有深红色或橘红色出现，表示有棉籽油存在。颜色越深，表明棉籽油越多。本法属于哈尔芬试验，可检出混入 0.3％以上的棉籽油。

十一、菜籽油的检出

1. 试剂和仪器

氢氧化钾乙醇溶液：25％KOH（相对密度 1.24）溶液 80mL，加 95％乙醇稀释到 1000mL；0.2mol/L 碘乙醇溶液；5.07g 升华碘溶解于 200mL 95％乙醇中，临用时现配；乙醇乙酸混合液：1 份 95％乙醇与 1 份 96％乙酸混合；70％乙醇；0.1mol/L 硫代硫酸钠溶液；淀粉指示剂。

锥形瓶：150mL；冷凝管；恒温水浴锅；电炉；玻璃过滤坩埚（3 号）；抽滤装置；容量瓶：1000mL；天平（感量 0.001g）；量筒；滴定管；试剂瓶；碘价瓶等。

2. 操作方法

称取混匀试样 0.500～0.510g 注入 150mL 锥形瓶中，加入 50mL 氢氧化钾乙醇溶液，连接冷凝管，置于水浴上加热 1h，对已经皂化的溶液加入 20mL 乙酸铅溶液和 1mL 90％乙酸，然后继续加热至铅盐溶解为止。取下锥形瓶，待溶液稍冷后，加水 3mL，摇匀，置于

20℃保温箱中静置14h，将沉淀转入玻璃过滤坩埚中，用20℃的70％乙醇12mL分数次洗涤锥形瓶和沉淀。移坩埚于碘价瓶上，用20mL热的乙醇乙酸混合液将沉淀溶入碘价瓶中，再用10mL热的乙醇乙酸混合液洗涤坩埚。吸取0.2mol/L碘乙醇溶液20mL注入碘价瓶中，摇匀，立即加水200mL，再摇匀，在暗处静置1h，到时用0.1mol/L硫代硫酸钠溶液滴定至溶液呈浅黄色时，加入1mL淀粉指示剂，摇匀后，继续滴定至蓝色消失为止。同时用乙醇乙酸混合液30mL做空白试验。

3. 结果计算

芥酸含量（X）按式(6-17)计算。

$$X = \frac{(V_1 - V_2) \times c \times 0.169}{m} \times 100 \tag{6-17}$$

式中　X——芥酸的含量（以质量分数计），％；

　　　V_1——空白试验用去的硫代硫酸钠溶液体积，mL；

　　　V_2——试样用去的硫代硫酸钠溶液体积，mL；

　　　c——硫代硫酸钠溶液的浓度，mol/L；

　0.169——每毫克硫代硫酸钠相当于芥酸的质量（mg）；

　　　m——试样质量，g。

4. 结果判定

芥酸含量在4％以上，表示有菜籽油或芥籽油存在。本法不适于低芥酸菜籽油的检出。

十二、植物油中猪脂的检出

根据各种油脂晶体形状的不同，用镜检法检出猪脂。

1. 试剂和仪器

乙醚。

脱脂棉；试管：20mL；冰箱；显微镜：400倍；玻璃管：内径3mm。

2. 操作方法

取20mL试管3支洗净烘干，编成1、2、3号，各加入乙醚10mL，1号管中加入被检油样2mL；2号管中加入已熔化的猪脂1mL；3支试管中加入被检的纯油2mL。3支试管口各塞以脱脂棉，置于冰箱或冰水中，待晶体析出后（约10h）进行镜检观察。3号管应无晶体析出（菜籽油）；2号管有白色晶体析出；1号管中如有猪脂也有白色晶体析出，其析出量与猪脂含量成正比。

猪脂晶体鉴别：在载玻片上滴一滴纯油，用内径3mm的玻管吸取半滴结晶物加入油滴中，加盖玻片在显微镜下观察。

3. 结果判定

如晶体为细长形或针叶状，则有猪脂存在。

十三、油茶籽油的检出

1. 试剂和仪器

乙酸酐；二氯甲烷；浓硫酸；无水乙醚。

试管：50mL；恒温水浴锅；量筒等。

2. 操作方法

量取乙酸酐 0.8mL、二氯甲烷 15mL 和浓硫酸 0.2mL 于试管中，混合后冷却至室温，加 7 滴试样（约重 0.22g）于试管中，混匀、冷却，如溶液出现浑浊，则滴加乙酸酐，边滴边振摇，滴至突然澄清为止。静置 5min 后，加入 10mL 无水乙醚注入显色液中，立即倒转一次使之混合，观察颜色变化。约在 1min 内，油茶籽油将产生棕色，后变深红色，在几分钟内慢慢褪色。橄榄油加入无水乙醚后，初为绿色，慢慢变成棕灰色，有时中间还经过浅红色过程。

橄榄油与油茶籽油的混合油呈油茶籽油的显色反应，颜色深度与油茶籽油含量呈正比。

如需比色定量时，可在上法静置 5min 后，将试管置于冰水浴锅中 1min，加入经过冰水冷却的无水乙醚 10mL 混合后再置于冰水浴中 1~5min，颜色深度可达最高峰，用已知油茶籽油含量的试样与被检试样，选用最深的红色进行比色定量。

3. 结果判定

若在 1min 内产生棕色，后变深红色，在几分钟内慢慢褪色，则有油茶籽油。

十四、茶籽油纯度试验

1. 试剂和仪器

树脂粉二硫化碳饱和溶液：称取 2~3g 纯净树脂粉溶于 100mL 二硫化碳，猛摇几分钟使其成为饱和溶液，用滤纸过滤后备用；浓硝酸。

试管；量筒等。

2. 操作方法

量取试样 1~2mL 注入试管中，加入等量的树脂粉二硫化碳饱和溶液，充分摇匀后，加入浓硝酸 1mL，再猛烈振荡。观察现象。

3. 结果判定

如不呈任何颜色，并且试管下层酸液澄清如水，则系纯茶籽油；如发生紫色或红色，但所发生的颜色不久即消失，则有其他植物油存在。

十五、大麻籽油的检出

1. 试剂和仪器

苯；0.15％牢固蓝盐 B 溶液，临用时现配。

硅胶 G 薄层板：105℃下活化 30min；点样器；烘箱；紫外灯等。

2. 操作方法

取被检试样和对照试样（已知含有大麻籽油的）各 10μL 分别点样于硅胶 G 薄层板上。如点样有困难，可将试样用苯稀释 5 倍，各点样 10~20μL。展开剂用苯，显色剂用 0.15％牢固蓝盐 B 溶液。被检样品出现红色斑点，色调和比移值与对照试样一致，即为阳性。亚麻油、芝麻油也呈现红色，但比移值比大麻籽油的小。

3. 结果判定

呈现阳性，则证明有大麻籽油存在。

第七章 粮食中酶活性的测定

实验一 谷物及其制品中 α-淀粉酶活性的测定

一、实验原理

谷物籽粒中含有 α-淀粉酶和 β-淀粉酶，正常情况下只有 β-淀粉酶呈游离状态，α-淀粉酶只有在籽粒萌发时才被释放出来，并呈活化状态。α-淀粉酶的活化会使淀粉水解成分子大小不等的糊精，导致粮食品质下降。面包、饼干等焙烤食品对原料中淀粉酶活力的高低都有一定的要求，所以测定淀粉酶活性对粮食储藏、食品的制作都有重要意义。

比色法测定 α-淀粉酶活性的原理是 α-淀粉酶降解 β-极限糊精底物溶液，经过不同的反应时间，将反应混合物等分加到碘溶液中。随着反应时间的延长，反应混合物与碘溶液的显色强度降低，以测定酶活性。酶活性单位表示：用 1L 溶剂从 1g 样品中所提取的酶，在规定条件下，每秒钟降解 1.024×10^{-5} U 的 β-极限糊精底物溶液，该样品的 α-淀粉酶活力为 1U。

二、试剂和材料

1. 试剂

碘，碘化钾，氯化钙，无水乙酸钠，硫酸，冰乙酸，可溶性淀粉（可采用 Lintner 淀粉或质量相当的国产可溶性淀粉），浮石粉。

碘贮备液：称取 11.0g 碘化钾溶于少量水中，加 5.50g 结晶碘，搅拌至碘完全溶解，再定容至 250mL，在暗处贮存，此溶液可保存 1 个月。

碘稀释液：称取 40.0g 碘化钾溶于水中，加 4.00mL 碘贮备液，并稀释至 1L，用时现配，不可过夜。

硫酸溶液：$c(H_2SO_4) = 0.05mol/L$。

缓冲液：称取 164g 无水乙酸钠溶于水中，加入 120mL 冰乙酸，用水定容至 1L。

氯化钙溶液：$c(CaCl_2) = 0.2\%$。

β-淀粉酶溶液：称取 10g 有酶活性的黄豆粉（粗细度为通过 1.5mm 孔筛），加入 85mL水和 15mL 0.05mol/L 硫酸充分搅匀，静置 15min，抽滤，该滤液即为 β-淀粉酶溶液。

β-极限糊精溶液：称取 5.00g（干基）可溶性淀粉于小烧杯中，加入约 20mL 水混匀，将其边搅拌边缓慢倒入盛有 100mL 沸水的 500mL 高型烧杯中，并用洗瓶将小烧杯中的淀粉全部转移至高型烧杯中，继续搅拌并加热，缓慢煮沸 2min。加盖表面皿，在自来水中冷却至 30℃以下，加入 25mL 缓冲溶液及 50mL β-淀粉酶溶液，在室温下放置 20h，加入 1 勺浮石粉，将此溶液在 10min 之内缓慢煮沸，然后继续沸腾 5min 以上，冷却至 30℃ 以下，用水定容至 250mL，摇匀，过滤。滤液中加几滴甲苯，此溶液的 pH 值应为 4.7±0.1，在 25℃ 以下可连续使用 5 天。

2. 仪器

恒温水浴锅：（30±0.1）℃ 与（20±0.1）℃ 各 1 台；分光光度计或比色计；秒表；筛：孔径为 1.0mm、1.5mm；pH 计；烧杯及高型烧杯：100mL、250mL、500mL；容量瓶：250mL、1000mL；锥形瓶：300mL；移液管：5mL、20mL；分析天平：分度值 0.01g。

三、操作步骤

1. 分光光度计及其空白调整

将分光光度计连接稳压电源，预热 20min，调整波长为 575nm。将 2.0mL 氯化钙溶液加到 10.0mL 碘稀释液中，然后以适量的水（V_0）稀释（加水量一般为 20～40mL），混匀后置于 20℃ 水浴中，用 1cm 比色皿进行测试，调节仪器狭缝宽度，使吸光度为零。

2. 底物溶液的校准

分别吸取 5.0mL β-极限糊精溶液和 15.0mL 氯化钙溶液于 100mL 烧杯中，混匀。取出 2.0mL 混合液至另一个 100mL 烧杯中，加入 10.0mL 碘稀释液和适量的水，混匀后置于 20℃ 水浴中，用 1cm 比色皿在波长 575nm 处测其吸光度。调整加水量，使测得的吸光度在 0.55～0.60 之间，如果测得吸光度大于 0.60 则增大加水量，如果测得值少于 0.55 则减少加水量。通过反复试配，直至测定的吸光度值在 0.55～0.60 之间，记下此时的加水量（V_0），并用它调整空白溶液的加水量，V_0 即为该 β-极限糊精测试时的加水量。

3. 提取

称取谷物样品约 5g（精确到 0.05g），倒入 300mL 锥形瓶中，加入预热到 30℃ 的氯化钙溶液（100±0.5）mL，充分摇匀，置于 30℃ 的恒温水浴中。在 15min、30min、45min 时从水浴中取出，上下颠倒锥形瓶 10 次，重新置于水浴中，共提取 60min，取出锥形瓶并过滤，滤液即为 α-淀粉酶的提取液。

4. 活性测定

将 α-淀粉酶提取液和 β-极限糊精溶液置于 30℃ 水浴中预热，10min 后用快速移液管吸移 5.0mL β-极限糊精溶液至盛有 15.0mL 酶提取液的锥形瓶中，加塞后摇匀。在加液的同时，用秒表计时。吸取 10.0mL 稀碘溶液于各个 50mL 容量瓶中，加入 V_0mL 水，混匀，加塞后置于 20℃ 水浴中，每隔 5min 或 10min 进行下列操作。

① 吸取 2.0mL 酶、β-极限糊精混合液到一个盛有稀碘溶液和 V_0mL 水的容量瓶中，摇匀后置于 20℃ 水浴中，使混合溶液温度达到 20℃。

② 导入比色皿测其吸光度。

四、结果计算

试样的 α-淀粉酶活性按式（7-1）计算。

$$A = \frac{500 \times f}{m} \times \frac{100}{100-h} \times \frac{\lg D_1 - \lg D_2}{t_1 - t_2} = \frac{500 \times f \times b}{m} \times \frac{100}{100-h} \tag{7-1}$$

式中　　　A——α-淀粉酶活性，U；

　　　　　m——100mL 氯化钙溶液提取的试样质量，g；

　　　　　h——试样中水分含量（以质量分数计），％；

　　　　　f——酶提取液的稀释倍数；

　　t_1、t_2——不同的反应时间，min；

　D_1、D_2——时间 t_1、t_2 时的吸光度；

　　　　　b——lg$D$ 对 t 曲线的斜率的绝对值；

　　　500——系数。

重复性条件下两次测定结果之差，不得超过平均值的 10％，如果两次测定结果符合要求，则取结果的平均值，按表 7-1 修约。

表 7-1　结果表示方式

活性/U	修约成整数范围/U
＜50	0.1
50～500	1
500～5000	10
5000～50000	100

注 1：测定过程中应合理调整酶的浓度，使 35％～60％的 β-极限糊精在 15min 内降解，即最后测得的吸光度为底物校准时吸光度的 40％～65％。如果吸光度降得太快，则酶液可用 0.2％的氯化钙溶液再稀释；如酶的活性太低，为获得正确结果，可将反应时间延长到 60min 以上。

注 2：用分光光度计测定吸光度时，溶液温度对结果有影响，必须控温在 20℃。在步骤"4. 活性测定"的操作中，从显色到测定吸光度的间隔时间一般对结果没有影响，如测定一系列样品，可在所有样品均完成显色后再一起测定吸光度。但最长间隔时间不得超过 1h。

实验二　粮食、油料中过氧化氢酶活性的测定

一、实验原理

过氧化氢酶属于氧化还原酶类，在粮食贮藏期间，籽粒在呼吸过程中产生对籽粒有害的过氧化氢，过氧化氢酶对过氧化氢具有破坏作用，因此它具有保护粮食籽粒活性的作用。在粮食贮藏过程中由于贮藏措施不当，贮藏时间过长，随着粮食籽粒活力的丧失，过氧化氢酶的活性也会降低。因此，测定过氧化氢酶的活性，可在一定程度上反映粮食的新鲜度。

过氧化氢酶活性的测定原理是在 pH7.7 条件下，从样品中提取过氧化氢酶，在提取液中加入一定量的过氧化氢，使过氧化氢在过氧化氢酶作用下分解，再用高锰酸钾溶液滴定过量的过氧化氢。根据高锰酸钾溶液的消耗量计算出试样中过氧化氢酶活性。过氧化氢酶活性表示：规定条件下，一定量试样中的过氧化氢酶与过氧化氢作用所消耗的过氧化氢量，用每克试样（干基）所消耗的过氧化氢质量（mg）表示。

二、试剂和材料

1. 试剂

2%过氧化氢溶液：取 30%过氧化氢溶液 2mL，加水稀释至 30mL；10%硫酸溶液：10mL 浓硫酸加入 90mL 水中；高锰酸钾标准溶液：$c(1/5KMnO_4)=0.2mol/L$；pH7.7 索伦逊磷酸盐缓冲液：临用时，A 液（称取磷酸氢二钠 11.876g，溶于 1L 水中）和 B 液（称取磷酸二氢钾 9.078g，溶于 1L 水中）按 9：1 混合；石英砂等。

2. 仪器与用具

恒温水浴锅（或恒温培养箱）；电炉；具塞锥形瓶：250mL；量筒：10mL，25mL，100mL；移液管：5mL，20mL；研钵；酸式滴定管：25mL；电热恒温干燥箱；天平：分度值 0.001g；锥形瓶：150mL；漏斗；比色管：50mL。

三、操作步骤

1. 试样制备

对大颗粒样品（如大豆、玉米、花生），要预先破碎。对带壳样品，要预先脱壳。

2. 过氧化氢酶的提取

称取试样约 1g（m），精确至 0.01g，倒入研钵中。加少量石英砂，粗磨至无整粒样后，量取缓冲液 50mL，先加入少量以润湿样品，细磨至糊状后，小心转移至锥形瓶中，用剩余的缓冲液分多次洗净研钵，洗液并入锥形瓶中，剧烈振摇 5min，静置 2～3h 后过滤至比色管中。

3. 酶活性的测定

准确移取 20.0mL 滤液于锥形瓶中，加入 20mL 水和 3mL 2%过氧化氢溶液，摇匀后在 30℃恒温水浴锅（或恒温培养箱）中放置 15min，加入 5mL 10%硫酸溶液，摇匀，用 0.2mol/L 高锰酸钾标准溶液滴定剩余的过氧化氢，滴定至微红色且 30s 不褪色为止，记录消耗的高锰酸钾标准溶液体积（V_1）。

4. 空白试验

吸取 20.0mL 滤液于锥形瓶中，直接煮沸 1min，冷却后加入 20mL 水和 3mL 2%过氧化氢溶液，摇匀后在 30℃恒温培养箱或水浴锅中放置 15min，加入 5mL 10%硫酸溶液，摇匀，用 0.2mol/L 高锰酸钾标准溶液滴定剩余的过氧化氢，滴定至微红色且 30s 不褪色为止，记录消耗的高锰酸钾标准溶液体积（V_0）。

四、结果计算

过氧化氢酶活性 X 按式（7-2）计算。

$$X = (V_0 - V_1) \times \frac{c}{m \times (100 - M)} \times 17 \times \frac{50}{20} \times 100 \tag{7-2}$$

式中　X——过氧化氢酶活性（以干基计），mg H_2O_2/g；

　　　V_0——空白试验用去高锰酸钾溶液体积，mL；

　　　V_1——试样滴定用去高锰酸钾溶液体积，mL；

　　　c——实际高锰酸钾标准溶液浓度，mol/L；

m——试样质量，g；

M——试样水分含量，%；

17——与 1.00mL 高锰酸钾标准溶液 $[c(1/5KMnO_4)=0.2mol/L]$ 相当的 H_2O_2 的质量。

实验三　粮食、油料中脂肪酶活性的测定

一、实验原理

脂肪酶属于水解酶，其作用底物是脂肪。粮食在储藏期间，高水分粮由于脂肪酶的作用，脂肪水解生成脂肪酸、甘油等。脂肪酸的含量对粮食食用品质、种用品质有较大的影响，因此，测定脂肪酶的活力对鉴定储粮品质有较大的意义。

脂肪酶的测定原理是在 pH7.4 条件下，从样品中提取脂肪酶，并使其作用于一定量的纯油脂，纯油脂在脂肪酶作用下部分分解成游离脂肪酸，然后用氢氧化钾溶液进行滴定。脂肪酶活性表示：一定量试样中的脂肪酶与纯油脂作用所生成的游离脂肪酸的量，用中和 1g 试样（干基）中生成的游离脂肪酸所消耗的氢氧化钾的质量（mg）表示。

二、试剂和材料

1. 试剂

10g/L 酚酞指示剂：称取 1.0g 酚酞溶于 100mL 95%（体积分数）乙醇中；1.0mol/L 氢氧化钾水溶液标准储备液；0.05mol/L 氢氧化钾标准滴定溶液：准确移取 50.0mL 已经标定好的氢氧化钾标准储备液于 1000mL 容量瓶中，用 95%（体积分数）乙醇稀释定容至 1000mL，存放于聚乙烯塑料瓶中，临用前稀释配制；无水乙醇和无水乙醚（4∶1）混合液；pH7.4 缓冲液：配制 A 液（称取磷酸氢二钠 11.876g，溶于 1L 水中）和 B 液（称取磷酸二氢钾 9.078g，溶于 1L 水中），临用时，A 液、B 液按 4∶1 混合；石英砂。

纯油脂：量取国标一级油（可为浸出花生油、葵花籽油、菜籽油、大豆油等）250mL 注入分液漏斗中，加 2% 的氢氧化钾（KOH）溶液 100～150mL，充分摇荡后，静置分层，弃去下层废液，保留上面的油脂层。用温水将油脂洗至中性，再通过无水硫酸钠过滤备用。酸值（以 KOH 计）小于 0.20mg/g，且不含抗氧化剂的一级油，也可直接使用。

2. 仪器与用具

锥形瓶：150mL；移液管：1mL，5mL，25mL；分液漏斗：500mL；恒温培养箱；研钵；磨口瓶；天平（感量 0.001g）；微量滴定管：10mL，最小刻度 0.02mL；具塞锥形瓶：150mL；比色管：50mL；漏斗。

三、测定步骤

1. 试样制备

对大颗粒样品（如大豆、玉米、花生），要预先破碎；对带壳样品，要预先脱壳。

2. 活性测定

称取试样约 2g（m），精确至 0.01g，倒入研钵中，加少量石英砂和 1mL 纯油脂，混匀

后加入 5mL 缓冲液，研磨成稀糊状，小心转移至具塞锥形瓶中，用 5mL 水少量多次洗净研钵，洗液并入具塞锥形瓶中。加塞后，置于 30℃ 培养箱内保温 24h 取出，加入乙醇和乙醚混合液 50mL，摇匀后静置 1~2min，加盖过滤至 50mL 比色管中。准确移取 25.0mL 滤液至锥形瓶中，加入 3~5 滴酚酞指示剂，用 0.05mol/L 氢氧化钾溶液滴定，滴定至微红色且 30s 不褪色为止，记录消耗的氢氧化钾溶液的体积（V_1）。

3. 空白试验

另取 2g 试样做空白试验，除不用 30℃ 保温 24h 外，其余操作同上，记录消耗的氢氧化钾溶液的体积（V_0）。

四、结果计算

脂肪酶活性按式(7-3) 计算。

$$X = \frac{(V_1 - V_0) \times c \times 56.1}{m \times (100 - M)} \times \frac{60}{25} \times 100 \qquad (7\text{-}3)$$

式中　X——脂肪酶活性（以干基、KOH 计），mg/g；

　　　V_1——试样滴定用氢氧化钾溶液体积，mL；

　　　V_0——空白试验用氢氧化钾溶液体积，mL；

　　　c——实际氢氧化钾溶液浓度，mol/L；

　　　m——试样质量，g；

　　　M——试样水分含量，%；

　　56.1——氢氧化钾的摩尔质量，g/mol。

实验四　大豆制品中尿素酶活性的测定

一、实验原理

大豆及大豆制品营养丰富，是优质的植物蛋白资源。但由于大豆中含有凝集素、胰蛋白酶抑制剂等抗营养因子，用豆饼、粕等做饲料时动物食用后会引起不良反应。不过这些成分包括尿素酶在内都可用加热的方法破坏，由于尿素酶对热的敏感性较其他成分要差，因此，当尿素酶因加热完全失活时，其他存在于大豆及其制品的有害成分早已破坏。而测定其他有害成分较复杂，相比之下测定尿素酶的方法较为简便，因此常以尿素酶的活性来判断大豆、大豆制品和饼粕的可食性。

尿素酶活性的测定原理是将粉碎的大豆制品与中性尿素缓冲溶液混合，在（30±0.5）℃下精确保温 3min，尿素酶催化尿素水解产生氨的反应。用过量盐酸中和所产生的氨，再用氢氧化钠标准溶液回滴，从而确定样品中尿素酶的活性。酶活性单位表示：在（30±0.5）℃和 pH7 的条件下，每克大豆制品每分钟分解尿素所释放的氨基氮的质量，以尿素酶活性单位每克（U/g）表示。

二、实验试剂和设备

1. 试剂和溶液

尿素缓冲溶液（pH7.0±0.1）：称取 8.95g 磷酸氢二钠（$Na_2HPO_4 \cdot 12H_2O$）和 3.40g

磷酸二氢钾（KH_2PO_4）溶于水并稀释至 1000mL，再将 30g 尿素溶在此缓冲液中，有效期1 个月。

盐酸溶液：0.1mol/L。

氢氧化钠标准溶液：0.1mol/L。

甲基红、溴甲酚绿混合乙醇溶液：称取 0.1g 甲基红，溶于 95％乙醇并稀释至 100mL，再称取 0.5g 溴甲酚绿，溶于 95％乙醇并稀释至 100mL，两种溶液等体积混合，储存于棕色瓶中。

2. 仪器设备

粉碎机：粉碎时应不产生强热。样品筛：孔径 200μm。分析天平（感量 0.1mg）。恒温水浴：可控温（30±0.5)℃。计时器。酸度计：精度 0.02，附有磁力搅拌器和滴定装置。

三、测定步骤

1. 试样的制备

用粉碎机将具有代表性的样品粉碎，使之全部通过样品筛。对特殊样品（水分或挥发物含量较高而无法粉碎的样品）应先在实验室温度下进行预干燥，再进行粉碎，当计算结果时应将干燥失重计算在内。

2. 样品测定

称取约 0.2g 制备好的试样，精确至 0.1mg；置于玻璃试管中（如活性很高可称 0.05g试样），加入 10mL 尿素缓冲液。立即盖好试管盖剧烈振摇后，将试管马上置于（30±0.5)℃恒温水浴中，计时，保持 30min±10s。要求每个试样加入尿素缓冲液的时间间隔保持一致。停止反应时再以相同的时间间隔加入 10mL 盐酸溶液。振摇后迅速冷却至 20℃。将试管内容物全部转入烧杯中，用 20mL 水冲洗试管数次，以氢氧化钠标准溶液用酸度计滴定至 pH4.70。如果选择用指示剂，则将试管内容物全部转入 250mL 锥形瓶中加入 8～10 滴混合指示剂。以氢氧化钠标准溶液滴定至溶液呈蓝绿色。

3. 空白实验

称取约 0.2g 制备好的试样（精确至 0.1mg）于玻璃试管中（如活性很高可称0.05g试样），加入 10mL 盐酸溶液，振摇后再加入 10mL 尿素缓冲液，立即盖好试管盖剧烈振摇，将试管马上置于（30±0.5)℃恒温水浴中，计时，保持 30min±10s。停止反应时将试管迅速冷却至 20℃。将试管内容物全部转入小烧杯中，用 20mL 水冲洗试管数次，以氢氧化钠标准溶液用酸度计滴定至 pH4.70。如果选择用指示剂，则将试管内容物全部转入 250mL 锥形瓶中加入 8～10 滴混合指示剂，以氢氧化钠标准溶液滴定至溶液呈蓝绿色。

四、结果计算

大豆制品中尿素酶活性 X，以尿素酶活性单位每克（U/g）表示，按式(7-4) 计算。

$$X = \frac{14 \times c \times (V_0 - V)}{30 \times m} \tag{7-4}$$

式中　X——试样的尿素酶活性，U/g；

c——氢氧化钠标准滴定溶液浓度，mol/L；

V_0——空白消耗氢氧化钠标准滴定溶液体积，mL；

V——试样消耗氢氧化钠标准滴定溶液体积，mL；

14——氮的摩尔质量，$M(N_2)=14g/mol$；

30——反应时间，min；

m——试样质量，g。

第八章 粮油产品中有害成分与添加剂检测试验

实验一 黄曲霉毒素 B₁ 的测定

第一法 薄层色谱法

一、实验原理

试样中黄曲霉毒素 B_1 经提取、浓缩、薄层分离后，在波长 365nm 紫外线下产生蓝紫色荧光，根据其在薄层上显示荧光的最低检出量来测定含量。

二、实验试剂和设备

1. 试剂

三氯甲烷、正己烷或石油醚（沸程 30~60℃或 60~90℃）、甲醇、苯、乙腈、无水乙醚或乙醚经无水硫酸钠脱水、丙酮。以上试剂在试验时先进行一次试剂空白试验，如不干扰测定即可使用，否则需逐一进行重蒸。

硅胶 G：薄层色谱用；苯-乙腈混合液：量取 98mL 苯，加 2mL 乙腈，混匀；甲醇水溶液：55＋45；三氟乙酸；无水硫酸钠；氯化钠。

黄曲霉毒素 B_1 标准溶液制备前先进行仪器校正，测定重铬酸钾溶液的摩尔吸收系数，以求出使用仪器的校正因素，按以下步骤进行：准确称取 25mg 经干燥的重铬酸钾（基准级），用硫酸溶液（0.5＋1000）溶解后并准确稀释至 200mL，相当于 $c(K_2Cr_2O_7)=0.0004mol/L$。再吸取 25mL 此稀释液于 50mL 容量瓶中，加硫酸溶液（0.5＋1000）稀释至刻度，相当于 0.0002mol/L 溶液。再吸取 25mL 此稀释液于 50mL 容量瓶中，加硫酸溶液（0.5＋1000）稀释至刻度，相当于 0.0001mol/L 溶液。用 1cm 石英杯，在最大吸收峰的波长（接近 350nm）处，用硫酸溶液（0.5＋1000）做空白，测得以上三种不同浓度溶液的吸光度，并按式(8-1)计算出以上三种浓度的摩尔吸收系数的平均值。

$$E_1 = \frac{A}{c} \tag{8-1}$$

式中　E_1——重铬酸钾溶液的摩尔吸收系数；

　　　A——测得重铬酸钾溶液的吸光度；

　　　c——重铬酸钾溶液的物质的量浓度。

再以此平均值与重铬酸钾的摩尔吸收系数值 3160 比较，即求出使用仪器的校正因素，按式(8-2)进行计算。

$$f = \frac{3160}{E} \tag{8-2}$$

式中　　f——使用仪器的校正因素；

　　　　E——测得的重铬酸钾溶液的摩尔吸收系数平均值。

若 f 大于 0.95 或小于 1.05，则使用仪器的校正因素可忽略不计。

黄曲霉毒素 B_1 标准溶液的制备：准确称取 1～1.2mg 黄曲霉毒素 B_1 标准品，先加入 2mL 乙腈溶解后，再用苯稀释至 100mL，避光，置于 4℃冰箱保存。该标准溶液约为 $10\mu g/mL$。用紫外分光光度计测此标准溶液的最大吸收峰的波长及该波长的吸光度值。

结果计算：黄曲霉毒素 B_1 标准溶液的浓度按式(8-3) 进行计算。

$$X = \frac{A \times M \times 1000 \times f}{E_2} \qquad (8\text{-}3)$$

式中　　X——黄曲霉毒素 B_1 标准溶液的浓度，$\mu g/mL$；

　　　　A——测得的吸光度值；

　　　　M——黄曲霉毒素 B_1 的分子量（312）；

　　　　f——使用仪器的校正因素；

　　　　E_2——黄曲霉毒素 B_1 在苯-乙腈混合液中的摩尔吸收系数（19800）。

根据计算，用苯-乙腈混合液调到标准榕液浓度恰为 $10.0\mu g/mL$，并用分光光度计核对其浓度。

纯度的测定：取 $5\mu L$ $10\mu g/mL$ 黄曲霉毒素 B_1 标准溶液，滴加于涂层厚度 0.25mm 的硅胶 G 薄层板上，用甲醇-三氯甲烷（4＋96）与丙酮-三氯甲烷（8＋92）展开剂展开，在紫外光灯下观察荧光的产生，应符合以下条件：

① 在展开后，只有单一的荧光点，无其他杂质荧光点；

② 原点上没有任何残留的荧光物质。

黄曲霉毒素 B_1 标准使用液：准确吸取 1mL 标准溶液（$10\mu g/mL$）于 10mL 容量瓶中，加苯-乙腈混合液至刻度，混匀。此溶液每毫升相当于 $1.0\mu g$ 黄曲霉毒素 B_1。吸取 1.0mL 此稀释液，置于 5mL 容量瓶中，加苯-乙腈混合液稀释至刻度，此溶液每毫升相当于 $0.2\mu g$ 黄曲霉毒素 B_1。再吸取黄曲霉毒素 B_1 标准溶液（$0.2\mu g/mL$）1.0mL 置于 5mL 容量瓶中，加苯-乙腈混合液稀释至刻度，此溶液每毫升相当于 $0.04\mu g$ 黄曲霉毒素 B_1。

次氯酸钠溶液（消毒用）：取 100g 漂白粉，加入 500mL 水，搅拌均匀。另将 80g 工业用碳酸钠（$Na_2CO_3 \cdot 10H_2O$）溶于 500mL 温水中，再将两液混合、搅拌，澄清后过滤。此滤液含次氯酸浓度约为 25g/L。若用漂粉精制备，则碳酸钠的量可以加倍。所得溶液的浓度约为 50g/L。污染的玻璃仪器用 10g/L 次氯酸钠溶液浸泡半天或用 50g/L 次氯酸钠溶液浸泡片刻后，即可达到去毒效果。

2. 实验设备

小型粉碎机；样筛；电动振荡器；全玻璃浓缩器；玻璃板：5cm×20cm；薄层板涂布器；展开槽：内长 25cm、宽 6cm、高 4cm；紫外线灯：100～125W，带有波长 365nm 滤光片；微量注射器或血色素吸管。

三、样品中黄曲霉毒素 B₁提取

1. 样品制备

粮食试样全部通过 20 目筛，混匀。花生试样全部通过 10 目筛，混匀。或将好、坏样品分别测定，再计算其含量。花生油和花生酱等试样不需制备，但取样时应搅拌均匀。

2. 提取

① 玉米、大米、麦类、面粉、薯干、豆类、花生、花生酱等甲法：称取 20.00g 粉碎过筛试样（面粉、花生酱不需粉碎），置于 250mL 具塞锥形瓶中，加 30mL 正己烷或石油醚和 100mL 甲醇水溶液，在瓶塞上涂上一层水，盖严防漏。振荡 30min，静置片刻，以叠成折叠式的快速定性滤纸过滤于分液漏斗中，待下层甲醇水溶液分清后，放出甲醇水溶液于另一具塞锥形瓶内。取 20.00mL 甲醇水溶液（相当于 4g 试样）置于另一 125mL 分液漏斗中，加 20mL 三氯甲烷，振摇 2min，静置分层，如出现乳化现象可滴加甲醇促使分层。放出三氯甲烷层，经盛有约 10g 预先用三氯甲烷湿润的无水硫酸钠的定量慢速滤纸过滤于 50mL 蒸发皿中，再加 5mL 三氯甲烷于分液漏斗中，重复振摇提取，三氯甲烷层一并滤于蒸发皿中，最后用少量三氯甲烷洗过滤器，洗液并于蒸发皿中。将蒸发皿放在通风柜于 65℃水浴上通风挥干，然后放在冰盒上冷却 2～3min 后，准确加入 1mL 苯-乙腈混合液（或将三氯甲烷用浓缩蒸馏器减压吹气蒸干后，准确加入 1mL 苯-乙腈混合液）。用带橡皮头的滴管的管尖将残渣充分混合，若有苯的结晶析出，将蒸发皿从冰盒上取出，继续溶解、混合，晶体即消失，再用此滴管吸取上清液转移于 2mL 具塞试管中。

乙法（限于玉米、大米、小麦及其制品）：称取 20.00g 粉碎过筛试样于 250mL 具塞锥形瓶中，用滴管滴加约 6mL 水，使试样湿润，准确加入 60mL 三氯甲烷，振荡 30min，加 12g 无水硫酸钠，振摇后，静置 30min，用叠成折叠式的快速定性滤纸过滤于 100mL 具塞锥形瓶中。取 12mL 滤液（相当 4g 试样）于蒸发皿中，在 65℃水浴上通风挥干，准确加入 1mL 苯-乙腈混合液，用带橡皮头的滴管的管尖将残渣充分混合，若有苯的结晶析出，将蒸发皿从冰盒上取出，继续溶解、混合，晶体即消失，再用此滴管吸取上清液转移于 2mL 具塞试管中。

② 花生油、香油、菜油等　称取 4.00g 试样置于小烧杯中，用 20mL 正己烷或石油醚将试样移于 125mL 分液漏斗中。用 20mL 甲醇水溶液分次洗烧杯，洗液一并移入分液漏斗中，振摇 2min，静置分层后，将下层甲醇水溶液移入第二个分液漏斗中，再用 5mL 甲醇水溶液重复振摇提取一次，提取液一并移入第二个分液漏斗中，在第二个分液漏斗中加入 20mL 三氯甲烷，以下按步骤①中甲法自"振摇 2min，静置分层……"起依法操作。

③ 酱油、醋　称取 10.00g 试样于小烧杯中，为防止提取时乳化，加 0.4g 氯化钠，移入分液漏斗中，用 15mL 三氯甲烷分次洗涤烧杯，洗液并入分液漏斗中。以下按步骤①中甲法自"振摇 2min，静置分层……"起依法操作，最后加入 2.5mL 苯-乙腈混合液，此溶液每毫升相当于 4g 试样。

或称取 10.00g 试样，置于分液漏斗中，再加 12mL 甲醇（以酱油体积代替水，故甲醇与水的体积比仍为 55+45），用 20mL 三氯甲烷提取，以下按步骤①中甲法自"振摇 2min，静置分层……"起依法操作。最后加入 2.5mL 苯-乙腈混合液。此溶液每毫升相当于 4g 试样。

④ 干酱类（包括豆豉、腐乳制品）　称取 20.00g 研磨均匀的试样，置于 250mL 具塞锥形瓶中，加入 20mL 正己烷或石油醚与 50mL 甲醇水溶液。振荡 30min，静置片刻，以叠成折叠式快速定性滤纸过滤，滤液静置分层后，取 24mL 甲醇水层（相当 8g 试样，其中包括 8g 干酱类本身约含有 4mL 水的体积在内）置于分液漏斗中，加入 20mL 三氯甲烷，以下按步骤①中甲法自"振摇 2min，静置分层……"起依法操作。最后加入 2mL 苯-乙腈混合液。比溶液每毫升相当于 4g 试祥。

⑤ 发酵酒类　同步骤③处理方法，但不加氯化钠。

四、单向展开法测定

1. 薄层板的制备

称取约 3g 硅胶 G。加相当于硅胶量 2～3 倍的水，用力研磨 1～2min 至成糊状后立即倒于涂布器内，推成 5cm×20cm、厚度约 0.25mm 的薄层板三块。在空气中干燥约 15min 后，100℃活化 2h，取出，放干燥器中保存。一般可保存 2～3 天，若放置时间较长，可再活化后使用。

2. 点样

将薄层板边缘附着的吸附剂刮净，在距薄层板下端 3cm 的基线上用微量注射器或血色素吸管滴加样液。一块板可滴加 4 个点，点距边缘和点间距约为 1cm，点直径约 3mm。在同一块板上滴加点的大小应一致，滴加时可用吹风机用冷风边吹边加。滴加样式如下：

第一点：10μL 黄曲霉毒素 B_1 标准使用液（0.04μg/mL）。

第二点：20μL 样液。

第三点：20μL 样液＋10μL 0.04μg/mL 黄曲霉毒素 B_1 标准使用液。

第四点：20μL 样液＋10μL 0.2μg/mL 黄曲霉毒素 B_1 标准使用液。

3. 展开与观察

在展开槽内加 10mL 无水乙烷，预展 12cm，取出挥干。再于另一展开槽内加 10mL 丙酮-三氯甲烷（8＋92），展开 10～12cm，取出。在紫外光下观察结果，方法如下。

① 由于样液点上加滴黄曲霉毒素 B_1 标准使用液，可使黄曲霉毒素 B_1 标准点与样液中的黄曲霉毒素 B_1 荧光点重叠。如样液为阴性，薄层板上的第三点中黄曲霉毒素 B_1 为 0.0004μg，可用作检查在样液内黄曲霉毒素 B_1 最低检出量是否正常出现；如为阳性，则起定性作用。薄层板上的第四点中黄曲霉毒素 B_1 为 0.002μg，主要起定位作用。

② 若第二点在与黄曲霉毒素 B_1 标准点的相应位置上无蓝紫色荧光点，表示试样中黄曲霉毒素 B_1 含量在 5μg/kg 以下；如在相应位置上有蓝紫色荧光点，则需进行确证试验。

4. 确证试验

为了证实薄层板上样液荧光是由黄曲霉毒素 B_1 产生的，加滴三氟乙酸，产生黄曲霉毒素 B_1 的衍生物，展开后此衍生物的比移值约在 0.1 左右。于薄层板左边依次滴加两个点。

第一点：0.04μg/mL 黄曲霉毒素 B_1 标准使用液 10μL。

第二点：20μL 样液。

于以上两点各加一小滴三氟乙酸盖于其上，反应 5min 后，用吹风机吹热风 2min 后，使热风吹到薄层板上的温度不高于 40℃，再于薄层板上滴加以下两个点。

第三点：0.04μg/mL 黄曲霉毒素 B_1 标准使用液 10μL。

第四点：20μL 样液。

再展开（同上述步骤"3. 展开与观察"），在紫外光灯下观察样液是否产生与黄曲霉毒素 B_1 标准点相同的衍生物。未加三氟乙酸的第三点、第四点两点，可依次作为样液与标准的衍生物空白对照。

5. 稀释定量

样液中的黄曲霉毒素 B_1 荧光点的荧光强度如与黄曲霉毒素 B_1 标准点的最低检出量

（0.0004μg）的荧光强度一致，则试样中黄曲霉毒素 B₁ 含量即为 5μg/kg。如样液中荧光强度比最低检出量强，则根据其强度估计减少滴加体积（μL）或将样液稀释后再滴加不同体积（μL），直至样液点的荧光强度与最低检出量的荧光强度一致为止。滴加式样如下：

第一点：10μL 黄曲霉毒素 B₁ 标准使用液（0.04μg/mL）。

第二点：根据情况滴加 10μL 样液。

第三点：根据情况滴加 15μL 样液。

第四点：根据情况滴加 20μL 样液。

6. 结果计算

试样中黄曲霉毒素 B₁ 的含量按式（8-4）进行计算，结果表示到测定值的整数位。

$$X = 0.0004 \times \frac{V_1 \times D}{V_2} \times \frac{1000}{m} \tag{8-4}$$

式中　X——试样中黄曲霉毒素 B₁ 的含量，μg/kg；

　　　V_1——加入苯-乙腈混合液的体积，mL；

　　　V_2——出现最低荧光时滴加样液的体积，mL；

　　　D——样液的总稀释倍数；

　　　M——加入苯-乙腈混合液溶解时相当试样的质量，g；

　0.0004——黄曲霉毒素 B₁ 的最低检出量，μg。

五、双向展开法测定

如用单向展开法展开后，薄层色谱由于杂质干扰掩盖了黄曲霉毒素 B₁ 的荧光强度，需采用双向展开法。薄层板先用无水乙醚做横向展开，将干扰的杂质展至样液点的一边而黄曲霉毒素 B₁ 不动，然后再用丙酮-三氯甲烷（8＋92）做纵向展开，试样在黄曲霉毒素 B₁ 相应处的杂质底色大量减少，因而提高了方法灵敏度。如用双向展开中滴加两点法展开仍有杂质干扰时，则可改用滴加一点法。

（一）滴加两点法

1. 点样

取薄层板三块，在距下端 3cm 基线上滴加黄曲霉毒素 B₁ 标准使用液与样液。即在三块板的距左边缘 0.8～1cm 处各滴加 10μL 黄曲霉毒素 B₁ 标准使用液（0.04μg/mL），在距左边缘 2.8～3cm 处各滴加 20μL 样液，然后在第二块板的样液点上加滴 10μL 黄曲霉毒素 B₁ 标准使用液（0.04μg/mL），在第三块板的样液点上加滴 10μL 0.2μg/mL 黄曲霉毒素 B₁ 标准使用液。

2. 展开

① 横向展开：在展开槽内的长边置一玻璃支架，加 10mL 无水乙醇，将上述点好的薄层板靠标准点的长边置于展开槽内展开，展至板端后，取出挥干，或根据情况需要时可再重复展开 1～2 次。

② 纵向展开：挥干的薄层板以丙酮-三氯甲烷（8＋92）展开至 10～12cm 为止。丙酮与三氯甲烷的比例根据不同条件自行调节。

3. 观察及评定结果

① 在紫外光灯下观察第一、二板，若第二板的第二点在黄曲霉毒素 B₁ 标准点的相应处

出现最低检出量，而第一板在与第二板的相同位置上未出现荧光点，则试样中黄曲霉毒素 B_1 含量在 $5\mu g/kg$ 以下。

② 若第一板在与第二板的相同位置上出现荧光点，则将第一板与第三板比较，看第三板上第二点与第一板上第二点的相同位置上的荧光点是否与黄曲霉毒素 B_1 标准点重叠，如果重叠，再进行确证试验。在具体测定中，第一、二、三板可以同时做，也可按照顺序做。如按顺序做，当在第一板出现阴性时，第三板可以省略；如第一板为阳性，则第二板可以省略，直接做第三板。

4. 确证试验

另取薄层板两块，于第四、第五两板距左边缘 $0.8\sim1cm$ 处各滴加 $10\mu L$ 黄曲霉毒素 B_1 标准使用液（$0.04\mu g/mL$）及 1 小滴三氟乙酸；在距左边缘 $2.8\sim3cm$ 处，于第四板滴加 $20\mu L$ 样液及 1 小滴三氟乙酸，于第五板滴加 $20\mu L$ 样液、$10\mu L$ 黄曲霉毒素 B_1 标准使用液（$0.04\mu g/mL$）及 1 小滴三氟乙酸，反应 $5min$ 后，用吹风机吹热风 $2min$，使热风吹到薄层板上的温度不高于 $40℃$。再用双向展开法展开后，观察样液是否产生与黄曲霉毒素 B_1 标准点重叠的衍生物。观察时，可将第一板作为样液的衍生物空白板。如样液黄曲霉毒素 B_1 含量高时，则将样液稀释后，再做确证试验。

5. 稀释定量

样液中的黄曲霉毒素 B_1 荧光点的荧光强度如与黄曲霉毒素 B_1 标准点的最低检出量（$0.0004\mu g$）的荧光强度一致，则试样中黄曲霉毒素 B_1 含量即为 $5\mu g/kg$。如样液中荧光强度比最低检出量强，则根据其强度估计减少滴加体积（μL）或将样液稀释后再滴加不同体积（μL），直至样液点的荧光强度与最低检出量的荧光强度一致为止。滴加式样如下：

第一点：$10\mu L$ 黄曲霉毒素 B_1 标准使用液（$0.04\mu g/mL$）。

第二点：根据情况滴加 $10\mu L$ 样液。

第三点：根据情况滴加 $15\mu L$ 样液。

第四点：根据情况滴加 $20\mu L$ 样液。

如黄曲霉毒素 B_1 含量低，稀释倍数小，在定量的纵向展开板上仍有杂质干扰，影响结果的判断，可将样液再做双向展开法测定，以确定含量。

6. 结果计算

同上述单向展开法。

（二）滴加一点法

1. 点样

取薄层板三块，在距下端 $3cm$ 基线上滴加黄曲霉毒素 B_1 标准使用液与样液。即在三块板距左边缘 $0.8\sim1cm$ 处各滴加 $20\mu L$ 样液，在第二板的点上加滴 $10\mu L$ 黄曲霉毒素 B_1 标准使用液（$0.04\mu g/mL$），在第三板的点上加滴 $10\mu L$ 黄曲霉毒素 B_1 标准溶液（$0.2\mu g/mL$）。

2. 展开

① 横向展开：在展开槽内的长边置一玻璃支架，加 $10mL$ 无水乙醇，将上述点好的薄层板靠标准点的长边置于展开槽内展开，展至板端后，取出挥干，或根据情况需要时可再重复展开 $1\sim2$ 次。

② 纵向展开：挥干的薄层板以丙酮-三氯甲烷（$8+92$）展至 $10\sim12cm$ 为止。丙酮与

三氯甲烷的比例根据不同条件自行调节。

3. 观察及评定结果

在紫外光灯下观察第一、二板，如第二板出现最低检出量的黄曲霉毒素 B_1 标准点，而第一板与其相同位置上未出现荧光点，试样中黄曲霉毒素 B_1 含量在 $5\mu g/kg$ 以下。如第一板在与第二板黄曲霉毒素 B_1 相同位置上出现荧光点，则将第一板与第三板比较，看第三板上与第一板相同位置的荧光点是否与黄曲霉毒素 B_1 标准点重叠，如果重叠再进行以下确证试验。

4. 确证试验

另取两板，于距左边缘 $0.8\sim1cm$ 处，第四板滴加 $20\mu L$ 样液和 1 滴三氟乙酸，第五板滴加 $20\mu L$ 样液、$10\mu L$ $0.04\mu g/mL$ 黄曲霉毒素 B_1 标准使用液及 1 滴三氟乙酸。反应 5min 后，用吹风机吹热风 2min，使热风吹到薄层板上的温度不高于 $40℃$。再用双向展开法展开后。再将以上两板在紫外光灯下观察，以确定样液点是否产生与黄曲霉毒素 B_1 标准点重叠的衍生物，观察时可将第一板作为样液的衍生物空白板。经过以上确证试验定为阳性后，再进行稀释定量，如含黄曲霉毒素 B_1 低，不需稀释或稀释倍数小，杂质荧光仍有严重干扰，可根据样液中黄曲霉毒素 B_1 荧光的强弱，直接用双向展开法定量。

5. 结果计算

同上述单向展开法。

第二法　酶联免疫法

一、实验原理

试样中的黄曲霉毒素 B_1 经提取、脱脂、浓缩后与定量特异性抗体反应，多余的游离抗体则与酶标板内的包被抗原结合，加入酶标记物和底物后显色，与标准比较测定含量。

二、实验试剂和设备

1. 试剂

抗黄曲霉毒素 B_1 单克隆抗体（由卫生部食品卫生监督检验所进行质量控制）；人工抗原：AFB_1-牛血清白蛋白结合物；三氯甲烷；甲醇；石油醚；牛血清白蛋白（BSA）；邻苯二胺（OPD）；辣根过氧化物酶（HRP）标记羊抗鼠 IgG；碳酸钠；碳酸氢钠；磷酸二氢钾；磷酸氢二钠；氯化钠；氯化钾；过氧化氢（H_2O_2）；硫酸等。

黄曲霉毒素 B_1 标准溶液：用甲醇将黄曲霉毒素 B_1 配制成 $1mg/mL$ 溶液，再用甲醇-PBS溶液（20＋80）稀释至约 $10\mu g/mL$，紫外分光光度计测定此溶液最大吸收峰的光密度值，代入式(8-5) 计算。

$$X = \frac{A \times M \times 1000 \times f}{E} \tag{8-5}$$

式中　X——试样中黄曲霉毒素 B_1 的含量，$\mu g/kg$；

$\quad\quad A$——测得的光密度值；

$\quad\quad M$——黄曲霉毒素 B_1 分子量，312；

$\quad\quad E$——摩尔吸收系数，21800；

f——使用仪器的校正因素。

根据计算将该溶液配制成 $10\mu g/mL$ 标准溶液，检测时，用甲醇-PBS 溶液将该标准溶液稀释至所需浓度。

包被缓冲液（pH9.6 碳酸盐缓冲液）的制备：Na_2CO_3 1.59g，$NaHCO_3$ 2.93g，加蒸馏水至 1000mL。

磷酸盐缓冲液（pH7.4PBS）的制备：KH_2PO_4 0.2g，$Na_2HPO_4 \cdot 12H_2O$ 2.9g，NaCl 8.0g，加蒸馏水至 1000mL。

洗液（PBS-T）的制备：PBS 加体积分数为 0.05% 的吐温-20。

抗体稀释液的制备：BSA 1.0g 加 PBS-T 至 1000mL。

底物缓冲液的制备：A 液（0.1mol/L 柠檬酸水溶液），B 液（0.2mol/L 磷酸氢二钠水溶液），用前按 A 液＋B 液＋蒸馏水为 24.3＋25.7＋50 的比例（体积比）配制。

封闭液的制备：同抗体稀释液。

2. 设备

小型粉碎机；电动振荡器；酶标仪，内置 490nm 滤光片；恒温水浴锅；恒温培养箱；酶标微孔板；微量加样器及配套吸头。

三、样品中黄曲霉毒素 B₁提取

1. 样品制备

同第一法样品制备。

2. 提取

① 大米和小米（脂肪含量＜3.0%）的提取　试样粉碎后过 20 目筛，称取 20.0g，加入 250mL 具塞锥形瓶中。准确加入 60mL 三氯甲烷，盖塞后滴水封严。150r/min 振荡 30min。静置后，用快速定性滤纸过滤于 50mL 烧杯中。立即取 12mL 滤液（相当 4.0g 试样）于 75mL 蒸发皿中，65℃ 水浴通风挥干。用 2.0mL 20% 甲醇-PBS 分 3 次（0.8mL、0.7mL、0.5mL）溶解并彻底冲洗蒸发皿中凝结物，移至小试管，加盖振荡后静置待测。此液每毫升相当 2.0g 试样。

② 玉米的提取（脂肪含量 3.0%～5.0%）　试样粉碎后过 20 目筛，称取 20.0g，加入 250mL 具塞锥形瓶中，准确加入 50.0mL 甲醇-水（80＋20）溶液和 15.0mL 石油醚，盖塞后滴水封严。150r/min 振荡 30min。用快速定性滤纸过滤于 125mL 分液漏斗中。待分层后，放出下层甲醇水溶液于 50mL 烧杯中，从中取 10.0mL（相当于 4.0g 试样）于 75mL 蒸发皿中，65℃ 水浴通风挥干。用 2.0mL 20% 甲醇-PBS 分 3 次（0.8mL、0.7mL、0.5mL）溶解并彻底冲洗蒸发皿中凝结物，移至小试管，加盖振荡后静置待测。此液每毫升相当 2.0g 试样。

③ 花生的提取（脂肪含量 15.0%～45.0%）　试样去壳去皮粉碎后称取 20.0g，加入 250mL 具塞锥形瓶中，准确加入 100.0mL 甲醇-水（55＋45）溶液和 30mL 石油醚，盖塞后滴水封严。150r/min 振荡 30min。静置 15min 后用快速定性滤纸过滤于 125mL 分液漏斗中。待分层后，放出下层甲醇水溶液于 100mL 烧杯中，从中取 20.0mL（相当于 4.0g 试样）置于另一 125mL 分液漏斗中，加入 20.0mL 三氯甲烷，振摇 2min，静置分层（如有乳化现象可滴加甲醇促使分层），放出三氯甲烷于 75mL 蒸发皿中。再加 5.0mL 三氯甲烷于分液漏斗中重复振摇提取后，放出三氯甲烷一并于蒸发皿中，65℃ 水浴通风挥干。用 2.0mL

20％甲醇-PBS分3次（0.8mL、0.7mL、0.5mL）溶解并彻底冲洗蒸发皿中凝结物，移至小试管，加盖振荡后静置待测。此液每毫升相当2.0g试样。

④ 植物油的提取　用小烧杯称取4.0g试样，用20.0mL石油醚，将试样移于125mL分液漏斗中，用20.0mL甲醇-水（55＋45）溶液分次洗烧杯，溶液一并移于分液漏斗中（精炼油4.0g样为4.525mL，直接用移液器加入分液漏斗，再加溶剂后振摇），振摇2min。静置分层后，放出下层甲醇-水溶液于75mL蒸发皿中，再用5.0mL甲醇-水溶液重复振摇提取1次，提取液一并加入蒸发皿中，65℃水浴通风挥干。用2.0mL 20％甲醇-PBS分3次（0.8mL、0.7mL、0.5mL）溶解并彻底冲洗蒸发皿中凝结物，移至小试管，加盖振荡后静置待测。此液每毫升相当2.0g试样。

⑤ 酱油、醋　称取10.00g试样于小烧杯中，为防止提取时乳化，加0.4g氯化钠，移入分液漏斗中，用15mL三氯甲烷分次洗涤烧杯，洗液并入分液漏斗中。振摇2min，静置分层，如出现乳化现象可滴加甲醇促使分层。放出三氯甲烷层，经盛有约10g预先用三氯甲烷湿润的无水硫酸钠的定量慢速滤纸过滤于50mL蒸发皿中，再加5mL三氯甲烷于分液漏斗中，重复振摇提取，三氯甲烷层一并滤于蒸发皿中，最后用少量三氯甲烷洗过滤器，洗液并于蒸发皿中。将蒸发皿放在通风柜于65℃水浴上通风挥干。用2.0mL 20％甲醇-PBS分3次（0.8mL、0.7mL、0.5mL）溶解并彻底冲洗蒸发皿中凝结物，移至小试管，加盖振荡后静置待测。此液每毫升相当于2.0g试样。

或称取10.00g试样，置于分液漏斗中，再加12mL甲醇（以酱油体积代替水，故甲醇与水的体积比仍为55＋45），用20mL三氯甲烷提取，振摇2min，静置分层，如出现乳化现象可滴加甲醇促使分层。放出三氯甲烷层，经盛有约10g预先用三氯甲烷湿润的无水硫酸钠的定量慢速滤纸过滤于50mL蒸发皿中，再加5mL三氯甲烷于分液漏斗中，重复振摇提取，三氯甲烷层一并滤于蒸发皿中，最后用少量三氯甲烷洗过滤器，洗液并于蒸发皿中。将蒸发皿放在通风柜于65℃水浴上通风挥干，用2.0mL 20％甲醇-PBS分三次（0.8mL、0.7mL、0.mL）溶解并彻底冲洗蒸发皿中凝结物，移至小试管，加盖振荡后静置待测。此液每毫升相当于2.0g试样。

⑥ 干酱类（包括豆豉、腐乳制品）　称取20.00g研磨均匀的试样，置于250mL具塞锥形瓶中，加入20mL正己烷或石油醚与50mL甲醇水溶液。振荡30min，静置片刻，以叠成折叠式快速定性滤纸过滤，滤液静置分层后，取24mL甲醇水层（相当8g试样，其中包括8g干酱类本身约含有4mL水的体积在内）置于分液漏斗中，加入20mL三氯甲烷，振摇2min，静置分层，如出现乳化现象可滴加甲醇促使分层。放出三氯甲烷层，经盛有约10g预先用三氯甲烷湿润的无水硫酸钠的定量慢速滤纸过滤于50mL蒸发皿中，再加5mL三氯甲烷于分液漏斗中，重复振摇提取，三氯甲烷层一并滤于蒸发皿中，最后用少量三氯甲烷洗过滤器，洗液并于蒸发皿中。将蒸发皿放在通风柜于65℃水浴上通风挥干，用2.0mL 20％甲醇-PBS分3次（0.8mL、0.7mL、0.5mL）溶解并彻底冲洗蒸发皿中凝结物，移至小试管，加盖振荡后静置待测。此液每毫升相当于2.0g试样。

⑦ 其他食品的提取　称取20.00g粉碎过筛试样（面粉、花生酱不需粉碎），置于250mL具塞锥形瓶中，加30mL正己烷或石油醚和100mL甲醇水溶液，在瓶塞上涂上一层水，盖严防漏。振荡30min，静置片刻，以叠成折叠式的快速定性滤纸过滤于分液漏斗中，待下层甲醇水溶液分清后，放出甲醇水溶液于另一具塞锥形瓶内。取20.00mL甲醇水溶液（相当于4g试样）置于另一125mL分液漏斗中，加20mL三氯甲烷，振摇2min，静置分层，如出现乳化现象可滴加甲醇促使分层。放出三氯甲烷层，经盛有约10g预先用三氯甲烷

湿润的无水硫酸钠的定量慢速滤纸过滤于 50mL 蒸发皿中，再加 5mL 三氯甲烷于分液漏斗中，重复振摇提取，三氯甲烷层一并滤于蒸发皿中，最后用少量三氯甲烷洗过滤器，洗液并于蒸发皿中。将蒸发皿放在通风柜于 65℃ 水浴上通风挥干，用 2.0mL 20％甲醇-PBS 分 3 次（0.8mL、0.7mL、0.5mL）溶解并彻底冲洗蒸发皿中凝结物，移至小试管，加盖振荡后静置待测。此液每毫升相当于 2.0g 试样。

四、间接竞争性酶联免疫吸附测定(ELISA)

1. 包被微孔板

用 AFB_1-BSA 人工抗原包被酶标板，150μL/孔，4℃过夜。

2. 抗体抗原反应

将黄曲霉毒素 B_1 纯化单克隆抗体稀释后与等量不同浓度的黄曲霉毒素 B_1 标准溶液用 2mL 试管混合振荡后，4℃静置，此液用于制作黄曲霉毒素 B_1 标准抑制曲线。将黄曲霉毒素 B_1 纯化单克隆抗体稀释后与等量试样提取液用 2mL 试管混合振荡后，4℃静置，此液用于测定试样中黄曲霉毒素 B_1 含量。

3. 封闭

已包被的酶标板用洗液洗 3 次，每次 3min 后，加封闭液封闭，250μL/孔，置 37℃下 1h。

4. 测定

酶标板洗 3×3min 后，加抗体抗原反应液（在酶标板的适当孔位加抗体稀释液或 Sp2/0 培养上清液作为阴性对照），130μL/孔，37℃，2h。酶标板洗 3×3min。酶标二抗［1∶200（体积比）］100μL/孔，1h。酶标板用洗液洗 5×3min。加底物溶液（10mg OPD），加 25mL 底物缓冲液，加 37μL 30％ H_2O_2，100μL/孔，37℃，15min，然后加 2mol/L H_2SO_4，40μL/孔，以终止显色反应，酶标仪 490nm 测出 OD 值。

5. 计算

黄曲霉毒素 B_1 的浓度按式(8-6)进行计算。

$$黄曲霉毒素\ B_1\ 浓度(ng/g) = c \times \frac{V_1}{V_2} \times D \times \frac{1}{m} \tag{8-6}$$

式中　c——黄曲霉毒素 B_1 含量，对应标准曲线按数值插入法求，ng；

　　　V_1——试样提取液的体积，mL；

　　　V_2——滴加样液的体积，mL；

　　　D——稀释倍数；

　　　m——试样质量，g。

由于按标准曲线直接求得的黄曲霉毒素 B_1 浓度（c_1）的单位为 ng/mL，而测孔中加入的试样提取的体积为 0.065mL，所以式(8-6)中：

$$c = 0.065mL \times c_1$$

而 $V_1 = 2mL$，$V_2 = 0.065mL$，$D = 2$，$m = 4g$，代入式(8-6)，则：

$$黄曲霉毒素\ B_1\ 浓度(ng/g) = 0.065 \times c_1 \times \frac{2}{0.065} \times 2 \times \frac{1}{4} = c_1$$

所以，在对试样提取完全按本方法进行时，从标准曲线直接求得的数值 c_1，即为所测

试样中黄曲霉毒素 B_1 的浓度（ng/g）。

实验二　食品中丙烯酰胺的测定

第一法　稳定性同位素稀释的液相色谱-质谱/质谱法

一、实验原理

应用稳定性同位素稀释技术，在试样中加入 $^{13}C_3$ 标记的丙烯酰胺内标溶液，以水为提取溶剂，经过固相萃取柱或基质固相分散萃取净化后，以液相色谱-质谱/质谱的多反应离子监测（MRM）或选择反应监测（SRM）进行检测，内标法定量。

二、试剂和材料

1. 试剂

甲酸（HCOOH）：色谱纯；甲醇（CH_3OH）：色谱纯；正己烷（n-C_6H_{14}）：分析纯，重蒸后使用；乙酸乙酯（$CH_3COOC_2H_5$）：分析纯，重蒸后使用；无水硫酸钠（Na_2SO_4）：400℃，烘烤 4h；硫酸铵 $[(NH_4)_2SO_4]$；硅藻土：Extrelut TM20 或相当产品。

2. 标准品

丙烯酰胺（CH_2＝$CHCONH_2$）标准品（纯度＞99%）；$^{13}C_3$-丙烯酰胺（$^{13}CH_2$＝$^{13}CH^{13}CONH_2$）标准品（纯度＞98%）。

3. 丙烯酰胺标准溶液的配制

丙烯酰胺标准储备溶液（1000mg/L）：准确称取丙烯酰胺标准品，用甲醇溶解并定容，使丙烯酰胺浓度为 1000mg/L，置－20℃冰箱中保存。

丙烯酰胺中间溶液（100mg/L）：移取丙烯酰胺标准储备溶液 1mL，加甲醇稀释至 10mL，使丙烯酰胺浓度为 100mg/L，置－20℃冰箱中保存。

丙烯酰胺工作溶液 I（10mg/L）：移取丙烯酰胺中间溶液 1mL，用 0.1% 甲酸溶液稀释至 10mL，使丙烯酰胺浓度为 10mg/L。临用时配制。

丙烯酰胺工作溶液 II（1mg/L）：移取 1mL 丙烯酰胺工作溶液 I，用 0.1% 甲酸溶液稀释至 10mL，使丙烯酰胺浓度为 1mg/L。临用时配制。

4. $^{13}C_3$-丙烯酰胺内标溶液

$^{13}C_3$-丙烯酰胺内标储备溶液（1000mg/L）：准确称取 $^{13}C_3$-丙烯酰胺标准品，用甲醇溶解并定容，使 $^{13}C_3$-丙烯酰胺浓度为 1000mg/L，置－20℃冰箱保存。

内标工作溶液（10mg/L）：移取内标储备溶液 1mL，用甲醇稀释至 100mL，使 $^{13}C_3$-丙烯酰胺浓度为 10mg/L，置－20℃冰箱保存。

5. 标准曲线工作溶液

取 6 个 10mL 容量瓶，分别移取 0.1mL、0.5mL、1mL 丙烯酰胺工作溶液 II（1mg/L）和 0.5mL、1mL、3mL 丙烯酰胺工作溶液 I（10mg/L）与内标工作溶液（10mg/L）0.1mL，用 0.1% 甲酸溶液稀释至刻度。标准系列溶液中丙烯酰胺的浓度分别为 10μg/L、

$50\mu g/L$、$100\mu g/L$、$500\mu g/L$、$1000\mu g/L$、$3000\mu g/L$，内标浓度为$100\mu g/L$。临用时配制。

三、仪器和设备

液相色谱-质谱/质谱联用仪（LC-MS/MS）；HLB 固相萃取柱：6mL、200mg，或相当产品；Bond Elut-Accucat 固相萃取柱：3mL、200mg，或相当产品；组织粉碎机；旋转蒸发仪；氮气浓缩器；振荡器；玻璃色谱柱：柱长 30cm，柱内径 1.8cm；涡旋混合器；超纯水装置；分析天平：感量为 0.1mg；离心机：转速≤10000r/min。

四、分析步骤

1. 样品提取

取 50g 试样，经粉碎机粉碎，$-20℃$冷冻保存。准确称取试样 1～2g（精确到 0.001g），加入 10mg/L $^{13}C_3$-丙烯酰胺内标工作溶液 $10\mu L$（或 $20\mu L$），相当于 100ng（或 200ng）的 $^{13}C_3$-丙烯酰胺内标，再加入超纯水 10mL，振摇 30min 后，于 4000r/min 离心 10min，取上清液待净化。

2. 样品净化（任选下列一种方法进行净化）

基质固相分散萃取方法（选择 1）：在试样提取的上清液中加入硫酸铵 15g，振荡 10min，使其充分溶解，于 4000r/min 离心 10min，取上清液 10mL，备用。如上清液不足 10mL，则用饱和硫酸铵补足。取洁净玻璃色谱柱，在底部填少许玻璃棉并压紧，依次填装 10g 无水硫酸钠、2g 硅藻土。称取 5g 硅藻土 Extrelut TM20 与上述试样上清液搅拌均匀后，装入色谱柱中。用 70mL 正己烷淋洗，控制流速为 2mL/min，弃去正己烷淋洗液。用 70mL 乙酸乙酯洗脱丙烯酰胺，控制流速为 2mL/min，收集乙酸乙酯洗脱溶液，并在 45℃ 水浴中减压旋转蒸发至近干，用乙酸乙酯洗涤蒸发瓶残渣 3 次（每次 1mL），并将其转移至已加入 1mL 0.1%甲酸溶液的试管中，涡旋振荡。在氮气流下吹去上层有机相后，加入 1mL 正己烷，涡旋振荡，于 3500r/min 离心 5min，取下层水相经 $0.22\mu m$ 水相滤膜过滤，待 LC-MS/MS 测定。

固相萃取柱净化（选择 2）：在试样提取的上清液中加入 5mL 正己烷，振荡萃取 10min，于 10000r/min 离心 5min，除去有机相，再用 5mL 正己烷重复萃取 1 次，迅速取水相 6mL 经 $0.45\mu m$ 水相滤膜过滤，待进行 HLB 固相萃取柱净化处理。HLB 固相萃取柱使用前依次用 3mL 甲醇、3mL 水活化。取上述滤液 5mL 上 HLB 固相萃取柱，收集流出液，并用 4mL 80%的甲醇水溶液洗脱，收集全部洗脱液，并与流出液合并待进行 Bond Elut-Accucat 固相萃取柱净化。Bond Elut-Accucat 固相萃取柱依次用 3mL 甲醇、3mL 水活化后，将 HLB 固相萃取柱净化的全部洗脱液上样，在重力作用下流出，收集全部流出液，在氮气流下将流出液浓缩至近干，用 0.1%甲酸溶液定容至 1.0mL，待 LC-MS/MS 测定。

3. 仪器参考条件

① 色谱条件

色谱柱为 Atlantis C_{18} 柱 [$5\mu m$，2.1mm(i. d.)×150mm] 或等效柱；预柱：C_{18} 保护柱 [$5\mu m$，2.1mm(i. d.)×30mm] 或等效柱；流动相：甲醇/0.1%甲酸（10:90，体积比）；流速：0.2mL/min；进样体积：$25\mu L$；柱温：26℃。

② 质谱参数

a. 三重四极串联质谱仪　检测方式：多反应离子监测（MRM）；电离方式：阳离子电

喷雾电离源（ESI＋）；毛细管电压：3500V；锥孔电压：40V；射频透镜1电压：30.8V；离子源温度：80℃；脱溶剂气温度：300℃；离子碰撞能量：6eV；丙烯酰胺：母离子 m/z 72、子离子 m/z 55、子离子 m/z 44；$^{13}C_3$-丙烯酰胺：母离子 m/z 75、子离子 m/z 58、子离子 m/z 45；定量离子：丙烯酰胺为 m/z 55，$^{13}C_3$-丙烯酰胺为 m/z 58。

b. 离子阱串联质谱仪　检测方式：选择反应离子监测（SRM）；电离方式：阳离子电喷雾电离源（ESI＋）；喷雾电压：5000V；加热毛细管温度：300℃；鞘气：N_2，40Arb；辅助气：N_2，20Arb；碰撞诱导解离（CID）：10V；碰撞能量：40V；丙烯酰胺：母离子 m/z 72、子离子 m/z 55、子离子 m/z 44；$^{13}C_3$-丙烯酰胺：母离子 m/z 75、子离子 m/z 58、子离子 m/z 45；定量离子：丙烯酰胺为 m/z 55，$^{13}C_3$-丙烯酰胺为 m/z 58。

4. 标准曲线的绘制

将标准系列工作液分别注入液相色谱-质谱/质谱系统，测定相应的丙烯酰胺及其内标的峰面积，以各标准系列工作液的丙烯酰胺进样浓度（μg/L）为横坐标，以丙烯酰胺（m/z 55）和 $^{13}C_3$-丙烯酰胺内标（m/z 58）的峰面积比为纵坐标，绘制标准曲线。

5. 试样溶液的测定

将试样溶液注入液相色谱-质谱/质谱系统中，测得丙烯酰胺（m/z 55）和 $^{13}C_3$-丙烯酰胺内标（m/z 58）的峰面积比，根据标准曲线得到待测液中丙烯酰胺进样浓度（μg/L），平行测定次数不少于两次。

6. 质谱分析

分别将试样和标准系列工作液注入液相色谱-质谱/质谱仪中，记录总离子流图和质谱图及丙烯酰胺和内标的峰面积，以保留时间及碎片离子的丰度定性，要求所检测的丙烯酰胺色谱峰信噪比（S/N）大于3，被测试样中目标化合物的保留时间与标准溶液中目标化合物的保留时间一致，同时被测试样中目标化合物的相应监测离子丰度比与标准溶液中目标化合物的色谱峰丰度比一致，允许的偏差见表8-1。

表8-1　定性测定时相对离子丰度的最大允许偏差

相对离子丰度（基线峰的％）	允许的相对偏差（RSD）
＞50％	±20％
＞20％～50％	±25％
＞10％～20％	±30％
≤10％	±50％

五、结果计算

试样中丙烯酰胺含量按公式(8-7)内标法计算。

$$X = \frac{A \times f}{M} \tag{8-7}$$

式中　X——试样中丙烯酰胺的含量，μg/kg；

　　　　A——试样中丙烯酰胺（m/z 55）色谱峰与 $^{13}C_3$-丙烯酰胺内标（m/z 58）色谱峰的峰面积比值对应的丙烯酰胺质量，ng；

　　　　f——试样中内标加入量的换算因子（内标为 10μL 时 $f=1$ 或内标为 20μL 时 $f=2$）；

M——加入内标时的取样量，g。

方法定量限为 $10\mu g/kg$，在重复性条件下获得的两次独立测定结果的绝对差值不得超过算术平均值的 20%。

第二法 稳定性同位素稀释的气相色谱-质谱法

一、实验原理

应用稳定性同位素稀释技术，在试样中加入 $^{13}C_3$ 标记的丙烯酰胺内标溶液，以水为提取溶剂，试样提取液采用基质固相分散萃取净化、溴试剂衍生后，采用气相色谱-串联质谱仪的多反应离子监测（MRM）或气相色谱-质谱仪的选择离子监测（SIM）进行检测，内标法定量。

二、试剂、材料和设备

1. 试剂

正己烷（$n\text{-}C_6H_{14}$）：分析纯，重蒸后使用；乙酸乙酯（$CH_3COOC_2H_5$）：分析纯，重蒸后使用；无水硫酸钠（Na_2SO_4）：$400℃$，烘烤 $4h$；硫酸铵 $[(NH_4)_2SO_4]$；硫代硫酸钠（$Na_2S_2O_3\cdot5H_2O$）；溴（Br_2）；氢溴酸（HBr）：含量$>48.0\%$；溴化钾（KBr）；超纯水：电导率（$25℃$）$\leqslant0.01mS/m$；溴试剂；硅藻土：Extrelut TM 20 或相当产品。

2. 试剂配制

饱和溴水：量取 $100mL$ 超纯水，置于 $200mL$ 的棕色试剂瓶中，加入 $8mL$ 溴，$4℃$ 避光放置 $8h$，上层为饱和溴水溶液。

溴试剂：称取溴化钾 $20.0g$，加超纯水 $50mL$，使完全溶解，再加入 $1.0mL$ 氢溴酸和 $16.0mL$ 饱和溴水，摇匀，用超纯水稀释至 $100mL$，$4℃$ 避光保存。

硫代硫酸钠溶液（$0.1mol/L$）：称取硫代硫酸钠 $2.48g$，加超纯水 $50mL$，使完全溶解，用超纯水稀释至 $100mL$，$4℃$ 避光保存。

饱和硫酸铵溶液：称取 $80g$ 硫酸铵晶体，加入超纯水 $100mL$，超声溶解，室温放置。

3. 标准品

丙烯酰胺（$CH_2{=}CHCONH_2$）标准品：纯度$>99\%$；$^{13}C_3$-丙烯酰胺（$^{13}CH_2{=}^{13}CH^{13}CONH_2$）标准品：纯度$>98\%$。

4. 丙烯酰胺标准溶液的配制

丙烯酰胺标准储备溶液（$1000mg/L$）：准确称取丙烯酰胺标准品，用甲醇溶解并定容，使丙烯酰胺浓度为 $1000mg/L$，置$-20℃$冰箱中保存。

丙烯酰胺中间溶液（$100mg/L$）：移取丙烯酰胺标准储备溶液 $1mL$，加甲醇稀释至 $10mL$，使丙烯酰胺浓度为 $100mg/L$，置$-20℃$冰箱中保存。

丙烯酰胺工作溶液Ⅰ（$10mg/L$）：移取丙烯酰胺中间溶液 $1mL$，用 0.1%甲酸溶液稀释至 $10mL$，使丙烯酰胺浓度为 $10mg/L$。临用时配制。

丙烯酰胺工作溶液Ⅱ（$1mg/L$）：移取丙烯酰胺工作溶液Ⅰ $1mL$，用 0.1%甲酸溶液稀释至 $10mL$，使丙烯酰胺浓度为 $1mg/L$。临用时配制。

5. ¹³C₃-丙烯酰胺内标溶液

¹³C₃-丙烯酰胺内标储备溶液（1000mg/L）：准确称取¹³C₃-丙烯酰胺标准品，用甲醇溶解并定容，使¹³C₃-丙烯酰胺浓度为1000mg/L，置−20℃冰箱保存。

内标工作溶液（10mg/L）：移取内标储备溶液1mL，用甲醇稀释至100mL，使¹³C₃-丙烯酰胺浓度为10mg/L，置−20℃冰箱保存。

6. 标准曲线工作溶液

取5个10mL容量瓶，分别移取0.1mL、0.5mL、2mL丙烯酰胺工作溶液Ⅱ（1mg/L）和0.5mL及1mL丙烯酰胺工作溶液Ⅰ（1mg/L）与0.5mL内标工作溶液（1mg/L），用超纯水稀释至刻度。标准系列溶液中丙烯酰胺浓度分别为10μg/L、50μg/L、200μg/L、500μg/L、1000μg/L，内标浓度为50μg/L。临用时配制。

7. 实验设备

气相色谱-四极杆质谱联用仪（GC-MS）；色谱柱：DB-5ms柱〔30m×0.25mm(i.d.)×0.25μm〕或等效柱；组织粉碎机；旋转蒸发仪；氮气浓缩器；振荡器；玻璃色谱柱：柱长30cm，柱内径1.8cm；涡旋混合器；超纯水装置；分析天平（感量为0.1mg）；离心机：转速≤10000r/min。

三、分析步骤

1. 样品提取

取50g试样，经粉碎机粉碎，−20℃冷冻保存。准确称取试样2g，精确到0.001g。加入10.0mg/L ¹³C₃-丙烯酰胺内标溶液10μL（或20μL），相当于100ng（或200ng）的¹³C₃-丙烯酰胺内标，再加入超纯水10mL，振荡30min后，于4000r/min离心10min，取上清液备用。

2. 样品净化

在试样提取的上清液中加入硫酸铵15g，振荡10min，使其充分溶解，于4000r/min离心10min，取上清液10mL，备用。如上清液不足10mL，则用饱和硫酸铵补足。取洁净玻璃色谱柱，在底部填少许玻璃棉，压紧，依次填装无水硫酸钠10g、Extrelut TM20硅藻土2g。称取5g Extrelut TM 20硅藻土与上述备用的试样上清液搅拌均匀后，装入色谱柱中，70mL正己烷淋洗，控制流速为2mL/min，弃去正己烷淋洗液。用70mL乙酸乙酯洗脱，控制流速为2mL/min，收集乙酸乙酯洗脱溶液，并在45℃水浴下减压旋转蒸发至近干，用乙酸乙酯洗涤蒸发瓶残渣3次（每次1mL），并将其转移至已加入1mL超纯水的试管中，涡旋振荡。在氮气流下吹去上层有机相后，加入1mL正己烷，涡旋振荡，于3500r/min离心5min，取下层水相备用衍生。

3. 衍生

试样的衍生：在试样提取液中加入溴试剂1mL，涡旋振荡，4℃放置至少1h后，加入0.1mol/L硫代硫酸钠溶液约100μL，涡旋振荡除去剩余的衍生剂；加入2mL乙酸乙酯，涡旋振荡1min，于4000r/min离心5min，吸取上层有机相转移至加有0.1g无水硫酸钠的试管中，加入乙酸乙酯2mL重复萃取，合并有机相；静置至少0.5h，转移至另一试管，在氮气流下吹至近干，加0.5mL乙酸乙酯溶解残渣（注意：根据仪器的灵敏度，调整溶解残渣的乙酸乙酯体积，通常情况下，采用串联质谱仪检测，其使用量为0.5mL，采用单级质谱仪检测，其使用量为 0.1mL），备用。

标准系列溶液的衍生：量取标准系列溶液各 1.0mL，按照上述试样衍生方法同步操作。

4. 仪器参考条件

① 色谱条件　色谱柱：DB-5ms 柱 $[30m \times 0.25mm(i.d.) \times 0.25\mu m]$ 或等效柱。进样口温度：120℃保持 2min，以 40℃/min 速度升至 240℃，并保持 5min。色谱柱程序温度：65℃保持 1min，以 15℃/min 速度升至 200℃，再以 40℃/min 的速度升至 240℃，并保持 5min。载气：高纯氦气（纯度＞99.999%），柱前压为 69kPa，相当于 10psi。不分流进样，进样体积 1μL。

② 质谱参数　检测方式：选择离子扫描（SIM）采集。电离模式：电子轰击源（EI），能量为 70eV。传输线温度：250℃。离子源温度：200℃。溶剂延迟：6min。质谱采集时间：6～12min。丙烯酰胺监测离子为 m/z 106、133、150 和 152，定量离子为 m/z 150。$^{13}C_3$-丙烯酰胺内标监测离子为 m/z 108、136、153 和 155，定量离子为 m/z 155。

5. 标准曲线的制作

将衍生的标准系列工作液分别注入气相色谱-质谱系统，测定相应的丙烯酰胺及其内标的峰面积，以各标准系列工作液的丙烯酰胺进样浓度（μg/L）为横坐标，以丙烯酰胺及其内标 $^{13}C_3$-丙烯酰胺定量离子质量色谱图上测得的峰面积比为纵坐标，绘制线性曲线。

6. 试样溶液的测定

将衍生的试样溶液注入气相色谱-质谱系统中，得到丙烯酰胺和内标 $^{13}C_3$-丙烯酰胺的峰面积比，根据标准曲线得到待测液中丙烯酰胺进样浓度（μg/L），平行测定次数不少于两次。

7. 质谱分析

分别将试样和标准系列工作液注入气相色谱-质谱仪中，记录总离子流图和质谱图及丙烯酰胺和内标的峰面积，以保留时间及碎片离子的丰度定性，要求所检测的丙烯酰胺色谱峰信噪比（S/N）大于 3，被测试样中目标化合物的保留时间与标准溶液中目标化合物的保留时间一致，同时被测试样中目标化合物的相应监测离子丰度比与标准溶液中目标化合物的色谱峰丰度比一致，允许的偏差见表 8-1。

四、分析结果的表述

采用内标法，按公式(8-7)计算试样中丙烯酰胺含量。方法定量限为 10μg/kg。在重复性条件下获得的两次独立测定结果的绝对差值不得超过算术平均值的 20%。

实验三　动植物油脂苯并 [a] 芘的测定

一、实验原理

样品经溶剂溶解，通过氧化铝柱吸附，用洗脱试剂洗脱苯并 [a] 芘，用反相高效液相色谱分离，荧光检测器检测，根据色谱峰的保留时间定性，外标法定量。

二、试剂和材料

石油醚（沸程 30～60℃）或正己烷：每升加 4g 氢氧化钾颗粒重蒸；乙腈：色谱纯；四氢呋喃：色谱纯；乙腈-四氢呋喃混合溶液：90mL 乙腈和 10mL 四氢呋喃的混合溶液；甲苯：色谱纯；无水硫酸钠。

色谱用中性氧化铝（100～200 目）：Brockmann 活度Ⅳ级，由活度为Ⅰ级的中性氧化铝减活制备而成。将 90g 经 450℃灼烧 12h 的氧化铝放入密闭容器中降至室温，加入 10mL 水。剧烈摇动容器 15min，静置平衡 24h，室温下密闭避光保存。由于不同品牌氧化铝活性存在差异，建议对质控样品进行测试，使氧化铝活性满足苯并［a］芘的回收率要求。建议应做相应的样品回收实验验证氧化铝活性。

苯并［a］芘标准品：CAS 编号 50-32-8，纯度不低于 99.0%。

苯并［a］芘标准贮备溶液：准确称取 12.5mg 苯并［a］芘于 25mL 容量瓶中，用甲苯溶解，定容。此溶液约含苯并［a］芘 0.5mg/mL，4℃避光保存，至少 6 个月内稳定。

标准工作液：苯并［a］芘标准贮备溶液，分别配制苯并［a］芘含量大约为 0.2μg/mL 和 0.01μg/mL 的两种标准溶液。

特别要注意的是：苯并［a］芘是一种已知的致癌物质，测定时应特别注意安全防护。测定应在通风橱中进行并戴手套，尽量减少暴露。

三、仪器和设备

玻璃色谱柱（图 8-1）：配有烧结玻璃垫和聚四氟乙烯旋塞；恒温水浴锅；旋转蒸发仪；高效液相色谱仪：如果使用自动进样器，样品定量环应在序列进样间用乙腈冲洗；玻璃样品瓶：约 1mL，配有可密封的盖子。

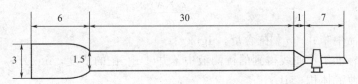

图 8-1 玻璃色谱柱装置示意图（单位：cm）

四、分析步骤

1. 样品的净化

用玻璃烧杯称取约 0.4g 试样，精确到 0.001g，用 2mL 石油醚溶解稀释。向色谱柱中加入一半高度的石油醚。快速称取 22g 氧化铝于小烧杯中，立即转移到色谱柱中，轻轻敲打色谱柱，使氧化铝均匀沉淀。再装入一层约 30mm 高的无水硫酸钠。打开色谱柱底部的旋塞，石油醚流出至无水硫酸钠的顶部，关闭旋塞。

在色谱柱出口端放置一个 20mL 的量筒。向色谱柱中移入样品溶液，用 2mL 石油醚清洗色谱柱内壁。向色谱柱加入 80mL 石油醚洗脱，流速为 1mL/min，洗脱液放满 20mL 量筒后，弃去。换用圆底烧瓶收集其余洗脱液。

将收集的洗脱液在 65℃的水浴中旋转蒸发至 0.5～1.0mL，转移至一个预先称量的玻璃样品瓶中。玻璃样品瓶置于 35℃的水浴中继续蒸发，并用氮气吹至近干（氮气流量大约为 25mL/min）。用石油醚清洗圆底烧瓶两次，每次 1mL，将清洗液转移至玻璃样品瓶中，继续在 35℃ 及氮气条件下蒸发至干。称量玻璃样品瓶的质量（精确到 0.1mg），计算瓶内残渣质量。旋紧样品瓶盖，4℃ 储存备用。

2. 色谱条件

保护柱：Lichrosorb RP-C$_{18}$，4.6mm×75mm，粒度 5μm；色谱柱：多环芳烃分析柱，4.6mm×250mm；进样量：10μL；流动相：乙腈 + 水 = 880 + 120（体积比）；流速：1.0mL/min；荧光检测器：发射波长为 406nm（狭缝 10nm），激发波长为 384nm（狭缝 10nm）。

3. 标准曲线的绘制

将标准工作液稀释为五种不同浓度的溶液，每个溶液进样量为 10μL 时，苯并[a]芘的质量为 0.004ng、0.008ng、0.04ng、0.2ng、0.4ng。根据峰的积分面积绘制 5 点校正曲线。

4. 样品分析

向装有待测试样的玻璃样品瓶中注入 100μL 的乙腈-四氢呋喃混合溶液。小心涡旋溶解残渣，避免样品瓶盖与溶剂接触。使用标准曲线，对苯并[a]芘在 0.1~50μg/kg 的范围内定量。苯并[a]芘含量超过 10μg/kg 的样品可以使用乙腈-四氢呋喃混合溶液稀释或减少进样体积。

将 10μL 的试样液注入液相色谱仪进行测定。保证注入到色谱柱中试样液溶解的残渣不超过 1.5mg，若超过 1.5mg，需用四氢呋喃稀释或重新进行净化。

五、结果计算

苯并[a]芘含量按式(8-8)计算。

$$w = \frac{c \times V}{m} \tag{8-8}$$

式中　w——样品中苯并[a]芘含量，μg/kg；

　　　c——从标准工作曲线得到的待测液中苯并[a]芘的浓度，ng/μL；

　　　V——待测液体积，μL；

　　　m——样品质量，g。

本方法的检测限为 0.1μg/kg，测量范围在 0.1~50μg/kg。计算结果在 0~10μg/kg 之间时保留一位小数，计算结果大于 10μg/kg 时，保留到最接近的整数。

实验四　小麦粉中溴酸盐的测定

一、实验原理

用纯水提取样品中溴酸根离子（BrO_3^-），经 Ag/H 柱除去样品提取液中干扰氯离子（Cl^-）、超滤法除去样品提取液中水溶性大分子，采用离子交换色谱-电导检测器测定，外标法定量。

二、试剂和材料

硫酸溶液 $c(H_2SO_4)$=50g/L；硝酸银溶液 $c(AgNO_3)$=50g/L；氯化钠溶液 $c(NaCl)$=

0.5%（质量分数）；石油醚：分析纯，沸程 30～60℃；高纯水：18.2MΩ·cm。

强酸型阳离子交换树脂（H 型）：732# 强酸型阳离子交换树脂（总交换容量≥4.5mmol/g）用水浸泡，用 5 倍体积去离子水洗涤 3 次，用 1 倍体积甲醇洗涤，再用 5～10 倍体积高纯水分数次洗涤，至清洗水无色澄清后，尽量倾出清洗水，加入 2 倍体积的硫酸溶液，用玻璃棒搅拌 1h，使树脂转为 H 型，先用去离子水洗至接近中性，然后用高纯水洗，至清洗水的 pH 值约为 6，将树脂转入广口瓶中覆盖高纯水备用。也可采用商品化的 H 型阳离子交换树脂柱 OnGuard Ⅱ H 柱（1.0cc），或同等性能的其他柱。

强酸型阳离子交换树脂（Ag 型）：取一定量处理好的 H 型阳离子交换树脂，加入 2 倍体积的硝酸银溶液，用玻璃棒搅拌 1h，使树脂转成 Ag 型，先用 5 倍体积去离子水分数次洗涤，然后用 5～10 倍体积的高纯水分数次洗涤树脂，用 0.5%氯化钠溶液检验清洗水，直至不出现白色浑浊为止，将树脂转入广口瓶中覆盖高纯水备用。也可采用商品化的 Ag 型阳离子交换树脂柱 OnGuard Ⅱ Ag 柱（1.0cc），或同等性能的其他柱子。

BrO_3^- 标准储备溶液（1000μg/mL）：准确称取 $KBrO_3$ 基准试剂（分子量 167.00，含量≥99.9%）0.1310g，用高纯水溶解并定容至 100mL，配成含 BrO_3^- 1000μg/mL 标准储备液，置于棕色瓶中，4℃下保存可稳定 2 个月。

BrO_3^- 标准稀释液（100μg/mL）：吸取 BrO_3^- 标准储备液 10.0mL，用高纯水定容至 100mL，BrO_3^- 浓度为 100μg/mL。

BrO_3^- 标准工作曲线溶液：分别取 BrO_3^- 标准稀释液 0、0.5mL、1.0mL、1.5mL、2.0mL、2.5mL、3.0mL，用高纯水定容至 50mL，该标准工作曲线浓度为 0、1.0μg/mL、2.0μg/mL、3.0μg/mL、4.0μg/mL、5.0μg/mL、6.0μg/mL。若采用 200μL 大体积进样时，标准工作曲线溶液需进行适当稀释。

相关阴离子标准储备溶液：配制与小麦粉基底相关的阴离子储备液（见表 8-2）。可选项，该储备溶液供配制阴离子标准混合工作溶液时使用。

表 8-2　相关阴离子标准储备液的配制

序号	1	2	3	4	5	6
名称	NaF	KNO_3	KBr	NaCl	$NaNO_3$	$NaSO_4$
称量/g	0.221	0.163	0.149	0.165	0.150	0.148
定容体积/mL	100					
阴离子浓度/(μg/mL)	1000					

序号	7	8	9	10	11
名称	甲酸钠 $HCOONa_2 \cdot H_2O$	乙酸钠 CH_2COONa	磷酸氢二钠 $NaHPO_4 \cdot 12H_2O$	草酸 $C_2H_2O_4 \cdot 2H_2O$	柠檬酸 $C_6H_8O \cdot 7H_2O$
称量/g	0.231	0.139	0.373	0.143	0.111
定容体积/mL	100				
阴离子浓度/(μg/mL)	1000				

相关阴离子标准混合工作溶液：配制与小麦粉基底相关的阴离子标准混合工作溶液（见表 8-3）。可选项，该标准溶液供调整柱分离条件和观察柱清洗条件时使用。

表 8-3　相关阴离子标准混合工作溶液的配制

序号	1	2	3	4	5	6	7	8
离子种类	F^-	BrO_3^-	Cl^-	NO_2^{2-}	NO^-	Br	SO_4^{2-}	HPO_4^{2-}
吸取储备液/mL	0.6	2.0	2.5	2.0	2.0	2.0	2.0	2.0
定容/mL	100							
阴离子浓度/(μg/mL)	6	20	25	20	20	20	20	20

序号	9	10	11	12
离子种类	乙酸根	甲酸根	草酸根	柠檬酸根
吸取储备液/mL	2.0	1.0	2.0	3.0
定容/mL	100			
阴离子浓度/(μg/mL)	20	10	20	30

三、仪器

色谱柱：0.8cm（内径）×10cm（高）；离子色谱仪：配电导检测器；超声波清洗器；振荡器；离心机：4000r/min（50mL 离心管），10000r/min（1.5mL 离心管），0.2μm 水性样品过滤器；超滤器：截留分子量 10000，样品杯容量 0.5mL，进样量为 200μL 时使用容量为 4mL 样品杯，也可采用 millipore microcon YM-10 型、Amicon Ultra-4 型及同等性能的超滤器；分析天平：感量 0.1mg；移液器：0.1～1mL。

四、分析步骤

1. 提取

小麦粉：准确称取 10g（精确至 0.1g）小麦粉于 250mL 具塞三角瓶中，加入 100.0mL 高纯水，迅速摇匀后置振荡器上振荡 20min（或在间歇搅拌下于超声波中提取 20min），静置，转移 20mL 上层液于 50mL 离心管中，3000r/min 离心 20min，上清液备用。

含油脂较多的试样：准确称取 10g（精确至 0.1g）于 100mL 烧杯中，加入 30mL×3 次石油醚洗去油脂，倾去石油醚，样品经室温干燥后加入 100.0mL 高纯水，迅速摇匀后置振荡器上振荡 20min（或在间歇搅拌下于超声波中提取 20min），静置，转移 20mL 上层液于 50mL 离心管中，3000r/min 离心 20min，上清液备用。

包子粉、面包粉等小麦粉品质改良剂：根据 BrO_3^- 含量的不同准确称取 0.2～1g，精确至 0.001g，用高纯水溶解并定容至 50.0mL，经 0.2μm 的水性样品滤膜过滤后直接进行色谱测定。

2. 净化

① Ag/H 柱去除样品提取液中的 Cl^-：将 H 型树脂慢慢倒入关闭了出水口的色谱柱中，用玻璃棒搅动树脂赶出气泡，并使树脂均匀地自然沉降，装入 2mL H 型树脂后（约 3cm 高），再慢慢装入 2mL Ag 型树脂，不要冲击已沉降的 H 型树脂，尽量保持两层树脂界面清晰，待 Ag 型树脂完全沉降后，打开出水口，控制流速为 2mL/min。加 10mL 高纯水冲洗，待柱中的水自然流尽后，立即将样品溶液沿柱内壁加入，不要冲击树脂表面，弃去前 5mL 流出液，收集其后 2mL 流出液进行下步净化。若使用商品化的（OnGuard Ⅱ Ag/H）脱 Cl^- 柱时，按产品说明书操作。对含 Cl^- 量在 1g/kg 以下的小麦粉，也可省略此操作。

② 超滤法去除样品提取液中的水溶性大分子：将上步收集液经 0.2μm 的水性样品滤膜过滤后注入超滤器样品杯中，于 10000r/min 下离心 30min 进行超滤，超滤液直接进行色谱分析。

3. 离子色谱测定

① 梯度色谱条件　色谱柱：DIONEX IonPac® AS19 4mm×250mm（带 IonPac® AG19 4mm×50mm 保护柱）。流动相：DIONEX EG50 自动淋洗液发生器，OH^- 型。抑制器：DlONEX ASRS 4mm 阴离子抑制器，外加水抑制模式，抑制电流 100mA。检测器：电导检测器，检测池温度为 30℃。进样量：根据样液中 BrO_3^- 含量选择进样 20～200μL。淋洗液 OH^- 浓度，见表 8-4。

表 8-4　淋洗液 OH^- 浓度

时间/min	流速/(mL/min)	OH^- 浓度/(mmol/L)	梯度曲线
0	1	5	5
15	1	5	5
25	1	30	5
30	1	40	5
42	1	40	5
46	1	5	5
48	1	5	5

注：可采用其他型号同等性能的 OH^- 型阴离子交换分析柱。OH^- 淋洗液也可手工配制，使用高纯的质量分数为 50% 的 NaOH 溶液，配制出含 OH^- 为 100mmol/L 淋洗液，按表 8-4 略作调整，使阴离子标准混合工作液分离中 BrO_3^- 和 Cl^- 的分离度在 3 以上。

② 等度色谱条件　色谱柱：shodex IC SI-52 4E 4×250mm（带 shodex IC SI-90G 4×50mm 保护柱）。流动相：3.6mmol/L Na_2CO_3，流速为 0.7mL/min。抑制器：自动再生抑制器（具有去除 CO_2 功能）。检测器：电导检测器，检测池温度为室温。进样量：根据样液中 BrO_3^- 含量选择进样 20～200μL。

注：可采用其他型号同等性能的 CO_3^{2-} 型阴离子交换分析柱，使阴离子标准混合工作溶液分离中 BrO_3^- 和 Cl^- 的分离度在 1.5 以上。

4. 测定

使用与小麦粉本底相关的阴离子标准混合工作溶液调整柱分离条件并观察柱清洗情况，保证 BrO_3^- 和 Cl^- 的分离度达到要求，注入空白小麦粉提取液，确认在 BrO_3^- 出峰处没有小麦粉本底干扰峰时，才可进行校准曲线和样品的测定，使用外标法定量。

五、结果计算

按公式(8-9)计算样品中的 BrO_3^- 含量 (c)，若结果以 $KBrO_3$ 计时，乘以系数 1.31。

$$c = \frac{Y \times V}{m} \tag{8-9}$$

式中　c——试样中 BrO_3^- 的含量，mg/kg；

Y——由标准曲线得到样品溶液中 BrO_3^- 的含量，μg/mL；

V——样品溶液定容体积，mL；

m——样品质量，g。

计算结果小于本方法检出限 0.5mg/kg(以 BrO_3^- 计) 时，视为未检出。在重复性条件下获得的两次独立测定结果的绝对差值不得超过算术平均值的 10%。

实验五　小麦粉中过氧化苯甲酰的测定

第一法　气相色谱法（Ⅰ）

一、实验原理

小麦粉中的过氧化苯甲酰被还原铁粉和盐酸反应产生的原子态氢还原生成苯甲酸，经提取净化后，用气相色谱仪测定，与标准系列比较定量。

二、试剂

乙醚：分析纯；盐酸：分析纯，1+1(体积比)，50mL 盐酸（分析纯）与 50mL 蒸馏水混合；还原铁粉：分析纯；氯化钠：分析纯；5%氯化钠溶液：称取 5g 氯化钠溶于 100mL 蒸馏水中；碳酸氢钠：分析纯；1%碳酸氢钠的 5%氯化钠水溶液：称取 1g 碳酸氢钠溶于 100mL 5%氯化钠溶液中；丙酮：分析纯；石油醚（沸程 60～90℃）：分析纯；苯甲酸（含量 99.95%～100.05%）：基准试剂；苯甲酸标准贮备溶液：准确称取苯甲酸（基准试剂）0.1000g，用丙酮溶解并转移至 100mL 容量瓶中，定容，此溶液浓度为 1mg/mL；苯甲酸标准使用液：准确吸取上述苯甲酸标准贮备溶液 10.00mL 于 100mL 容量瓶中，以丙酮稀释并定容，此溶液浓度为 100μg/mL。

三、仪器和设备

气相色谱仪：附有氢火焰离子化检测器；微量注射器：10μL；电子天平（感量 0.01g 和 0.0001g）；150mL 具塞三角瓶；150mL 分液漏斗；50mL 具塞比色管。

四、分析步骤

1. 样品前处理

准确称取试样 5.00g 于具塞三角瓶中，加入 0.01g 还原铁粉、约 20 粒玻璃珠（直径 6mm 左右）和 20mL 乙醚，混匀。逐滴加入 0.5mL 盐酸，回旋摇动，用少量乙醚冲洗三角瓶内壁，放置至少 12h 后，摇匀。静置片刻，将上清液经快速滤纸滤入分液漏斗中。用乙醚洗涤三角瓶内的残渣，每次 15mL（工作曲线溶液每次用 10mL），共洗 3 次，上清液一并滤入分液漏斗中。最后用少量乙醚冲洗过滤漏斗和滤纸，滤液合并于分液漏斗中。

向分液漏斗中加入 5%氯化钠溶液 30mL，回旋摇动 30s，防止气体顶出活塞，并注意适时放气。静置分层后，弃去下层水相溶液。重复用氯化钠溶液洗涤一次，弃去下层水相。加入 1%碳酸氢钠的 5%氯化钠溶液 15mL，回旋摇动 2min（切勿剧烈摇荡，以免乳化，并注意适时放气）。待静置分层后，将下层碱液放入已预置 3～4 勺固体氯化钠的 50mL 比色管中。分液漏斗中的醚层用碱性溶液重复提取一次，合并下层碱液于比色管中。加入 0.8mL 盐酸溶液（1+1），适当摇动比色管以充分驱除残存的乙醚和反应产生的二氧化碳气体（室温较低时可将试管置于 50℃ 水浴中加热，以便于驱除乙醚），至确认管内无乙醚的气味为止。加入 5.00mL 石油醚-乙醚（3+1）混合溶液，充分振摇 1min。静置分层，上层醚液即为进行气相色谱分析的测定液。

2. 制作工作曲线

准确吸取苯甲酸标准使用液 0、1.0mL、2.0mL、3.0mL、4.0mL 和 5.0mL，置于 150mL 具塞三角瓶中，除不加还原铁粉外，其他操作同样品前处理。其测定液的最终浓度分别为 0、20μg/mL、40μg/mL、60μg/mL、80μg/mL 和 100μg/mL。以微量注射器分别取不同浓度的苯甲酸溶液 2.0μL 注入气相色谱仪。以其苯甲酸峰面积为纵坐标、苯甲酸浓度为横坐标，绘制工作曲线。

3. 测定

色谱条件：内径 3mm、长 2m 的玻璃柱，填装涂布 5%（质量分数）DEGS+1%磷酸固定液的 Chromosorb W/AW DMCS（60～80 目）。调节载气（氮气）流速，使苯甲酸于 5～10min 出峰。柱温为 180℃，检测器和进样口温度为 250℃。不同型号仪器调整为最佳工作条件。

进样：用 10μL 微量注射器取 2.0μL 测定液，注入气相色谱仪，取试样的苯甲酸峰面积与工作曲线比较定量。

五、结果计算

试样中的过氧化苯甲酰含量按式（8-10）进行计算。

$$X_1 = \frac{c \times 5}{m \times 1000} \times 0.992 \tag{8-10}$$

式中　X_1——试样中的过氧化苯甲酰含量，g/kg；

　　　c——工作曲线上查出的试样测定液中相当于苯甲酸溶液的浓度，μg/mL；

　　　5——试样提取液的体积，mL；

　　　m——试样的质量，g；

　　0.992——由苯甲酸换算成过氧化苯甲酰的换算系数。

第二法　气相色谱法（Ⅱ）

一、实验原理

小麦粉中的过氧化苯甲酰在酸性条件下被还原生成苯甲酸，以溶剂提取并用气相色谱法测定。

二、试剂

石油醚（60～90℃）：分析纯；冰乙酸：分析纯；酸性石油醚：在 500mL 石油醚中加入 15mL 冰乙酸，混匀备用；苯甲酸：含量 99.95%～100.05%，基准试剂；苯甲酸标准贮备溶液：准确称取苯甲酸（基准试剂）0.1000g，用丙酮溶解并转移至 100mL 容量瓶中，定容，此溶液浓度为 1000μg/mL；苯甲酸标准溶液：由上述苯甲酸标准贮备溶液逐级稀释，制备成浓度为 0、5μg/mL、10μg/mL、15μg/mL 和 20μg/mL 的苯甲酸标准溶液，供制作标准曲线之用。

三、仪器和设备

气相色谱仪，附有氢火焰离子化检测器；$10\mu L$ 微量注射器；天平（感量 0.01g 和 0.0001g）；100mL 具塞三角瓶；磁力搅拌器等。

四、分析步骤

1. 测定液的制备

准确称取试样 5.00g，移入具塞三角瓶中，加入 30mL 酸性石油醚和搅拌块，以磁力搅拌器将试样分散（也可直接用手工操作，将试样旋荡分散），于 30℃ 恒温放置，并每隔 15min 搅拌或旋荡一次。4h 后样品溶液经滤纸过滤，收集滤液于 50mL 容量瓶中。分数次用酸性石油醚将三角瓶中残余试样尽量洗入过滤漏斗中，收集过滤漏斗滤液于容量瓶中。最后以少许酸性石油醚淋洗过滤漏斗中的试样残渣并用以定容，作为试样测定液。

2. 标准曲线的制定

以微量注射器依次取不同浓度的苯甲酸标准溶液 $2.0\mu L$，注入气相色谱仪。以其苯甲酸峰面积为纵坐标、苯甲酸浓度为横坐标、绘制标准曲线。

3. 测定

色谱条件：内径 3mm、长 2m 的玻璃柱，填装涂布 5%（质量分数）DEGS+1% 磷酸固定液的 Chromosorb W/AW DMCS（60～80 目）。调节载气（氮气）流速，使苯甲酸于 5～10min 出峰。柱温为 160℃，恒温 10min 后，以 10℃/min 的升温速率程序升温至 190℃，并保持恒温至 32min，完成测试。检测器和进样口温度为 250℃。不同型号仪器调整为最佳工作条件。

进样：以 $10\mu L$ 微量注射器吸取 $2.0\mu L$ 测定液，注入气相色谱仪，取试样的苯甲酸峰面积与标准曲线比较定量。

五、结果计算

试样中的过氧化苯甲酰含量按式(8-11) 进行计算。

$$X = \frac{c \times V}{m \times 1000} \times 0.992 \tag{8-11}$$

式中　X——试样中的过氧化苯甲酰含量，g/kg；

　　c——标准曲线上查出的试样测定液中相当于苯甲酸溶液的浓度，$\mu g/mL$；

　　V——试样提取液的体积，mL；

　　m——试样的质量，g；

　　0.992——由苯甲酸换算成过氧化苯甲酰的换算系数。

实验六　米面制品中甲醛次硫酸氢钠含量的测定

一、实验原理

在酸性溶液中，样品中残留的甲醛次硫酸氢钠分解释放出甲醛被水提取，提取后的甲醛与 2，4-二硝基苯肼发生加成反应，生成黄色的 2，4-二硝基苯腙，用正己烷萃取后，经高效液相色谱仪分离，与标准甲醛衍生物的保留时间对照定性，用标准曲线法定量。

二、实验试剂

正己烷：色谱纯。

蒸馏水：经高锰酸钾处理后的重蒸水。

盐酸-氯化钠溶液：称取 20g 氯化钠于 1000mL 容量瓶中，用少量水溶解，加 60mL 37％的盐酸，加水至刻度。

甲醛标准储备液：1mL 36％～38％的甲醛溶液，用水定容至 500mL，使用前按附录 A 中的亚硫酸钠法标定甲醛浓度。或者用甲醛标准溶液配制成 40μg/mL 的标准溶液，此溶液放置在 4℃冰箱中可保存一个月。

甲醛标准使用液：准确量取一定量经标定的甲醛标准储备液，配制成 2μg/mL 甲醛标准使用液，此标准使用液必须使用当天配制。

磷酸氢二钠溶液：称取 18g $Na_2HPO_4 \cdot 12H_2O$，加水溶解并定容至 100mL。

2，4-二硝基苯肼（DNPH）纯化：称取约 20g 2,4-二硝基苯肼（DNPH）于烧杯中，加 167mL 乙腈和 500mL 水，搅拌至完全溶解，放置过夜。用定性滤纸过滤结晶，分别用水和乙醇反复洗涤 5～6 次后置于干燥器中备用。

衍生剂：称取经过纯化处理的 2,4-二硝基苯肼（DNPH）200g，用乙腈溶解并定容至 100mL。

流动相：乙腈＋水混合溶液 [V（乙腈）＋V（水）＝70＋30]，用 0.45μm 孔径的滤膜过滤，备用。

三、仪器

具塞三角瓶：150mL、250mL；容量瓶：1000mL、500mL、250mL、100mL；比色管：25mL；移液管：50mL、5mL、2mL、1mL；振荡机；高速组织捣碎机；高速离心机：最大转速 10000r/min；恒温水浴锅；高效液相色谱仪：带紫外-可见波长检测器。

四、分析步骤

1. 样品前处理

精确称取小麦粉、大米粉样品约 5g 于 150mL 具塞三角瓶中，加入 50mL 盐酸-氯化钠溶液，置于振荡机上振荡提取 40min。对于小麦粉或大米粉制品，称取 20g 于组织捣碎机中，加 200mL 盐酸-氯化钠溶液，2000r/min 捣碎 5min，转入 250mL 具塞三角瓶中，置于振荡机上振荡提取 40min。将提取液倒入 20mL 离心管中，于 10000r/min 离心 15min（或 4000r/min 离心 30min），上清液备用。

2. 色谱分析条件

化学键合 C_{18} 柱，4.6mm×250mm；乙腈＋水（7＋3）流动相，流速 0.8mL/min；紫外检测器，检测器波长 355nm。

3. 标准工作曲线绘制

分别量取 0.00、0.25mL、0.50mL、1.00mL、2.00mL、4.00mL 甲醛标准使用液于 25mL 比色管中（相当于 0.0、0.5μg、1.0μg、2.0μg、4.0μg、8.0μg 甲醛），分别加入

2mL 盐酸-氯化钠溶液、1mL 磷酸氢二钠溶液、0.5mL 衍生剂，然后补加水至 10mL，盖上塞子，摇匀。置于 50℃ 水浴中加热 40min 后，取出用流水冷却至室温。准确加入 5.0mL 正己烷，将比色管横置，水平方向轻轻振摇 3～5 次后，将比色管倾斜放置，增加正己烷与水溶液的接触面积。在 1h 内，每隔 5min 轻轻振摇 3～5 次，然后再静置 30min，取 10μL 正己烷萃取液进样。以所取甲醛标准使用液中甲醛的质量（以微克为单位）为横坐标、甲醛衍生物苯腙的峰面积为纵坐标、绘制标准工作曲线。

4. 样品测定

取 2.0mL 样品处理所得上清液于 25mL 比色管中，加入 1mL 磷酸氢二钠溶液、0.5mL 衍生剂，补加水至 10mL，盖上塞子，摇匀。以下操作同标准曲线的绘制，并与标准曲线比较定量。注意振摇时不宜剧烈，以免发生乳化。如果出现乳化现象，滴加 1～2 滴无水乙醇。

五、结果计算

样品中甲醛次硫酸氢钠含量（以甲醛计）按式(8-12)计算。

$$c = \frac{m_1 \times 50}{m \times 2} \tag{8-12}$$

式中　c——样品中甲醛含量，$\mu g/g$；

　　m_1——按甲醛衍生物苯腙峰面积，从标准工作曲线查得甲醛的质量，μg；

　　50——样品加提取液体积，mL；

　　2——测定用样品提取液体积，mL；

　　m——样品质量，g。

本方法检测限为 $0.08\mu g/g$。甲醛含量计算结果不超过 $10\mu g/g$ 时，报告结果为未检出。在重复条件下两次独立实验结果的绝对差值不得超过算术平均值的 15%。

附录A　甲醛溶液的标定——亚硫酸钠法

一、原理

甲醛原液与过量的亚硫酸钠反应，用标准酸液在百里酚酞指示下进行反滴定。

二、试剂和设备

10mL、50mL 移液管；50mL 滴定管；150mL 三角烧瓶。

亚硫酸钠 $[c(Na_2S_2O_3) = 0.1mol/L]$：称取 126g 无水亚硫酸钠放入 1L 的容量瓶中，用水稀释至刻度线，摇匀。

百里酚酞指示剂：1g 百里酚酞溶解于 100mL 乙醇溶液中。

硫酸：$c(H_2SO_4) = 0.01mol/L$，可以从化学品供应公司购得或用标准氢氧化钠溶液标定。

三、操作程序

移取 50mL 亚硫酸钠入三角瓶中，加百里酚酞指示剂 2 滴，如需要，加几滴硫酸直至蓝色消失。移 10mL 甲醛溶液至瓶中（蓝色将再出现），用硫酸滴定至蓝色消失，记录用酸体积。可使用校正 pH 值来代替百里酚酞指示剂，在此情况下，最终点为 pH=9.5。

四、计算

用式(8-13)计算溶液中甲醛浓度。

$$c = \frac{V_1 \times 0.6 \times 1000}{V_2} \tag{8-13}$$

式中　c——甲醛溶液浓度，$\mu g/mL$；

　　　V_1——硫酸溶液用量，mL；

　　　V_2——甲醛溶液用量，mL；

　　　0.6——与 1mL 0.01mol/L 硫酸溶液相当的甲醛的质量，mg。

实验七　面制食品中铝的测定

一、实验原理

试样经处理后，三价铝离子在乙酸-乙酸钠缓冲介质中，与铬天青 S 及溴化十六烷基三甲胺反应形成蓝色三元络合物，于 640nm 波长处测定吸光度并与标准比较定量。

二、试剂

硝酸；高氯酸；硫酸；盐酸；6mol/L 盐酸：量取 50mL 盐酸，加水稀释至 100mL；1%（体积分数）硫酸溶液；硝酸-高氯酸（5+1）混合液；乙酸-乙酸钠溶液：称取 34g 乙酸钠（NaAc·3H$_2$O）溶于 450mL 水中，加 2.6mL 冰乙酸，调 pH 至 5.5，用水稀释至 500mL；0.5g/L 铬天青 S（Chrome azurol S）溶液：称取 50mg 铬天青 S，用水溶解并稀释至 100mL；0.2g/L 溴化十六烷基三甲胺：称取 20mg 溴化十六烷基三甲胺，用水溶解并稀释至 100mL，必要时加热助溶；10g/L 抗坏血酸溶液：称取 1.0g 抗坏血酸，用水溶解并定容至 100mL，临用时现配。

铝标准贮备液：精密称取 1.0000g 金属铝（纯度 99.99%），加 50mL 6mol/L 盐酸溶液，加热溶解，冷却后，移入 1000mL 容量瓶中，用水稀释至刻度。该溶液每毫升相当于 1mg 铝。

铝标准使用液：吸取 1.00mL 铝标准贮备液，置于 100mL 容量瓶中，用水稀释至刻度，再从中吸取 5.00mL 于 50mL 容量瓶中，用水稀释至刻度。该溶液每毫升相当于 1μg 铝。

三、仪器

分光光度计、食品粉碎机、电热板。

四、分析步骤

1. 试样处理

将试样（不包括夹心、夹馅部分）粉碎均匀，取约 30g 置 85℃烘箱中干燥 4h，称取 1.000～2.000g，置于 100mL 锥形瓶中，加数粒玻璃珠，加 10～15mL 硝酸-高氯酸（5+1）混合液，盖好玻片盖，放置过夜，置电热板上缓缓加热至消化液无色透明，并出现大量高氯酸烟雾，取下锥形瓶，加入 0.5mL 硫酸，不加玻片盖，再置电热板上适当升高温度加热除去高氯酸，加 10～15mL 水，加热至沸，取下放冷后用水定容至 50mL，如果试样稀释倍数不同，应保证试样溶液中含 1%硫酸。同时做两个试剂空白。

2. 测定

吸取 0.0、0.5mL、1.0mL、2.0mL、4.0mL、6.0mL 铝标准使用液（相当于含铝 0.0、0.5μg、1.0μg、2.0μg、4.0μg、6.0μg）分别置于 25mL 比色管中，依次向各管中加

入 1mL 1‰硫酸溶液。吸取 1.0mL 消化好的试样液，置于 25mL 比色管中。向标准管、试样管、试剂空白管中依次加入 8.0mL 乙酸-乙酸钠缓冲液、1.0mL 10g/L 抗坏血酸溶液，混匀，加 2.0mL 0.2g/L 溴化十六烷基三甲胺溶液，混匀，再加 2.0mL 0.5g/L 铬天青 S 溶液，摇匀后，用水稀释至刻度。室温放置 20min 后，用 1cm 比色杯，于分光光度计上，以零管调零点，于 640nm 波长处测其吸光度，绘制标准曲线比较定量。

五、结果计算

试样中铝含量按式(8-14) 计算。

$$X = \frac{(A_1 - A_2) \times 1000}{m \times \dfrac{V_2}{V_1} \times 1000}$$ (8-14)

式中　X——试样中铝的含量，mg/kg；
　　　A_1——测定用试样液中铝的质量，μg；
　　　A_2——试剂空白液中铝的质量，μg；
　　　m——试样质量，g；
　　　V_1——试样消化液总体积，mL；
　　　V_2——测定用试样消化液体积，mL。

本方法检测限为 0.5μg。在重复性条件下获得的两次独立测定结果的绝对差值不得超过算术平均值的 10%。

实验八　涂渍油脂或石蜡大米检验

一、实验原理

1. 油斑检验原理

在 55℃ 下，涂渍在大米上的油脂或石蜡，随着大米内部水蒸气的蒸发部分渗出，被包裹的纸纤维所吸附，在纸面形成油斑。油斑的出现可用于判断大米是否涂渍油脂或石蜡。

2. 气相色谱法原理

涂渍石蜡的大米经石油醚提取，甲酯化处理后，在规定的气相色谱条件下，石蜡和脂肪酸甲酯分离，在气相色谱图上，石蜡呈拖尾较长的色谱峰，脂肪酸甲酯峰叠加其上，而天然油脂的脂肪酸甲酯色谱图无此现象，据此来判断大米中是否涂渍石蜡。

3. 微柱色谱法原理

石蜡和从大米中提取的油脂及其相关组分与流动相和硅胶之间分配系数存在差异，经反复分配，由于石蜡极性低，保留时间最短，先流出微柱，其他成分后流出微柱，石蜡与其他组分分离。色谱图中的石蜡峰可判定大米是否涂渍石蜡。

二、材料与试剂

新闻纸：定量 48.8g/m²；滤纸；石油醚：沸程 30~60℃；甲醇；正己烷（色谱纯）；无水乙醇；苯；乙醚；甲酸；氢氧化钾；无水硫酸钠；氢氧化钾-甲醇溶液（0.4mol/L）：称取 2.7g 氢氧化钾于 100mL 甲醇中溶解，静置，取上清液备用。

三、仪器

比色管：25mL；具塞试管：2mL；量筒：5mL、10mL；玻璃板：20mm×20mm×3mm，洗净，干燥备用；恒温干燥箱；索氏抽提器：120mL、500mL（250mL抽提瓶）；恒温水浴锅；气相色谱仪；脂肪酸甲酯毛细管分析柱，30cm×0.32mm×0.5μm，氢火焰离子化检测器；微柱薄板分析仪，附有 Chromarod-S Ⅲ 硅胶色谱棒。

四、分析步骤

1. 油斑检验

取 3 张 15cm×20cm 新闻纸，将纸纵向两边内折 1cm，称取 3 份大米样品，每份为30g，分别均匀平铺于 3 张新闻纸上。从纸的横向一端用力卷包大米样品，直至将大米样品均匀卷包在纸内，然后将 3 个样品纸包置于玻璃板上，再用一块玻璃板压在样品纸包上面，用手掌向下挤压的同时在水平面上左右旋转玻璃板，紧压样品纸包，将紧压的 3 个样品纸包置于恒温干燥箱中，上面再加 3 块玻璃板压住。恒温干燥箱温度设置为 55℃，由室温开始加热 60min。取出样品纸包，倒出大米样品，观察新闻纸面上是否有油斑。

2. 石蜡检验

① 气相色谱法　取 20g 大米样品，用滤纸包裹，置于 120mL 索氏抽提器中，加石油醚回流提取 1h，回收溶剂，挥干溶剂。用 5mL 正己烷溶解石油醚提取物并转移至 25mL 比色管中，加 4mL 0.4mol/L 氢氧化钾-甲醇溶液，振荡，静置 10min，加水 10mL，静置至上层溶液透明后，移取提取液 1.5mL 于具塞试管中，加入适量无水硫酸钠脱水，放置 10min备用。

气相色谱参考条件：柱温 230℃，载气流速 1.2mL/min，分流比 30：1，进样口温度250℃，检测器温度 300℃，取上述提取液 1μL，进样分析。

② 微柱色谱法　将大米试样置于直径为 18cm 的滤纸上，包样，每包约 40g，采用500mL 索氏抽提器，用石油醚以 100 滴/min 的滴落速度提取 1h，取出样包，得到 0.1～0.2g 的提取物，挥干溶剂后，提取物备用。

微柱分析仪参考条件：将上述得到的大米提取物，用正己烷稀释至提取物浓度为 20～30mg/mL，取 1μL 此溶液滴在微柱上，将微柱放在展开槽中，展开剂为正己烷＋乙醚＋甲酸＝50＋20＋0.3，进行第 1 次展开。展开高度为 8cm 时，将展开剂更换为正己烷＋苯＝1＋1，再进行第 2 次展开。当展开高度为 10cm 时取出，挥干溶剂，置于微柱分析仪检测，空气流量 1.5L/min，氢气流速 90mL/min，扫描速度 30s。

五、结果分析与判定

1. 油斑检验结果

在油斑检验中，如果 3 个试样中仅有 1 个试样出现油斑，需重新做试验，若仍然仅有 1个试样出现油斑，则结果判定为阴性；若 3 个试样中有 2 个试样或全部出现油斑，即判定样品中涂渍了油脂或石蜡，对涂渍石蜡的判定还需按气相色谱或微柱色谱法进行确定。

2. 气相色谱结果

观察得到的气相色谱图，如果色谱图基线平稳，石蜡检验结果为阴性；如果紧跟在溶剂峰后有一拖尾较长色谱图,脂肪酸甲酯峰叠加其上,石蜡检验结果为阳性。

3. 微柱色谱结果

观察得到的微柱色谱图,在保留时间 0.05～0.08min 有色谱峰的,石蜡检验结果为阳性。

实验九　食用植物油中叔丁基对苯二酚(TBHQ)的测定

第一法　气相色谱法

一、实验原理

食用植物油中的 TBHQ 经体积分数为 80％乙醇提取、浓缩、定容后,用气相色谱仪测定,外标法定量。

二、实验试剂

无水乙醇;二硫化碳。

80％乙醇溶液:量取 80mL 95％乙醇和 15mL 蒸馏水,将两液混合。

TBHQ 标准储备溶液(1000μg/mL):准确称取 TBHQ 基准试剂(分子量 166.22,含量≥98.0％)0.1000g,放入小烧杯中,用 1mL 无水乙醇溶解 TBHQ 晶体后,加入 5mL 左右二硫化碳,转移到 100mL 容量瓶中。再用 1mL 无水乙醇洗涤烧杯后,加入 5mL 左右二硫化碳,转移到容量瓶中,用二硫化碳至少洗涤 3 次烧杯,定容至 100mL,配成浓度为 1000μg/mL 的 TBHQ 标准储备液,置于棕色瓶中 4℃下保存,可保存 6 个月。

三、仪器和设备

气相色谱仪:具有氢火焰离子化检测器(FID);混合器:旋涡式混合器;比色管:25mL;瓷蒸发皿:60mL;刻度试管:2mL 或 5mL。

四、分析步骤

1. 试样处理

准确称取试样 2.00g 于 25mL 比色管中,加入 6mL 80％乙醇溶液,置旋涡混合器上混合 3～5s(或振摇 15s),静置片刻,放入 90℃左右的水浴中加热促其分层,分层后立即将上层提取液用吸管转移到蒸发皿中(用吸管转移时切勿将油滴带入)。再用 6mL 80％乙醇溶液重复提取试样两次,提取液一并加入蒸发皿中。将蒸发皿放在 60℃水浴上通风挥发或自然挥发至近干(切勿蒸干)。向蒸发皿中加入二硫化碳,少量多次洗涤蒸发皿中残留物,转移到刻度试管中,用二硫化碳定容至 2.0mL,作为试样测定液。

2. 色谱参考条件

色谱柱:玻璃柱,内径 3mm,长 3m,填装涂布 2％ OV-1 固定液的 Chromosorb W/AW DMCS(80～100 目)。

仪器条件:检测器和进样口温度 250℃,柱温 180℃。氮气压力 250kPa,氢气压力

65kPa，空气压力为 55kPa。

3. 制作标准曲线

准确移取 TBHQ 标准储备液 0.0、2.5mL、5.0mL、7.5mL、10.0mL、12.5mL 于 50mL 容量瓶中，用二硫化碳定容，制备成浓度为 0、$50\mu g/mL$、$100\mu g/mL$、$150\mu g/mL$、$200\mu g/mL$、$250\mu g/mL$ 的标准溶液，用微量注射器由低到高依次准确吸取不同浓度的标准溶液 $2\mu L$ 注入气相色谱仪测定。以 TBHQ 峰面积为纵坐标、浓度为横坐标，绘制标准曲线。

4. 试样测定

用干净的微量注射器准确吸取 $2\mu L$ 测定液，注入气相色谱仪测定，取试样的 TBHQ 峰面积与标准曲线比较定量。

五、结果计算

试样中的叔丁基对苯二酚（TBHQ）含量按式(8-15)进行计算。

$$X_1 = \frac{c \times V \times 1000}{m \times 1000 \times 1000} \tag{8-15}$$

式中　X_1——试样中的叔丁基对苯二酚（TBHQ）含量，g/kg；

　　　c——由标准曲线上查出的试样测定液中相当于 TBHQ 的浓度，$\mu g/mL$；

　　　V——试样提取液的体积，mL；

　　　m——试样的质量，g。

本方法的检测限为 0.001g/kg。在重复性条件下获得的两次独立测定结果的绝对差值不得超过其算术平均值得 10%。

第二法　液相色谱法

一、实验原理

食用植物油中的 TBHQ 经体积分数为 95% 乙醇提取、被缩、定容后，用液相色谱仪测定，外标法定量。

二、实验试剂

甲醇：色谱纯；乙腈：色谱纯；36% 乙酸：分析纯；95% 乙醇：分析纯；异丙醇：分析纯，重蒸馏；异丙醇-乙腈混合液：V(异丙醇)+V(乙腈)=1+1。

TBHQ 标准储备溶液（$1000\mu g/mL$）：准确称取 TBHQ 基准试剂（分子量 166.22，含量≥98%）0.050g，放入小烧杯中，用异丙醇-乙腈混合溶液溶解，转入 50mL 容量瓶中，再用少量混合液洗涤烧杯 3 次，转入容量瓶中，用异丙醇-乙腈混合液定容至 50mL，配成浓度为 $1000\mu g/mL$ 的 TBHQ 标准储备溶液，置于棕色瓶中 4℃ 下保存，可保存 6 个月。

TBHQ 标准稀释液（$100\mu g/mL$）：准确称取 TBHQ 标准储备溶液 10.00mL 于 100mL 容量瓶中，用异丙醇-乙腈混合液定容至 100mL，置于棕色瓶中 4℃ 下保存。

三、仪器

高效液相色谱仪：配有二极管阵列或紫外检测器；蒸发器：真空旋转蒸发器；混合器：

旋涡式混合器；具塞试管：10mL、25mL；浓缩瓶；微量注射器。

四、分析步骤

1. 试样处理

准确称取试样 2.00g 于 25mL 比色管中，加入 6mL 95％乙醇溶液，置旋涡混合器上混合 3～5s（或振摇 15s），静置片刻，放入 90℃左右的水浴中加热促其分层，分层后立即将上层提取液用吸管转移到蒸发皿中（用吸管转移时切勿将油滴带入）。再用 6mL 95％乙醇溶液重复提取试样两次，合并提取液于浓缩瓶内，该液可放在冰箱中储存约 16h。乙醇提取液在 40℃下、10min 内，用真空旋转蒸发器浓缩至约 1mL，将浓缩液转移至 10mL 试管中，用异丙醇-乙腈混合液至少洗涤 3 次浓缩液，定容至 10mL，经 0.45μm 滤膜过滤于小瓶中，作为试管测定液。

2. 色谱参考条件

色谱柱：C_{18}柱，250mm×4.6mm（内径）。流动相：（A）甲醇-乙腈混合液 [V（甲醇）＋V（乙腈）＝1＋1]；（B）5％乙酸水溶液（100mL 水加 5mL 36％乙酸）。柱箱温度：40℃。波长：280nm。流速：2mL/min。洗脱梯度：0～8min 流动相（A）从 30％线性增至 100％，8～14min 流动相（A）100％，14～17min 流动相（A）从 100％降至 30％。

3. 制作标准曲线

准确移取 TBHQ 标准使用液 0.0、0.5mL、1.0mL、2.0mL、5.0mL、10.0mL 于容量瓶中，用异丙醇-乙腈混合液定容至 10mL，制备成浓度为 0、5μg/mL、10μg/mL、20μg/mL、50μg/mL、100μg/mL 的标准溶液，用微量注射器由低到高依次准确吸取不同浓度的标准溶液 20μL 注入液相色谱仪测定。以 TBHQ 峰面积为纵坐标、浓度为横坐标，绘制标准曲线。

4. 试样测定

用干净的微量注射器准确吸取 20μL 测定液，注入液相色谱仪测定，取试样的 TBHQ 峰面积与标准曲线比较定量。

五、结果计算

试样中的 TBHQ 含量按式(8-16)进行计算。

$$X_2 = \frac{c \times V \times 1000}{m \times 1000 \times 1000} \tag{8-16}$$

式中　X_2——试样中的 TBHQ 含量，g/kg；

　　　c——由标准曲线上查出的试样测定液中相当于 TBHQ 的浓度，μg/mL；

　　　V——试样提取液的体积，mL；

　　　m——试样的质量，g。

本方法的检测限为 0.006g/kg。在重复性条件下获得的两次独立测定结果的绝对差值不得超过其算术平均值得 10％。

参 考 文 献

[1] 王肇慈. 粮油食品卫生检测. 北京：轻工业出版社，2001.

[2] 王肇慈. 粮油食品品质分析. 北京：轻工业出版社，2000.

[3] 宋玉卿，王立琦. 粮油检验与分析. 北京：中国轻工业出版社，2008.

[4] 任健. 食品工艺实验原理与技术. 哈尔滨：哈尔滨工程大学出版社，2010.

[5] 敬思群. 食品科学实验技术. 西安：西安交通大学出版社，2012.

[6] 卢利军，牟峻. 粮油及其制品质量与检验. 北京：化学工业出版社，2009.

[7] 翟爱华，谢宏. 粮油检验. 北京：科学出版社，2011.

[8] 马涛. 焙烤食品工艺. 北京：化学工业出版社，2012.

[9] 朱珠，梁传伟. 焙烤食品加工技术. 北京：中国轻工业出版社，2006.

[10] 卢晓黎. 食品科学与工程专业实验及工厂实习指导书. 北京：化学工业出版社，2010.

[11] 赵征，刘金福，李楠. 食品工艺学实验技术. 北京：化学工业出版社，2013.

[12] 曾洁. 粮油加工实验技术. 北京：中国农业大学出版社，2009.

[13] 李文卿. 面点工艺学. 北京：高等教育出版社，2003.

[14] 钟志惠. 面包生产技术与配方. 北京：化学工业出版社，2009.

[15] 董海洲. 焙烤工艺学. 北京：中国农业出版社，2008.

[16] 李里特. 焙烤食品工艺学. 北京：中国轻工业出版社，2010.

[17] 葛文光. 新版方便食品配方. 北京：中国轻工业出版社，2002.

[18] 韩占江，王伟华，李帅. 几种大米新陈度检验方法的比较研究. 湖北农业科学，2009，7：1736-1737.

[19] 陈东升，张艳，何中虎，Pena R J. 北方馒头品质评价方法的比较. 中国农业科学，2010，11：2325-2333.

[20] 李道龙. 苏打饼干的制作技术：上册. 食品工业，1996，6：18-19.

[21] 李道龙. 苏打饼干的制作技术：下册. 食品工业，1998，2：37-39.

[22] 杨韵，吴卫国，李敏，左贺. 米发糕发酵工艺条件的研究. 农产品加工（学刊），2014，2：42-45.

[23] 章绍兵，王建国，房健，刘嘉英. 水酶法同时提取浓香花生油和水解蛋白质的研究. 河南工业大学学报：自然科学版，2009，5：9-12.

[24] 王瑛瑶. 水酶法从花生中提取油与水解蛋白的研究. 无锡：江南大学，2005.

[25] 油脂工艺实验. http：//www.docin.com/p-522481371.html.

[26] GB/T 5497—1985 粮食、油料检验水分测定法.

[27] GB/T 5511—2008 谷物和豆类 氮含量测定和粗蛋白质含量计算 凯氏法.

[28] GB/T 5505—2008 粮油检验 灰分测定法.

[29] GB/T 5512—2008 粮油检验 粮食中粗脂肪含量测定.

[30] GB/T 5513—2008 粮油检验 粮食中还原糖和非还原糖测定.

[31] GB/T 5514—2008 粮油检验 粮食、油料中淀粉含量测定.

[32] GB/T 5515—2008 粮油检验 粮食中粗纤维素含量测定 介质过滤法.

[33] GB 5009.88—2014 食品安全国家标准 食品中膳食纤维的测定.

[34] GB/T 27628—2011 粮油检验 小麦粉粉色、麸星的测定.

[35] GB/T 24853—2010 小麦、黑麦及其粉类和淀粉糊化特性测定 快速粘度仪法.

[36] GB/T 24303—2009 粮油检验 小麦粉蛋糕烘焙品质试验 海绵蛋糕法.

[37] GB/T 15685—2011 粮油检验 小麦沉淀指数测定 SDS法.

[38] GB/T 14615—2006 小麦粉 面团的物理特性 流变学特性的测定 拉伸仪法.

[39] GB/T 14614—2006 小麦粉 面团的物理特性 吸水量和流变学特性的测定 粉质仪法.

[40] GB/T 14614.4—2005 小麦粉面团流变特性测定 吹泡仪法.

[41] GB/T 14612—2008 粮油检验 小麦粉面包烘焙品质试验 中种发酵法.

[42] GB/T 14611—2008 粮油检验 小麦粉面包烘焙品质试验 直接发酵法.

[43] GB/T 10361—2008 小麦、黑麦及其面粉，杜伦麦及其粗粒粉降落数值的测定 Hagberg-Perten法.

[44] GB/T 9826—2008 粮油检验 小麦粉破损淀粉测定 α-淀粉酶法.

[45] GB/T 5507—2008 粮油检验 粉类粗细度测定.

[46] GB/T 5506.2—2008 小麦和小麦粉 面筋含量 第2部分：仪器法测定湿面筋.

[47] GB/T 5506.1—2008 小麦和小麦粉 面筋含量 第1部分：手洗法测定湿面筋.

[48] GB/T 5504—2011 粮油检验 小麦粉加工精度检验.

[49] GB/T 5502—2008 粮油检验 米类加工精度检验.

[50] GB/T 15682—2008 粮油检验 稻谷、大米蒸煮食用品质感官评价方法.

[51] GB/T 15683—2008 大米 直链淀粉含量的测定.

[52] GB/T 22294—2008 粮油检验 大米胶稠度的测定.

[53] LS/T 3204—1993 馒头用小麦粉.

[54] GB/T 21118—2007 小麦粉馒头.

[55] LS/T 3202—1993 面条用小麦粉.

[56] LS/T 3205—1993 发酵饼干用小麦粉.

[57] QB/T 1254—2005 饼干试验方法.

[58] GB/T 5525—2008 植物油脂 透明度、气味、滋味鉴定法.

[59] GB/T 5530—2005 动植物油脂 酸值和酸度测定.

[60] GBT 5538—2005 动植物油脂 过氧化值测定.

[61] GB/T 5532—2008 动植物油脂 碘值的测定.

[62] GB/T 5539—2008 粮油检验 油脂定性试验.

[63] GB/T 21121—2007 动植物油脂 氧化稳定性的测定（加速氧化测试）.

[64] GB/T 5528—2008 动植物油脂 水分及挥发物含量测定.

[65] GB/T5534—2008 动植物油脂 皂化值的测定.

[66] GB/T22509—2008 动植物油脂 苯并 [a] 芘的测定 反相高效液相色谱法.

[67] GB/T 5521—2008 粮油检验 谷物及其制品中 α-淀粉酶活性的测定 比色法.

[68] GB/T 5522—2008 粮油检验 粮食、油料的过氧化氢酶活动度的测定.

[69] GB/T 5523—2008 粮油检验 粮食、油料的脂肪酶活动度的测定.

[70] GB/T 8622—2006 饲料用大豆制品中尿素酶活性的测定.

[71] GB/T 21498—2008 大豆制品中胰蛋白酶抑制剂活性的测定.

[72] GB/T 5009.22—2003 食品中黄曲霉毒素 B_1 的测定.

[73] GB/T 20188—2006 小麦粉中溴酸盐的测定 离子色谱法.